Aktiv und konsequent führen

Marijan Kosel

Aktiv und konsequent führen

Gute Mitarbeiter sind kein Zufall

 Springer Gabler

Marijan Kosel
Tettnang, Deutschland

ISBN 978-3-8349-2978-5   ISBN 978-3-8349-7101-2 (eBook)
DOI 10.1007/978-3-8349-7101-2

Die Deutsche Nationalbibliothek verzeichnet diese Publikation in der Deutschen Nationalbibliografie; detaillierte bibliografische Daten sind im Internet über http://dnb.d-nb.de abrufbar.

Springer Gabler
© Gabler Verlag | Springer Fachmedien Wiesbaden 2012

Lektorat: Stefanie A. Winter
Einbandentwurf: KünkelLopka GmbH, Heidelberg

Gedruckt auf säurefreiem und chlorfrei gebleichtem Papier

Springer Gabler ist eine Marke von Springer DE. Springer DE ist Teil der Fachverlagsgruppe Springer Science+Business Media
www.springer-gabler.de

Vorwort

Dieses Buch ist mir eine echte Herzensangelegenheit. Über Jahre hinweg bin ich mit der Idee schwanger gegangen, meine Erfahrungen, die ich in über zwanzig Jahren als Berater, Führungskräftetrainer, Coach und nicht zuletzt auch als Chef gesammelt habe, in einem Buch festzuhalten. Mein Anspruch ist es, ein praxisorientiertes Buch für Führungskräfte mit ganz konkreten und praktikablen Tipps und Anregungen für den Führungsalltag zu schreiben. Ich möchte Sie – sehr geehrte/r Leserin und Leser – in diesem Buch also nicht mit hochtrabenden Führungskonzepten, tiefenpsychologischen Ansätzen und Theorien vertraut machen, sondern Ihnen in leicht verständlicher Form Wege und Möglichkeiten aufzeigen, die Ihnen dabei helfen, Ihre Führungsaufgaben im betrieblichen Alltag erfolgreich wahrzunehmen. Dazu gehört für mich auch, Ihnen bewährte Führungsinstrumente und -Hilfsmittel in Form von Checklisten, Gesprächsleitfäden oder Feedbackbögen zur Verfügung zu stellen. Diese sollen Ihnen als Grundlage bei der Erarbeitung Ihrer eigenen, auf Ihre Belange und Rahmenbedingungen zugeschnittenen Führungstools dienen. Als langjähriger aktiver Fußballer (wenn auch nur in den unteren Ligen) greife ich gerne zu Beispielen aus der Sportwelt. Die Ähnlichkeiten zur betrieblichen Welt sind unübersehbar, sodass sich die unterschiedlichen Führungsaspekte damit sehr anschaulich beschreiben lassen.

Das Buch richtet sich in erster Linie an Führungskräfte, die neben ihrer Führungsaufgabe auch operative Aufgaben wahrzunehmen haben und die in einem intensiven fachlichen Austausch mit ihren Mitarbeitern stehen. Also vornehmlich Führungskräfte der unteren und mittleren Ebenen, wie Meister, Teamleiter, Gruppenleiter sowie Abteilungsleiter und Bereichsleiter. Deren Situation ist unter anderem auch dadurch geprägt, dass sie überwiegend gewerbliche Mitarbeiter, an- und ungelernte Mitarbeiter oder Sachbearbeiter zu führen haben. Diese Mitarbeiter erfordern sicherlich ein anderes Führungsverhalten als höchstqualifizierte Mitarbeiter mit akademischer Ausbildung, die tendenziell eine höhere Karriereorientierung oder höhere Erwartungen an Freiräume oder Möglichkeiten zur Selbstverwirklichung mitbringen und deren Motive sich von denen der Mitarbeiter im Anlern- oder Sachbearbeiterbereich unterscheiden. Sicherlich können auch Führungskräfte der oberen Ebenen wie technische und kaufmännische Leiter oder Geschäftsführer und Vorstände von den Anregungen profitieren. Der Fokus dieses Buches und auch die aufgegriffenen Beispiele zielen aber eindeutig auf Führungssituationen wie sie vor allem auf den unteren und mittleren Führungsebenen immer wieder vorkommen.

Was hat mich bewogen, der Vielzahl der bereits auf dem Markt befindlichen Bücher zum Thema „Führung" noch eines hinzuzufügen? Worin liegt der „Neu-Wert", die Einzigartigkeit dieses Buches? Ich glaube, es sind drei Aspekte, die im Zusammenwirken miteinander dieses Buch so wertvoll machen. Erstens: Ein ganzheitlicher Ansatz, bei dem die verschiedenen Instrumente ineinander greifen. Zweitens: Der hohe Praxisbezug und die Bereitstellung hilfreicher und erprobter Hilfsmittel wie Checklisten, Leitfäden und Arbeitsbögen. Und drittens: Der inhaltliche Ansatz der „aktiven und konsequenten Führung", der vor allem den Aspekt der ständigen Weiterentwicklung im Auge hat. Damit meine ich die Weiterentwicklung jedes einzelnen Mitarbeiters (natürlich immer im Rahmen seiner Möglichkeiten), die Weiterentwicklung des Teams und die kontinuierliche Weiterentwicklung der Prozesse, Instrumente und Methoden.

Beim „Führen" ist es wie beim Fliegen. Man braucht zwei Flügel. Der eine „Flügel" sind die *Führungsinstrumente und -methoden*, die man kennen und beherrschen sollte. Führungsinstrumente und -methoden sind bewährte Techniken, die eine systematische und effiziente Führung gewährleisten können. Doch eine technokratische Anwendung dieser Instrumente nach der „reinen Lehre", ohne eine entsprechende Grundhaltung und Einstellung zu den Mitarbeitern, verkommt zu einer seelenlosen und als manipulativ empfundenen Führungstechnik. Deshalb braucht es diesen „zweiten Flügel", der die ganzen *psychosozialen Aspekte* beinhaltet. Keine Angst, ich möchte an dieser Stelle nicht allzu sehr psychologisieren, doch beim Schreiben des Buches ist mir wieder einmal bewusst geworden, wie wichtig gerade dieser zweite „Flügel" ist. Für Führungskräfte ist es unerlässlich, sich der eigenen Wirkung bewusst zu sein, mit der richtigen Einstellung und dem richtigen Rollenverständnis sowie einer bewussten Beziehungsgestaltung mit den Mitarbeitern an die Sache heranzugehen. Wer sich als Führungskraft wirklich weiterentwickeln möchte, wird nicht umhin kommen, sich mit sich selbst zu beschäftigen. Wer andere gut führen möchte, braucht einen festen Stand, das bedeutet, er bzw. sie sollte nicht allzu sehr mit sich selbst beschäftigt sein, sondern mit sich soweit wie möglich im Reinen sein. Das erfordert ein gewisses Mindestmaß an Selbstreflexion. Auch dazu möchte ich Sie mit diesem Buch einladen.

Nach der Einleitung werde ich im ersten Kapitel zunächst auf das „richtige" Rollen- und Führungsverständnis als Führungskraft eingehen. Im zweiten Kapitel stelle ich Ihnen hilfreiche Einstellungen und Grundhaltungen vor. Im Kapitel III erhalten Sie konkrete Anregungen zu den wichtigsten Handlungsfeldern aktiver Führung:

1. Führen mit Zielen

2. Aufgaben, Verantwortlichkeiten und Abläufe regeln

3. Mitarbeiter fördern und entwickeln

4. Kritikgespräche führen

5. Das Mitarbeiter-Jahresgespräch

6. Regelmäßige Teambesprechungen

7. Zusammenarbeit und Klima im Team aktiv gestalten

8. Mitarbeiter-Feedback einholen

Noch ein Hinweis zum Lesen des Buches. (Eigentlich ist das schon ein Vorgriff auf das Kapitel II.) Sie werden zu allen Anregungen in diesem Buch mindestens ein Beispiel finden, bei dem meine Vorschläge und Ansätze nicht funktionieren oder ganz einfach nicht passen. Nun gibt es zwei grundsätzlich unterschiedliche Möglichkeiten, damit umzugehen. Die erste ist: Man kann die Anregungen komplett ablehnen. Ich kenne das teilweise aus meinen

Seminaren. Ich treffe dort manchmal auf Teilnehmer, die bei jeder Anregung immer gleich mit „Ja, aber …" reagieren. „Ja, aber das funktioniert bei uns so nicht." „Ja, aber das ist doch viel zu theoretisch." „Ja, aber was machen Sie, wenn …?" Diese Ja-aber-Grundhaltung führt dazu, dass diese Teilnehmer alle Energie dazu verwenden, um nachzuweisen, dass es nicht funktioniert. Diese Ja-aber-Grundhaltung wird im Übrigen dadurch gespeist, dass diese Teilnehmer nicht bereit sind, aus ihrem „Kreis der Denkgewohnheiten" auszubrechen. Sie verharren gerne in ihrer Komfortzone. Klar, da ist es ja auch viel bequemer und sicherer. Das Problem ist nur, dass man im Kreis der Gewohnheiten halt nichts mehr dazu lernt. Lernen findet immer nur außerhalb dieses Kreises statt. Da muss man auch mal die Komfortzone verlassen. Das ist unbequem und man weiß auch nicht, was dabei herauskommt. Aber egal, ob der neue Ansatz funktioniert oder nicht: Man lernt immer etwas dabei und entwickelt sich somit als Führungskraft und auch als Persönlichkeit weiter. Je früher man anfängt umso besser. Das wusste schon Marlene Dietrich: *„Wenn ich mein Leben noch einmal leben könnte, würde ich die gleichen Fehler wieder machen. Aber ein bisschen früher, damit ich mehr davon habe."* Deshalb rate ich zu einer offenen Grundhaltung, wenn Sie das Buch lesen. Lassen Sie Ihre Energien lieber in die Beantwortung der Frage einfließen: *„Wie muss ich es angehen bzw. gestalten, damit es bei mir und meinen Mitarbeitern zum Erfolg führt?"* Es wäre doch schade, wenn Sie das Geld für das Buch umsonst ausgegeben hätten oder noch schlimmer, es zurückschicken und das Geld wieder zurückfordern würden.

Bedanken möchte ich mich bei Frau Stefanie Winter vom Gabler Verlag für die, wie immer, sehr professionelle und äußerst angenehme Zusammenarbeit. Gleiches gilt für unsere beiden Teamassistentinnen Frau Annette Heß und Frau Sabine Scherer, die zum Schluss die erforderlichen Korrektur- und Anpassungsarbeiten mit gewohntem Engagement und Gewissenhaftigkeit durchgeführt haben und die mich mit ihren Fragen und Hinweisen auch immer wieder auf missverständliche Formulierungen oder erforderliche Nachbesserungen hingewiesen haben. Nicht zuletzt möchte ich mich bei unseren Kunden und deren Führungskräften bedanken, die mir mit ihrer Beauftragung bzw. Teilnahme an den zahlreichen Führungskräftetrainings den „Stoff" und die Inspiration für dieses Buch gegeben haben.

Wenn ich im weiteren Verlauf ausschließlich in der männlichen Form spreche, so geschieht dies keinesfalls aus Mangel an Respekt vor dem weiblichen Geschlecht, sondern nur aufgrund der besseren Lesbarkeit. Herzlichen Dank für Ihr Verständnis.

Tettnang, im Februar 2012   Marijan Kosel

Inhaltsverzeichnis

Einleitung

„Der wichtigste Erfolgsfaktor eines Unternehmens ist
nicht das Kapital oder die Arbeit, sondern die Führung."

Reinhard Mohn,
deutscher Verleger

Nichts beeinflusst die Zufriedenheit der Mitarbeiter und den Erfolg des Unternehmens mehr als das Führungsverhalten der Chefs. Das ist inzwischen durch zahlreiche Studien und Untersuchungen zweifelsfrei belegt.[1] Das Bewusstsein hierfür ist in den Unternehmen sicherlich weit verbreitet. So betonen die meisten Unternehmenslenker auch, dass für sie „Führung der Schlüssel zum Erfolg" ist. Dass das nicht nur Lippenbekenntnisse sind, zeigen die zahlreichen Seminarangebote rund um das Thema „Führung" sowie die immensen Investitionen, die Unternehmen in die Entwicklung ihrer Führungskräfte investieren.

Umso mehr verwundert es, dass Schlagzeilen wie „Jeder Dritte findet seinen Job furchtbar", „Mieses Betriebsklima macht krank", „Die Zahl der Frustrierten nimmt zu" oder „Die Deutschen machen Dienst nach Vorschrift" durch die Gazetten geistern. Die Unzufriedenheit mit dem Führungsverhalten der Chefs führt auch zu einer steigenden Zahl von Veröffentlichungen mit so charmanten Titeln wie „Mein Chef ist ein Arschloch. Ihrer auch?"[2] oder „Rache am Chef"[3] oder „Und morgen bringe ich ihn um"[4]. Auch in Mitarbeiterbefragungen kommen die Führungskräfte häufig schlecht weg. Außerdem: Der häufigste Kündigungsgrund ist der direkte Vorgesetzte. Woran liegt das? Sind die heutigen Führungskräfte nicht in der Lage, richtig zu führen? Oder sind sie ganz einfach nur überfordert? Ohne Zweifel haben sich die Anforderungen an Führungskräfte in den letzten Jahren und Jahrzehnten deutlich erhöht. Sowohl die Unternehmen, als auch die Mitarbeiter stellen heute deutlich höhere Anforderungen an ihre Führungskräfte in Bezug auf Sozialkompetenz und Kommunikationsfähigkeit. War früher die klassische Führungskraft in erster Linie als Fachmann gefordert, so sollen die Führungskräfte heute zunehmend als „Unternehmer im Unternehmen" agieren. Sie sollen die Interessen des Unternehmens vertreten und gleichzeitig die Belange und Bedürfnisse der Mitarbeiter nach Einbeziehung, Mitbestimmung und Kommunikation berücksichtigen. Ein Spagat, der sicherlich nicht immer ganz

---

[1] Exemplarisch seien hier die seit 2001 jährlich durchgeführte Gallup-Studie sowie die NPM-Studie 2008, (nachzulesen in Weißenrieder/Kosel: Nachhaltiges Personalmanagement – Erfolgsbeispiele mittelständischer Unternehmen) oder die in 2007 durchgeführte Studie des Deutschen Gewerkschaftsbundes (DGB) genannt.

[2] Schönberger, Margit: Mein Chef ist ein Arschloch. Ihrer auch? Goldmann Verlag 2006.

[3] Reinker, Susanne: Rache am Chef. Die unterschätzte Macht der Mitarbeiter. Econ 2007.

[4] Münck, Katharina: Und morgen bringe ich ihn um. Als Chefsekretärin im Topmanagement. Piper 2008.

einfach ist. Wenn Führungskräfte den an sie gestellten Anforderungen nicht gerecht werden, dann kann das nach meinen Erfahrungen sehr unterschiedliche Gründe haben:

■ *Mangel an sozialer Kompetenz*: Um eine gute Führungskraft zu sein, muss man nach meiner Überzeugung nicht gleich mit einer gehörigen Portion Charisma gesegnet sein. Meine Erfahrungen zeigen, dass Führungskräfte, die mit einer „normalen" Sozialkompetenz ausgestattet sind und ihre Führungsaufgabe ernst nehmen, in der Regel die besseren Führungskräfte sind, als diejenigen, die glauben, sich ganz auf ihre charismatische Wirkung verlassen und ihre Führungsaufgabe „mit links" erledigen zu können. Die besten Führungskräfte sind ohnehin nicht die Charismatiker, sondern diejenigen, die sich nicht selbst, sondern ihre Aufgabe, ihr Team und das Unternehmen in den Mittelpunkt stellen. „Sie sind still, leistungswillig bis zur Selbstaufgabe, zurückhaltend, ja fast schüchtern – eine paradoxe Mischung aus Bescheidenheit, was ihre Person angeht, und professioneller Willenskraft in allen Belangen des Geschäftslebens."[5]

■ *Mangel an Führungskompetenz*: Manche Führungskräfte trauen sich Führung nicht zu, weil sie es nicht gelernt haben. Wer sich nie damit beschäftigt hat, wie man z. B. ein schwieriges Mitarbeitergespräch angeht oder wie man eine Teambesprechung effektiv führt, der wird sich davor scheuen, es zu tun. Hier geht es also vor allem darum, diesen Führungskräften das notwendige Handwerkszeug an die Hand zu geben und den Umgang damit zu vermitteln. Doch eines sei an dieser Stelle vermerkt: Den Umgang mit Führungsinstrumenten lernt man nicht wirklich im Seminar, sondern nur im Echteinsatz, ein gewisses Maß an Sozialkompetenz vorausgesetzt: Führung ist ein Handwerk wie jedes andere. Man kann es lernen – wenn man denn nur will.[6]

■ *Das falsche Rollenverständnis*: Mit der Ernennung zur Führungskraft wechseln die Mitarbeiter die Seite. Standen sie vorher auf der Mitarbeiterseite, so sind sie nun auf der Unternehmensseite – zumindest sollten sie das sein. Leider wird das dem neuen Führungspersonal so und in dieser Deutlichkeit nur selten gesagt. Sie erhalten damit implizit den Auftrag, die Interessen des Unternehmens zu vertreten. Sie sind quasi der verlängerte Arm der Geschäftsleitung. Diesen mentalen Wechsel haben viele Führungskräfte noch nicht vollzogen. Dies lässt sich unschwer daran erkennen, dass sie noch aus der Mitarbeitersicht heraus argumentieren und wenig Führungsanspruch erkennen lassen.

■ *Das falsche Führungsverständnis*: Viele Führungskräfte verstehen Führung ausschließlich als fachliche Führung. Sie fühlen sich zwar für die Erreichung der vorgegebenen Leistungsziele wie Stückzahl, Qualität und Termineinhaltung verantwortlich (manche nicht einmal das), aber nicht für ihre Mitarbeiter. Führung ist nach meinem Verständnis, die *aktive* Einflussnahme auf das Leistungs- *und* Sozialverhalten. Führen bedeutet Mitarbeiter zu fordern und zu fördern. Wie viele Führungskräfte geben sich mit mittelmäßigen Leistungen ihrer Mitarbeiter zufrieden? Wie viele Führungskräfte scheuen ein konsequentes Eingreifen bei Fehlverhalten, solange ihre Leistungsziele nicht in Gefahr sind.

---

5   Collins, Jim: Der Weg zu den Besten. Deutscher Taschenbuch Verlag 2007.
6   Malik, Fredmund: Führen, Leisten, Leben. Heyne 2001.

Diese Führungskräfte haben noch ein sehr konservatives Führungsverständnis, das vor allem durch Anweisung, Terminüberwachung und Kontrolle geprägt ist.

Aktive und konsequente Führung bedeutet für mich, nicht nur dafür Sorge zu tragen, dass die Arbeit „anständig" erledigt wird, sondern auch darauf zu achten „*wie*" die Arbeit erledigt wird. Im Mittelpunkt aktiver und konsequenter Führung steht immer auch die Weiterentwicklung. Und zwar die Weiterentwicklung des einzelnen Mitarbeiters, die Weiterentwicklung des Teams, und die Weiterentwicklung von Prozessen, Methoden und Instrumenten. Ich wundere mich immer wieder über die Klagen langjähriger Führungskräfte über ihre Mitarbeiter. Wer, wenn nicht die Führungskraft hätte es in der Hand gehabt, die Mitarbeiter und ihr Zusammenspiel zu verbessern? Insofern hat der Spruch – „jede Führungskraft bekommt die Mitarbeiter, die sie verdient" – schon seine Berechtigung, wenngleich auch mir bewusst ist, dass das nicht immer zutrifft. Manchmal „erbt" man auch Mitarbeiter. Das ist häufig eine nicht einfache Aufgabe. Aber ab diesem Zeitpunkt ist die neue Führungskraft für die Weiterentwicklung der Mitarbeiter, der Prozesse, Methoden und Instrumente verantwortlich. Da gibt es keine Ausreden.

Neben der Weiterentwicklung ist für mich noch ein weiterer Aspekt besonders wichtig: Erfolgreiche Führung kann immer nur *mit* den Mitarbeitern, niemals gegen sie gelingen. Erfolgreiche Führung macht sich die menschlichen Bedürfnisse und evolutionsbiologischen Verhaltensprogramme zunutze. Besonders aus der Seele spricht mir dabei der Ansatz von Felix von Cube, der sich in „Führen durch Fordern"[7] mit der Frage auseinandersetzt, „wie muss Führung gestaltet sein, damit sie mit den evolutionären Verhaltensprogrammen in Übereinstimmung steht?". Ich bin kein Verhaltensbiologe und auch kein Wissenschaftler, deswegen verzichte ich darauf, meine Wahrnehmungen und Erkenntnisse verhaltensbiologisch zu begründen. Ich argumentiere auf der Basis eines gesunden Menschenverstandes und meiner langjährigen Erfahrungen als Personaler, Berater und Führungskraft, wenngleich der verhaltensbiologische Ansatz meine Argumentationen in vollem Umfang stützt. Was mir an dieser Stelle auch nochmals deutlich geworden ist: Wenn es um die Arbeitsplatzgestaltung geht, nehmen wir wie selbstverständlich Rücksicht auf die anatomischen Gegebenheiten des Menschen. Wir achten auf eine körpergerechte Umweltgestaltung. Ergonomie, ausreichende Platzverhältnisse, Lichtverhältnisse, körperliche Belastbarkeit, Umwelteinflüsse oder Lärmbelastung, all diese Aspekte berücksichtigen wir dabei. Aber nehmen wir bei der Mitarbeiterführung auf die verhaltensbiologischen Bedürfnisse der Menschen genauso viel Rücksicht? Wenn wir motivierte Mitarbeiter wollen, die sich mit dem Unternehmen identifizieren und die bereit sind, ihre Potenziale dem Unternehmen zur Verfügung zu stellen, dann müssen wir sie auch „artgerecht führen". „Artgerechte Führung" heißt, die Natur des Menschen nicht zu verleugnen, sondern im Einklang mit ihr zu gehen. Dass ein autoritärer Führungsstil dem nicht gerecht werden kann, braucht an dieser Stelle nicht weiter betont zu werden. „Mit Hilfe von Angst zu führen ist töricht, dauerhafte Angst vernichtet jede Initiative, jede Kreativität, jede Art von Lust."[8]

---

[7] Cube, Felix von: Führen durch Fordern. Die BioLogik des Erfolgs. Piper 2003.
[8] von Cube, Felix: a.a.O.

Aktive und konsequente Führung setzt voraus, dass man als Führungskraft ein klares Bild, eine klare Vorstellung davon hat, wie Führung aussehen und wohin die Reise gehen soll. Führung muss berechenbar sein. Die Mitarbeiter müssen wissen, was sie dürfen und was nicht und was von ihnen erwartet wird. Dazu braucht es klare Werte, Überzeugungen und Regeln. Als Führungskraft sollten Sie nicht nachlassen in Ihrem Bestreben, sich dafür einzusetzen. Mitarbeiter haben ganz feine Antennen, mit denen sie erkennen, worauf der Chef achtet, was ihm wichtig ist und was nicht. Erfolgreich sind Sie als Führungskraft nur, wenn Ihre Mitarbeiter bereit sind, Ihnen zu folgen, wenn sie hinter Ihnen stehen, wenn sie sich Ihnen verpflichtet fühlen und sich für Sie einsetzen. Das erreichen Sie weder über Anordnungen und Befehle, noch über finanzielle Anreize, sondern nur durch Vertrauen und Verbundenheit. Vertrauen und Verbundenheit können wiederum nur entstehen, wenn Sie als Führungskraft *glaubwürdig* sind. Die Mitarbeiter eines Unternehmens, das sich in einem tief greifenden Wandel befand, sagten mir einmal in einem Workshop: „Wir sind gerne bereit, den Unternehmenswandel mitzugehen – aber es muss glaubwürdig sein." Glaubwürdigkeit entsteht dann, wenn ich als Führungskraft authentisch bin, wenn ich mich in Übereinstimmung mit meinen Überzeugungen und Werten befinde. Glaubwürdig bin ich dann, wenn ich sage, was ich denke und tue, was ich sage. Führungskräfte mit überzogenem Ego, die in erster Linie ihren eigenen Vorteil und ihre Karriere im Auge haben, werden von ihren Mitarbeitern schnell enttarnt. Manche Führungskräfte brüsten sich damit, geschickte Taktierer zu sein, mit der Fähigkeit versehen, ihre Interessen clever und smart durchzusetzen. Das sind dann Menschen, die es verstehen, Andere für *ihre* Sache zu gewinnen oder Mitarbeiter vor *ihren* Karren zu spannen. Das kann kurzfristig durchaus erfolgreich sein, langfristig ganz sicherlich nicht. Wer einmal über den Tisch gezogen wurde, der vergisst nicht. Nicht der charismatische Selbstdarsteller ist also gefragt, sondern der ehrliche Arbeiter, der sich konsequent für die Interessen des Unternehmens und seiner Mitarbeiter einsetzt. Aller Ehrgeiz sollte dem Unternehmenserfolg und nicht dem eigenen Vorteil dienen.

Eigentlich gibt es keine wirkliche Alternative zu einer vertrauensvollen Zusammenarbeit zwischen Führungskräften und Mitarbeiten. Wo Vertrauen fehlt, da muss man auf eine Misstrauensorganisation, bestehend aus Vorschriften, Reglementierungen und Kontrollmechanismen zurückgreifen. Das kostet Zeit, Geld und Klimapunkte und garantiert dennoch nicht den Erfolg. Es gibt nichts Effizienteres, als eine auf Offenheit und Vertrauen beruhende Zusammenarbeit.[9]

> Im Anhang finden Sie die wesentlichen Hilfsmittel, die Sie im Übrigen auch im Word-Format kostenlos von unserer Homepage (www.wekos.com) herunterladen können. Verwenden Sie dazu bitte das Passwort „aktivundkonsequent".

---

[9]   Doppler, Klaus; Lauterburg, Christoph: Change Management. Campus 1994.

Literaturhinweise

[1] Collins, Jim: Der Weg zu den Besten. Deutscher Taschenbuch Verlag 2007.
[2] Von Cube, Felix: Führen durch Fordern. Die BioLogik des Erfolgs. Piper 2003.
[3] Doppler, Klaus; Lauterburg, Christoph: Change Management. Campus 1994.
[4] Malik, Fredmund: Führen, Leisten, Leben. Heyne 2001.
[5] Münck, Katharina: Und morgen bringe ich ihn um. Als Chefsekretärin im Topmanagement. Piper 2008.
[6] Reinker, Susanne: Rache am Chef. Die unterschätzte Macht der Mitarbeiter. Econ 2007.
[7] Schönberger, Margit: Mein Chef ist ein Arschloch. Ihrer auch? Goldmann Verlag 2006.

1 Das richtige Rollen- und Führungsverständnis als Führungskraft

1.1 Der Einfluss von Glaubenssätzen auf das Rollen- und Führungsverständnis

Kennen Sie das auch? Wenn man manchen Führungskräften zuhört, dann hat man das Gefühl, da stimmt etwas nicht. Entweder jammern sie über zuviel Arbeit oder über zuwenig Personal oder über Entscheidungen, die „die da oben" gefällt haben. Und das womöglich noch in Anwesenheit ihrer Mitarbeiter. Unser Denken bestimmt unser Reden und Handeln. So, wie wir uns sehen, also unser Selbstbild und die Rolle, die wir als Führungskraft glauben einnehmen zu müssen, bestimmen maßgeblich unser Führungsverhalten. Wer sich als Mitarbeiter sieht, wird sich auch wie ein Mitarbeiter verhalten. Wer sich als Chef sieht, wird sich wie ein Chef verhalten. Wie wir unsere Führungsaufgabe wahrnehmen, hängt sehr stark davon ab, wie wir glauben, dass Führung auszusehen hat. Bevor wir uns den verschiedenen Führungsinstrumenten zuwenden, sollten wir uns Klarheit über das „richtige" Rollen- und Führungsverständnis machen. Nur mit einem treffsicheren Rollenverständnis wird es auch möglich sein, das „richtige" Führungsverhalten authentisch und überzeugend an den Tag zu legen. Lassen Sie uns diesen Wirkmechanismus genauer unter die Lupe nehmen.

Abbildung 1.1   Wechselwirkung von Einstellung und Verhalten

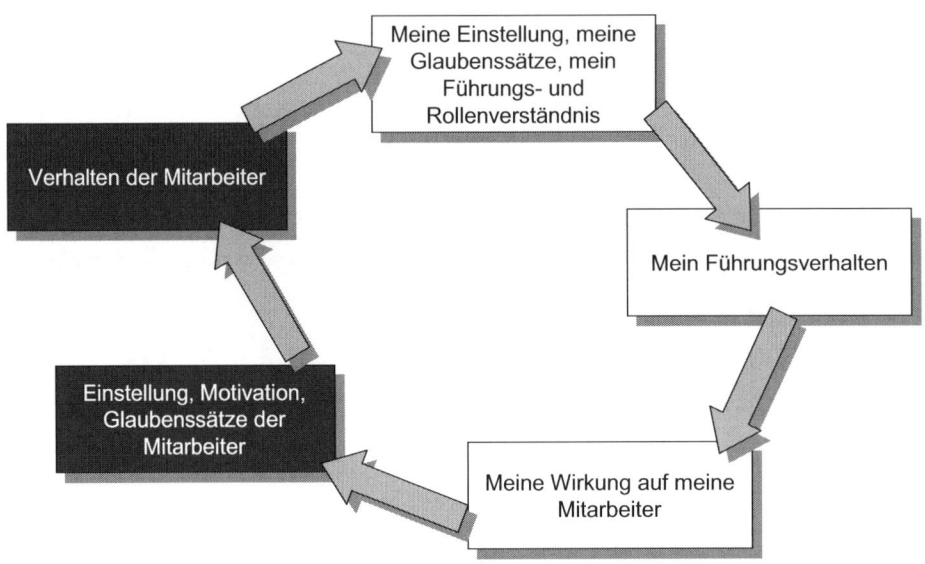

Ihr Führungs- und Rollenverständnis wird im wesentlichen gespeist durch Ihre Glaubenssätze. Glaubenssätze sind das, was wir für wahr, für richtig halten. Sie sind quasi unsere Lebensweisheiten, mit denen wir die Welt erklären, unsere Richtschnur, an der wir unser Handeln ausrichten, unsere Landkarte, mit der wir uns orientieren. Sie bestimmen letztlich, was wir für möglich bzw. für machbar halten. Es gibt einschränkende, also hinderliche Glaubenssätze und es gibt förderliche Glaubenssätze. Typische hinderliche Glaubenssätze, sind z. B.:

■ „Das kann ich nicht"

■ „Schuster bleib bei deinen Leisten"

■ „Immer schön bescheiden bleiben"

■ „Ich bin nur dann o. k., wenn ich nicht anecke"

■ „Jeder Fehler wird bestraft"

■ „Da kann man nichts machen"

■ ...

Hinderliche Glaubenssätze schränken uns ein, sie begrenzen unsere Möglichkeiten. Die Beschränkungen finden ausschließlich in unserem Kopf statt, wir reden sie uns selbst ein. Die eigenen Überzeugungen und Glaubenssätze bestimmen immer die Obergrenze unserer Möglichkeiten. Sie sind selbsterfüllende Prophezeiungen. Menschen, die mit ihren Erfindungen und Innovationen die Welt veränderten, setzten sich immer tollkühne, in den Augen der Anderen größenwahnsinnige Ziele.[10] Unsere Glaubenssätze werden in frühester Kindheit und Jugend gebildet. Sie werden uns von unseren „Vorbildern" vorgelebt oder „eingetrichtert". Das sind natürlich in erster Linie unsere Eltern, Großeltern, Verwandten und Lehrer, aber auch andere Menschen, die uns in irgendeiner Form erziehen oder beeinflussen. Das kann der Pfarrer oder ein Jugendbetreuer sein. Aber, und das ist das Gute daran, wir können alte Glaubenssätze durch neue, durch förderliche ersetzen:

- „Wo ein Wille ist, ist auch ein Weg"

- „Für jedes Problem gibt es auch eine Lösung"

- „Ich muss es nicht allen recht machen"

- „Aus Fehlern wird man klug"

- „Ich habe es selbst in der Hand"

- ...

Edmund Spenser, ein englischer Dichter aus dem 16. Jahrhundert wusste bereits: *„Es ist der Geist, der gut oder böse macht, der traurig oder glücklich, reich oder arm macht."* Unsere Glaubenssätze bestimmen unser Verhalten und unser Verhalten bestimmt, welche Ziele wir uns im Leben setzen und ob wir sie erreichen. Ich gehöre ganz sicher nicht zu der „Tschakka-Du-schaffst-es"-Fraktion. Aus meiner langjährigen Berufstätigkeit, aber auch aus persönlicher Erfahrung weiß ich, dass Menschen nicht einfach aus ihrer Haut schlüpfen können und dass es nicht damit getan ist, einfach seine Glaubenssätze zu verändern und „schwupp" ist man ein anderer Mensch, der alles erreicht, was er sich vornimmt. Aber ich bin überzeugt davon, dass persönliche Veränderung und Weiterentwicklung nur mit einer Veränderung der eigenen Glaubenssätze einhergehen kann.

Zu den allgemeinen Glaubenssätzen gesellen sich später, wenn wir in das Berufsleben eintreten noch weitere hinzu, die unsere Vorstellung, unser Idealbild von Führung maßgeblich prägen. Diese führungsbezogenen Glaubenssätze werden durch Ausbilder und Vorgesetzte geprägt. Typische führungsbezogene Glaubenssätze sind z. B.:

- „Als Chef muss ich über alles Bescheid wissen"

- „Als Führungskraft muss ich fachlich in allen Bereichen besser sein als meine Mitarbeiter"

- „Widerspruch kann nicht geduldet werden"

- „Mitarbeiter muss man klein halten"

- „Als Führungskraft darf ich keine Schwächen zeigen"

- ...

---

[10] Förster, Anja; Kreuz, Kreuz: Alles, außer gewöhnlich. Econ 2008.

Ein Paradebeispiel, wozu ein falsches Rollen- und Führungsverständnis führen kann, ist der Fall einer jüngeren und noch unerfahrenen Führungskraft, die, wenn ich mich mit ihr unterhielt, einen ausgesprochen sympathischen und umgänglichen Eindruck machte. Im Rahmen eines Mitarbeiter-Feedbacks erhielt dieser Vorgesetzte zu meinem Erstaunen allerdings ein geradezu vernichtendes Feedback. Zentrale Aussagen der Mitarbeiter waren beispielsweise:

- *Er behandelt uns wie dumme Schuljungen,*

- *Er sollte seinen Befehlston ablegen,*

- *Er sollte mehr auf uns hören und auf unsere Kompetenzen vertrauen,*

- *Er sollte uns nicht so herablassend behandeln,*

- *Er trifft Entscheidungen ohne uns einzubeziehen usw. ...*

Die Rückmeldungen zielten im Prinzip alle in eine Richtung, die mir zeigte, dass er wohl ein völlig verkehrtes Rollen- und Führungsverständnis hatte. Auffällig war auch, dass er sich in seiner Führungsrolle völlig anders verhielt, als es seinem Charakter und sonstigem Verhalten entsprach. Er schlüpfte im wahrsten Sinne des Wortes in eine Rolle, von der er glaubte, ihr entsprechen zu müssen. Er war also nicht er selbst, sondern er ‚spielte‘ eine Rolle. Den endgültigen Beweis, dass ich mit meiner Vermutung richtig lag, lieferte mir die Führungskraft, als sie die Sinnhaftigkeit des Mitarbeiter-Feedbacks in Frage stellte. Die Bedenken äußerte sie sinngemäß folgendermaßen: „Geben wir den Mitarbeitern nicht zuviel Macht, wenn wir sie fragen, wie sie es gerne hätten? Untergraben wir damit unsere Autorität als Führungskräfte nicht selbst?" Diese Führungskraft hatte offensichtlich als Idealbild eine Führungskraft vor Augen, die ansagt, wo es langgeht, die unfehlbar ist, die keine Schwächen oder Unsicherheiten zeigen darf und die die Mitarbeiter nicht als Partner, sondern als Befehlsempfänger betrachtet. Angesichts der Tatsache, dass diese Führungskraft erst seit kurzem im Unternehmen war und den Mitarbeitern, die teilweise über dreißig Jahre Betriebszugehörigkeit aufwiesen, fachlich klar unterlegen war, hätte sie diesem Rollenverständnis nie und nimmer gerecht werden können.

Ihre Glaubenssätze sowie Ihr Rollen- und Ihr Führungsverständnis bestimmen also Ihr Führungsverhalten. Selbst wenn Sie wollten, Sie könnten sich dem auf Dauer nicht entziehen. Der Ausspruch „die Sprache verrät die Gedanken" entspringt dieser Wechselwirkung. Führungsverhalten, das nicht in Übereinstimmung mit Ihrer Einstellung steht, würde von Ihren Mitarbeitern auch nicht als authentisch wahrgenommen werden. Ihr Führungsverhalten wiederum entscheidet darüber, wie Sie bei Ihren Mitarbeitern ankommen, wie Sie von ihnen gesehen werden und welche Wirkung Sie bei ihnen hinterlassen. Ihre Wirkung wiederum prägt die Einstellung und die Motivation und damit auch das Verhalten Ihrer Mitarbeiter. Mit Ihrem Verhalten können Sie also das Verhalten Ihrer Mitarbeiter beeinflussen – im Positiven, wie im Negativen. Um nichts anderes geht es beim Thema Führung, nämlich um Verhaltensbeeinflussung. Wie aus Abbildung 1.1 hervorgeht, besteht hier jedoch eine Wechselwirkung. Denn auch Ihre Mitarbeiter nehmen mit deren Verhalten Einfluss auf Ihr Führungsverhalten. Daraus wird deutlich: Führung ist keine Einbahnstraße, sondern eine bilaterale Beziehung. Es gibt nicht wenige Führungskräfte, bei denen man den Eindruck hat, dass sie durch ihre Mitarbeiter geführt werden.

1.2 Die verschiedenen Aspekte

Beim „richtigen" Rollen- und Führungsverständnis kommt es vor allem auf folgende Aspekte an:

1. Auf der richtigen Seite stehen.

2. Für eine hohe Aufgaben- und Leistungsorientierung auf der einen Seite und eine hohe Mitarbeiterorientierung auf der anderen Seite sorgen.

3. Aktiv Einfluss auf das Leistungs- *und* Sozialverhalten der Mitarbeiter nehmen – Fehlverhalten konsequent angehen.

4. Führungsanspruch zeigen – deutlich machen, dass Sie Führungsverantwortung tragen und Führung als Hauptaufgabe ansehen.

5. Mitarbeiter entsprechend ihrem Reifegrad behandeln.

6. Autorität und Beziehungspflege: Die richtige Mischung aus Nähe und Distanz zu den Mitarbeitern finden.

1.2.1 Auf der richtigen Seite stehen

Als Führungskraft sind Sie in erster Linie dafür verantwortlich, die Unternehmensinteressen zu vertreten. Sie sind mit dem Auftrag versehen, in Ihrem Verantwortungsbereich gemeinsam mit Ihren Mitarbeitern die Unternehmens- bzw. Abteilungsziele zu erreichen. Deshalb erhalten Sie im Übrigen auch ein höheres Gehalt als Ihre Mitarbeiter. Natürlich brauchen Sie dazu die Akzeptanz, das Engagement und die Identifikation Ihrer Mitarbeiter. Ohne die Mitarbeiter geht es nicht. Aber als Führungskraft sollten Sie eindeutig auf der Unternehmensseite stehen. Verstehen Sie mich an dieser Stelle bitte nicht falsch. Ich möchte keine Fronten aufbauen, die Mitarbeiter auf der einen Seite und das Unternehmen auf der anderen Seite. Selbstverständlich bin ich davon überzeugt, dass nur eine funktionierende Sozialpartnerschaft zwischen Mitarbeiter *und* Unternehmen auf Dauer zum Erfolg führt. Dennoch sollte für Sie klar sein, Ihr Auftraggeber ist Ihr Unternehmen. Diesem sind Sie primär verpflichtet.

Gerade bei Führungskräften auf den unteren Führungsebenen stelle ich oftmals fest, dass diese sich auf der „falschen Seite" sehen. In Führungskräftetrainings frage ich immer wieder: „Auf welcher Seite stehen Sie? Auf der Mitarbeiter- oder auf der Unternehmensseite?" Ob Sie es glauben oder nicht, mehr als drei Viertel der unteren Führungskräfte beantworten das mit einem „eher auf der Mitarbeiterseite". Dabei müssten sie sich eigentlich als Mitglied der Führungsmannschaft sehen. Klar, dass sie dann auch argumentieren wie Mitarbeiter. „Wir brauchen mehr Personal", „Wir müssen unsere Mitarbeiter besser bezahlen", „Wir haben zuviel Arbeit" ... So spricht niemand, der die Unternehmensinteressen vertritt. Wie sollen Mitarbeiter unternehmerisch denken, wenn es nicht mal die eigenen Vorgesetzten tun? Führung behält auf allen Ebenen immer Aufwand und Nutzen, Investition und Ertrag sowie Produktivität und Effizienz im Blick. Das ist nicht nur die Aufgabe derer „da oben".

1.2.2   Für eine hohe Aufgaben- und Leistungsorientierung sowie eine hohe Mitarbeiterorientierung sorgen

Als Führungskraft sind Sie der verlängerte Arm der Unternehmensführung. Das bedeutet, Ihre Aufgabe besteht in erster Linie darin sicherzustellen, dass die anstehenden Aufgaben termingerecht, in der erforderlichen Qualität und möglichst effizient erledigt werden. Mit diesem Auftrag sind Sie als Führungskraft versehen, auch wenn es Ihnen bisher niemand so explizit gesagt hat. Implizit wird es von Ihnen erwartet. Andererseits sind Mitarbeiter aber nur dann bereit, ihr volles Leistungspotenzial abzuliefern, wenn sie dafür die entsprechende Gegenleistung erhalten. Mit Gegenleistung sind natürlich nicht nur materielle Dinge, wie Gehalt und soziale Leistungen gemeint, sondern und vor allem auch die weichen Faktoren, wie gutes Betriebsklima, Wertschätzung, Mitsprache- oder auch Entwicklungsmöglichkeiten.

Aufgabe der Führungskraft ist es also, die Interessen des Unternehmens mit den Interessen und Erwartungen der Mitarbeiter in Einklang zu bringen. Nur wenn beide Interessen auf Dauer und in einem hohen Maße befriedigt werden, kann die gerade in Krisenzeiten häufig beschworene Sozialpartnerschaft funktionieren. Konkret bedeutet das: Unternehmenserfolg und Mitarbeiterzufriedenheit müssen Hand in Hand gehen. Darin bestehen letztlich die Kernaufgaben der Führung: Für eine hohe Aufgaben- und Leistungsorientierung bei den Mitarbeitern zu sorgen und gleichzeitig deren Belange und Bedürfnisse zu berücksichtigen.

Tabelle 1.1   Die gegenseitigen Erwartungen der Sozialpartner

Was erwartet das Unternehmen von seinen Mitarbeitern?	Was erwarten die Mitarbeiter von ihrem Unternehmen?
– Engagement, Einsatzbereitschaft	– Gute, pünktliche Bezahlung
– Produktivität	– Leistungsgerechte Bezahlung
– Gute Qualität	– Angenehme Arbeitszeiten
– Zeitliche Flexibilität	– Interessante Tätigkeiten
– Vielseitige Einsetzbarkeit	– Anerkennung, Wertschätzung
– Loyalität	– Selbstbestimmung
– Lern- und Veränderungsbereitschaft	– Gutes Betriebsklima
– Kritikfähigkeit	– Perspektiven
– Identifikation mit dem Unternehmen	– Möglichkeit zur Weiterentwicklung
– Ideen und Verbesserungsvorschläge	– Selbstverwirklichung
– Kostenbewusstsein	– Mitsprache und Verantwortung
– Unternehmerisches Denken und Handeln	– ...
– Einen positiven Beitrag zum Betriebsklima	
– ...	

Halten Sie die Balance zwischen Geben und Nehmen auf hohem Niveau

Die Beziehung zwischen Unternehmen und Mitarbeiter hat auf Dauer nur Bestand, wenn die Balance von Geben und Nehmen gewährleistet ist. „Fühlt" sich das Unternehmen benachteiligt, wird es für „Ausgleich" sorgen. Dann werden Leistungszulagen gekürzt oder freiwillige Sozialleistungen gestrichen. Oder dem Mitarbeiter werden weniger attraktive Aufgaben zugewiesen, Weiterbildungsmöglichkeiten versagt oder das Unternehmen wird sich vom Mitarbeiter trennen. Werden die Erwartungen der Mitarbeiter nicht erfüllt, dann werden diejenigen, die gute Chancen auf dem Arbeitsmarkt haben, kündigen und das Unternehmen verlassen. Mitarbeiter, die keine Chancen auf dem Arbeitsmarkt haben, kündigen auch – allerdings nur innerlich. Das bedeutet, sie machen dann bestenfalls noch Dienst nach Vorschrift. Denn, wer nur mangels besserer Alternativen noch im Unternehmen ist, ist nicht mehr dabei. Beides hat für das Unternehmen auf lange Sicht verheerende Auswirkungen. Motivation, Identifikation und Mitarbeiterbindung sind daher die langfristigen Führungsziele. Diese erreichen Sie nur über eine positive Beziehung zu Ihren Mitarbeitern. Führung ist deshalb immer auch aktive Beziehungspflege. Wer eine positive Beziehung zu seinen Mitarbeitern pflegt, der wird sich auch in schwierigen Zeiten der Gefolgschaft seiner Mitarbeiter sicher sein können.

Das Problem unterbeschäftigter Mitarbeiter

Ein weit verbreiteter Irrtum besteht in der Meinung, dass ein hoher Arbeitsanfall automatisch zur Unzufriedenheit der Mitarbeiter führt. Ganz im Gegenteil! Schauen Sie sich die Mitarbeiter, die nicht ausgelastet sind, einmal genauer an. Machen die etwa einen zufriedenen Eindruck? Sind die motivierter? Nein! Wer seine Arbeit schon bis zur Vesperpause erledigt hat, für den kann die Zeit bis zum Feierabend ganz schön lange werden. Vor allem, wie schafft man es, den ganzen Tag über den Eindruck zu erwecken, man sei stark beschäftigt? Zudem nagt der Eindruck, nicht wirklich gebraucht zu werden, ganz schön am Selbstwertgefühl. Anstatt die ganze Energie in sinnvolle Arbeit zu investieren, wird sie dazu verwendet, eine Fassade aufzubauen, nur damit es niemand merkt. Unterbeschäftigte Mitarbeiter entwickeln eine Vielzahl an Strategien, damit umzugehen:

- Vorhandene Aufgaben werden so weit wie möglich ausgedehnt. Wofür man sonst eine Stunde brauchen würde, nimmt nun zwei Tage in Anspruch. Da wird dann ganz sorgfältig recherchiert, dann noch hier ein Schnörkel und da ein Schnörkel angefügt, anschließend wird dreimal kontrolliert. Womöglich wird man ja sogar noch für die sorgfältige Arbeit gelobt. Damit lässt sich im Übrigen auch das Parkinson'sche Gesetz erklären, welches besagt: „Arbeit dehnt sich in genau dem Maß aus, wie Zeit für ihre Erledigung zur Verfügung steht – und nicht in dem Maß, wie komplex sie tatsächlich ist."[11] Man könnte auch sagen, „ein gutes Pferd springt gerade so hoch, wie es springen muss und kein Stück höher".

---

[11] Parkinson, C. N. : Parkinsons Gesetz und andere Studien über die Verwaltung (Übers., Parkinson's Law, 1957). 2. erw. Aufl., München: Econ Taschenbücher 2001

- Mitarbeiter greifen Aufgaben auf, die eigentlich nicht notwendig sind. Gerade motivierte und qualifizierte Mitarbeiter geben sich mit ihrer Unterbeschäftigung nicht zufrieden. Sie greifen eigeninitiativ Themen auf, holen sich Projektaufträge ein und setzen Arbeitsprozesse in Gang, die eigentlich keiner braucht. Damit sind wir beim zweiten Parkinson'schen Gesetz: „Angestellte schaffen sich gegenseitig Arbeit."

- Die Kommunikation wird intensiviert. Die Gespräche am Kaffeeautomat oder auf dem Flur sind ein untrügliches Indiz für unterbeschäftigte Mitarbeiter. Nach meiner Erfahrung sind es gerade diese Mitarbeiter, die sich am häufigsten über zu viel Arbeit beklagen. Das ist nachvollziehbar, schließlich gehört das zur Fassade. Denn, wären diese Mitarbeiter tatsächlich überlastet, dann hätten sie gar nicht die Zeit, es jedem zu erzählen. Diese Strategie ist äußerst beliebt, denn damit werden mehrere Fliegen mit einer Klappe geschlagen. Erstens wird damit die Fassade „gepflegt". Zweitens ist es eine angenehme Art, die Zeit, von der man ohnehin zu viel hat, totzuschlagen. Und drittens fördert man damit das soziale Klima und die persönlichen Kontakte. Das kann ja schließlich nur gut sein – nicht wahr? Oder in Besprechungen, dort führt Unterbeschäftigung dazu, dass die Themen am ausführlichsten diskutiert werden, von denen die meisten Teilnehmer eine Ahnung haben und nicht die Themen, die am wichtigsten sind.

Sie glauben, in der heutigen Zeit kann es keine unterbeschäftigten Mitarbeiter mehr geben? Glauben Sie mir, es gibt sie nach wie vor. Ich kenne sie persönlich. Sicherlich, in produzierenden Bereichen, kleinerer oder mittlerer Unternehmen, die zudem noch eigentümergeführt sind, wird man unterbeschäftigte Mitarbeiter weniger finden. Aber in den Verwaltungsbereichen größerer Betriebe mit eher anonymen Strukturen ist das keine Seltenheit. Unterbeschäftigte Mitarbeiter sind ein Hinweis für fehlende Führung. Wer sich nicht um seine Mitarbeiter kümmert, der bemerkt auch nicht, wenn sie nicht ausgelastet sind oder es interessiert ihn nicht. Und wer keine positive Beziehung zu seinen Mitarbeitern pflegt, der wird es auch nie von ihnen erfahren. Dazu ist das Misstrauen viel zu groß. Also: Persönliche Belastungsgrenzen kann man nur erreichen, indem man es ausprobiert und Mitarbeiter sind zufriedener, wenn sie spüren, dass sie gebraucht werden.

Mitarbeiter haben eine angeborene Lust an Leistung

„Der Mensch strebt nach Bestätigung und Erfolg,
der Weg dahin führt über die Arbeit."

Josef H. Reicholf,
dt. Zoologe und Evolutionsbiologe

Ambitionierte Mitarbeiter erwarten geradezu eine hohe Leistungsorientierung. Sie brauchen einen gewissen Leistungsdruck und das Gefühl, gebraucht zu werden. Wer kennt nicht die wohltuende Empfindung der Zufriedenheit, die sich nach einem arbeitsreichen Tag und der Gewissheit, etwas Tolles geleistet zu haben, einstellt. Csikszentmihalyi hat diese Empfindung, die man spürt, wenn man in seiner Aufgabe aufgeht, wenn man die Zeit und alles um sich herum vergisst, wenn man den Eindruck hat, die Arbeit fließt regelrecht, „Flow" genannt[12]. Wir Menschen haben eine angeborene Lust auf Leistung.[13] Nichts beflügelt uns mehr, als die Bestätigung, eine wirklich gute Leistung abgeliefert und zum Erfolg beigetragen zu haben. Wir kennen dieses Erlebnis aus dem Sport. Ein Sieg, den wir mit Leichtigkeit und ohne Anstrengung erzielt haben, befriedigt uns nicht wirklich. Aber ein Sieg, für den wir richtig kämpfen und an unsere Grenzen gehen mussten, der erfüllt uns mit Stolz und Zufriedenheit. Mitarbeiter brauchen das Gefühl, gefordert worden zu sein und etwas Sinnvolles geleistet zu haben. Sie sind immer weniger bereit, ihre Einstellungen und Werte morgens beim Pförtner abzugeben. Oder um es in den Worten Martin Luthers zu sagen: „Von Arbeit stirbt kein Mensch, aber von Ledig- und Müßiggehen kommen die Leute um Leib und Leben; denn der Mensch ist zum Arbeiten geboren wie der Vogel zum Fliegen." Der Mensch ist schließlich auf Anstrengung und nicht auf Schlaraffenland programmiert. Er braucht nur eine angemessene Herausforderung.[14]

Also: Eine hohe Auslastung steht der Mitarbeiterzufriedenheit nicht im Wege, sondern sie ist Voraussetzung dafür. Das richtige Maß an Leistungsorientierung in Verbindung mit einer wertschätzenden Einstellung gegenüber den Mitarbeitern ist das richtige Klima, das zufriedene und weiterhin leistungsbereite Mitarbeiter schafft. Zusammengefasst lässt sich das auf den Grundsatz reduzieren: Mitarbeiter fordern und fördern, aber nicht überfordern.

Sorgen Sie für einen ausreichenden Leistungsdruck

Aus der obigen Argumentation heraus kann es eigentlich nur eine Forderung geben: Schaffen Sie einen ausreichenden Leistungsdruck. Es gibt einen nachgewiesenen Zusammenhang zwischen Leistungsdruck bzw. Stress und Produktivität (s. **Abbildung 1.2**).

---

[12] Csikszentmihalyi, Mihaly: Flow: Das Geheimnis des Glücks, Klett-Cotta, 15. Auflage 2010.
[13] Von Cube, Felix: Lust an Leistung. Piper 1998.
[14] Sprenger, Reinhard: Mythos Motivation. Campus, 17. Auflage 2002.

Abbildung 1.2　　Zusammenhang zwischen Stress bzw. Leistungsdruck und Produktivität

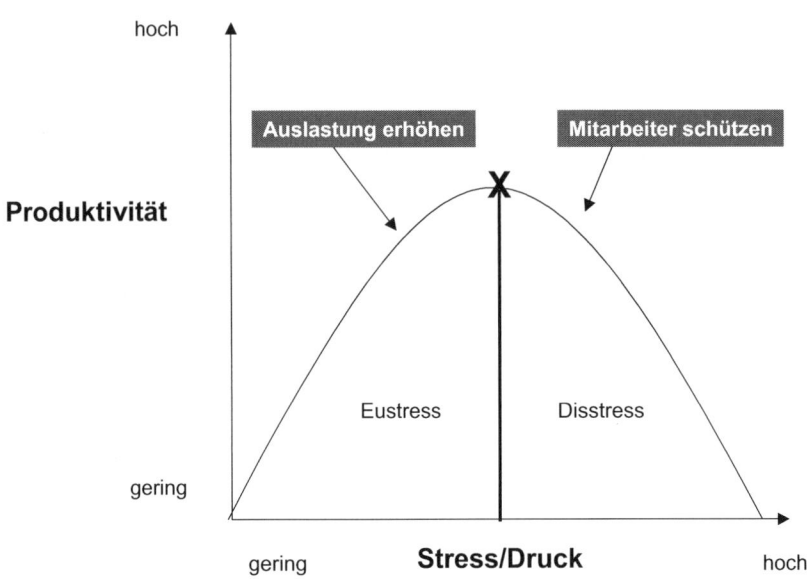

Bis zu einem bestimmten Grad führt ein Zuwachs an Leistungsdruck bzw. Stress zu einem Produktivitätsanstieg, der allerdings zunehmend geringer ausfällt. Stress ist per se nicht von vornherein negativ. Wir brauchen ein gewisses Maß und eine gewisse Art von Stress, um gut und produktiv zu sein. Ohne diesen Stress fehlt die positive Anspannung, die erforderlich ist, um gute Leistungen bringen zu können. Man nennt das „Eustress". Das ist positiver Stress, bei dem der Mensch Motivation und Anregung empfindet.[15] Positiver Stress erhöht die Aufmerksamkeit und fördert die maximale Leistungsfähigkeit des Körpers, ohne ihm zu schaden. Eustress wirkt sich auch bei häufigem, langfristigem Auftreten positiv auf die psychische oder physische Verfassung des Menschen aus. Ab einem bestimmten Stresspegel „kippt" die Wirkung dann allerdings ins Negative. Der Stress wird zunehmend als negativ empfunden. Man hat das Gefühl, nicht mehr „Herr der Lage" zu sein. Ängste, es nicht zu schaffen oder gar zu versagen, treten zunehmend auf. Über einen längeren Zeitraum kann dieser negative Stress, der Disstress zum Burnout-Syndrom und zu psychischen Erkrankungen führen.

Hieraus lassen sich zwei elementare Führungsaufgaben ableiten:

1. In der Phase geringer Auslastung ist es Ihre Aufgabe, die Auslastung zu erhöhen. Grundsätzlich stehen dazu zwei Möglichkeiten zur Verfügung. Entweder Sie reduzieren die verfügbare Personalkapazität (z. B. durch Stellenabbau, Kurzarbeit oder Über-

---

[15]　Selye, Hans: Stress. Bewältigung und Lebensgewinn. Piper 1988.

stundenreduzierung) oder Sie generieren zusätzliche (sinnvolle) Aufgaben, z. B. durch Aufgabenverlagerungen, Abbau von Fremdleistungen oder indem Sie sinnvolle Projekten initiieren.

2. In der Phase der Überlastung besteht die Aufgabe darin, die Mitarbeiter vor dauerhafter Überlastung zu schützen. Hier geht es vor allem darum, Arbeiten zeitlich zu verschieben, sie an Externe zu vergeben oder an andere, weniger ausgelastete Mitarbeiter zu delegieren.

Es ist allzu menschlich, dass wir als Führungskräfte gerne dazu neigen, Aufgaben eher an die guten und willigen Mitarbeiter zu delegieren, als an die weniger guten und unwilligen. Nur: Langfristig führt das zwangsläufig dazu, dass die guten Mitarbeiter einer immer höheren Arbeitsbelastung ausgesetzt werden, während die weniger guten Mitarbeiter immer schlechter ausgelastet sind. Außerdem führt es dazu, dass damit auch keine persönliche und/oder fachliche Weiterentwicklung stattfindet und die Schere zwischen guten und weniger guten Mitarbeitern immer weiter aufgeht. Eine Führungskraft einer meiner Kunden hat das einmal sehr prägnant mit folgendem Spruch beschrieben: „Bei uns im Unternehmen ist es so, dass wir unsere guten Pferde zu Tode reiten, während die anderen im Stall stehen und sich langweilen." Es ist wichtig, sich diesen Aspekt immer wieder bewusst zu machen und bei der Aufgabendelegation zu berücksichtigen. Was bedeutet „Aufgaben- und Leistungsorientierung" bzw. „Mitarbeiterorientierung" nun als Führungsaufgabe konkret?

Tabelle 1.2   Aufgaben-, Leistungs-, Mitarbeiterorientierung

Aufgaben-/Leistungsorientierung	Mitarbeiterorientierung
– Anspruchsvolle Ziele vorgeben bzw. vereinbaren	– Interessante Aufgaben zuordnen
– Auf Termineinhaltung achten	– Neigungen und Stärken der Mitarbeiter bei der Aufgabenverteilung berücksichtigen
– Gute Qualität sicherstellen	– Mitarbeiter fördern und weiterentwickeln
– Produktivität steigern bzw. sichern	– Belange der Mitarbeiter berücksichtigen
– Innovationen fördern	– Mitarbeiter informieren
– Das Kostenbewusstsein fördern	– Mitarbeiter in Entscheidungen einbeziehen
– Für eine klare Aufgabenzuordnung und klare Verantwortlichkeiten sorgen	– Für eine gerechte Vergütung sorgen
– Kundenorientierung sicherstellen	– Für ein gutes Betriebsklima sorgen
– Verbesserungen kontinuierlich vorantreiben	– Den Mitarbeitern Wertschätzung entgegenbringen
– Prozesse optimieren	– Vertrauen fördern
– ...	– ...

Stellt man diese beiden Aspekte der Führung in einer Matrix dar, so können diese entweder gering oder stark ausgeprägt sein. Hieraus ergeben sich vier Grundtypen von Führungskräften[16]:

Abbildung 1.3   Die unterschiedlichen Führungsstile

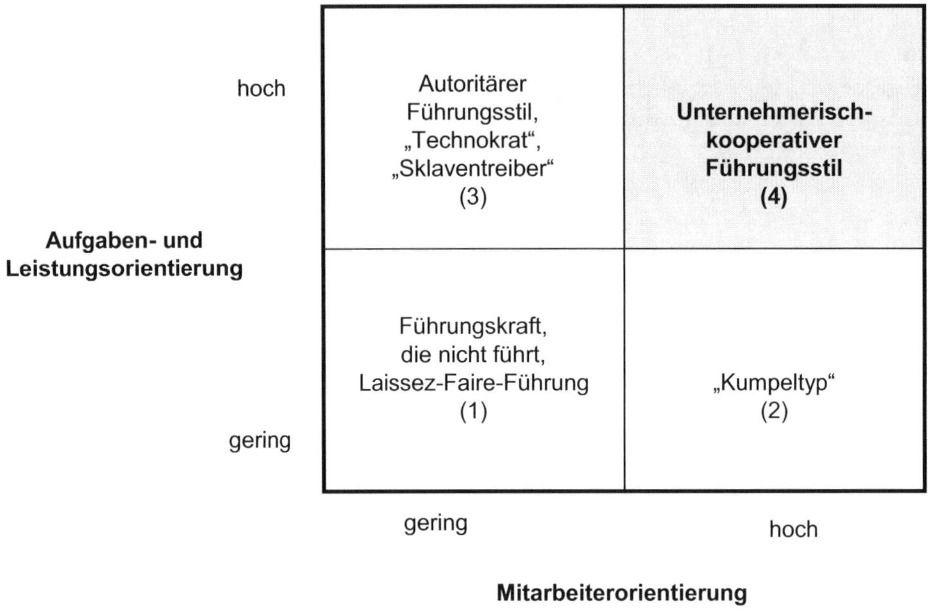

hoch	Autoritärer Führungsstil, „Technokrat", „Sklaventreiber" (3)	**Unternehmerisch-kooperativer Führungsstil (4)**
Aufgaben- und Leistungsorientierung		
gering	Führungskraft, die nicht führt, Laissez-Faire-Führung (1)	„Kumpeltyp" (2)

gering   hoch

Mitarbeiterorientierung

1. Geringe Ausprägung bei beiden Aspekten – der Laissez-Faire-Führungsstil: Diese Führungskraft interessiert sich weder für die Arbeit, noch für die Mitarbeiter. Man kann hier eigentlich nicht von einer Führungskraft sprechen, da Führung gar nicht stattfindet. Auf lange Sicht wird diese Führungskraft nur bestehen können, wenn sie Mitarbeiter hat, die von sich aus Verantwortung übernehmen und dafür Sorge tragen, dass der Laden läuft und einen Vorgesetzten, der selbst diesen Führungsstil pflegt.

2. Führungskräfte mit einer hohen Mitarbeiterorientierung aber einer geringen Aufgaben- und Leistungsorientierung – der „Kumpeltyp" – sind nicht selten sehr beliebt bei Ihren Mitarbeitern. Sie verstehen es, ein angenehmes Betriebsklima zu schaffen ohne ihre Mitarbeiter einem allzu hohen Leistungsdruck auszusetzen. Man „arbeitet" gerne unter einem Kumpeltyp. Die Stimmung ist stets ausgelassen – wenn nur die Arbeit nicht wäre. Allerdings ist diese Einschätzung nicht ungeteilt. Ambitionierte, qualifizierte Mitarbeiter, die ihre Lust an der Leistung noch nicht verloren haben, fühlen sich schnell un-

---

[16]   In Anlehnung an Blake/Mouton: The Managerial Grid: The Key to Leadership Excellence, Houston, Gulf Publishing Co., 1964.

terfordert. Sie wollen etwas bewegen, sich weiterentwickeln, Erfolg haben. Sie merken bald, dass sie das mit dieser Führungskraft nicht erreichen können. Entweder sie fangen an, gegen ihren Vorgesetzten zu opponieren, vielleicht sogar an seinem Stuhl zu sägen oder sie verlassen die Abteilung, schlimmer noch, das Unternehmen. Selbstverständlich kann auch der Vorgesetzte des Kumpeltyps irgendwann unzufrieden werden, vor allem dann, wenn er selbst eine hohe Aufgaben- und Zielorientierung aufweist. Das Führungsverhalten des Kumpeltyps hat häufig tiefer gehende Ursachen. Dahinter stecken in der Regel Harmoniesucht und Konfliktscheue auch wenn es von Vertretern dieses Führungstypus gern als moderner und mitarbeiterorientierter Führungsstil dargestellt wird. Diese Führungskräfte „sind abhängig von der Zuneigung ihrer Mitarbeiter und meinen, sich diese Zuneigung durch besondere Nachsicht erkaufen zu können. Sie sind schwach und sie haben in der Folge schwache Mitarbeiter".[17]

3. Führungskräfte mit einer hohen Aufgaben- und Leistungsorientierung aber einer geringen Mitarbeiterorientierung sind dagegen eher unbeliebt. Für sie steht vor allem die Sache im Vordergrund. Das Projekt muss pünktlich abgeschlossen werden, die Qualität muss stimmen, die Stückzahlen stehen ständig im Vordergrund. Wie es den Mitarbeitern dabei geht, ist für sie nicht wichtig. Dieser Führungstyp wird in der Regel als sehr unpersönlich und kühl, im Extremfall gar als autoritär empfunden. Bezeichnungen wie „Technokrat", „Sklaventreiber" oder „Diktator" sind sicherlich ein Beleg für mangelnde Sympathien. Diese Führungskräfte tun sich auch äußerst schwer mit dem Wörtchen „WIR". Sie sprechen lieber in der Ich-Form. Die Stimmung im Team einer solchen Führungskraft ist in der Regel eher gedrückt – zumindest solange der Chef anwesend ist. Aber wehe, er ist außer Haus, dann zeigen sich die Mitarbeiter von ihrer wahren Seite. Dann weicht das vorher demonstrativ zur Schau gestellte geschäftige Treiben einer entspannten, freizeitorientierten Schonhaltung.

4. Wenn beide Aspekte in einem hohen Maße verwirklicht werden, kann von einem *unternehmerisch-kooperativen* Führungsstil gesprochen werden. Diese Führungskräfte machen immer wieder deutlich, dass ihnen die Unternehmensinteressen und -ziele wichtig sind, ebenso wie das Befinden und die Zufriedenheit ihrer Mitarbeiter. Gegenüber ihren Mitarbeitern zeigen sie Wertschätzung und begegnen ihnen partnerschaftlich und auf Augenhöhe. Sie achten deren Meinungen, gehen offen und vertrauensvoll mit ihnen um, informieren sie und beziehen sie, wo es geht auch in Entscheidungen ein. Sie pflegen positive Beziehungen zu ihren Mitarbeitern und stehen in engem Kontakt zu ihnen, weil sie wissen, ohne sie geht es auf lange Sicht nicht. Deshalb nehmen sie ihre Mitarbeiter auch stets in die Mitverantwortung und lassen sie am Erfolg teilhaben. Im Bezug auf die Unternehmensinteressen und -ziele sind sie konsequent und wenig kompromissbereit. Mitarbeiter fordern und fördern lautet ihre Maxime.

Wenn Sie wissen möchten, wo Sie stehen bzw. wo Ihr Führungsstil einzuordnen ist, dann darf ich Sie zu dem im Anhang, Anlage Werkzeugkasten 1 beigefügten Selbsttest einladen. Diesen können Sie auch als hilfreiche Checkliste aktiver und konsequenter Führung nutzen.

---

[17] Jäger, Roland: Die Rückkehr der Konsequenz. In: managerSeminare, Heft 142, Januar 2010.

1.2.3   Aktiv Einfluss auf das Arbeits- *und* Sozialverhalten nehmen – Fehlverhalten konsequent angehen

Viele Führungskräfte weisen ein eher konservatives Führungsverständnis auf. Für sie bedeutet Führung vor allem: Aufgaben verteilen, anweisen, die Arbeitsausführung kontrollieren und auf Termineinhaltung achten. Solange sich dann alles im „grünen Bereich" bewegt, ist die Welt für sie in Ordnung. Wenn die Vorgaben eingehalten werden, ist alles o. k. Doch das ist eine sehr kurzfristige Sichtweise, die nur auf das „Jetzt" und „Heute" schaut. Dabei werden vorhandene Potenziale und schlummernde Risiken außer acht gelassen. Nur wenige Chefs verstehen ihre Führungsaufgabe darin, aktiv auf das Arbeits- *und* Sozialverhalten ihrer Mitarbeiter Einfluss zu nehmen und sie damit langfristig weiterzuentwickeln. Dabei weist ja bereits der Begriff „Führungskraft" darauf hin, dass „Führung" eine aktive Handlung darstellt. Eine Führungskraft ist die Kraft, die die Mitarbeiter in eine bestimmte Richtung, zu einem bestimmten Ziel führt. Aktives Führungshandeln bedeutet also, den Mitarbeitern das Ziel und die Richtung vorzugeben und sie durch regelmäßiges Feedback, sprich durch Lob und Kritik auf dem richtigen Weg zu halten.

Entgegen Sprenger, der die Meinung vertritt, „wir haben im Unternehmen keinen Erziehungsauftrag, sondern einen Kooperationsvertrag zwischen Erwachsenen"[18], sehe ich genau darin eine Hauptaufgabe der Führungsarbeit. Nämlich die Mitarbeiter zu einem bestimmten Verhalten zu bewegen. Und damit ist nicht nur das Arbeits- und Leistungsverhalten, sondern auch das Sozialverhalten gemeint. Wenn Mitarbeiter erfolgshinderliche oder den Betriebsfrieden störende Verhaltensweisen zeigen, ist es die Aufgabe der Führungskraft, sie darauf aufmerksam zu machen und sie so zu „formen", dass sie ein anderes Verhalten an den Tag legen. In meinen Augen hat das also durchaus etwas Erzieherisches. Erziehen heißt ja, „jemandes Geist und Charakter zu bilden und seine Entwicklung zu fördern"[19]. Wenn Sie also zum Beispiel bemerken, dass ein Mitarbeiter vor Anderen eine blöde Bemerkung über das Unternehmen fallen lässt oder schlecht über Abwesende redet oder etwas tut, was gegen die betrieblichen Regeln verstößt, dann sollten Sie die Sache nicht auf sich beruhen lassen – ganz unabhängig davon, ob der Mitarbeiter bemerkt hat, dass Sie zufälliger Zeuge des Vorfalls geworden sind. Dann ist es Ihre Pflicht, mit dem Mitarbeiter ein Gespräch zu führen – natürlich sachlich und wertschätzend, aber dennoch bestimmt. Da bin ich im Übrigen auf einer Linie mit Jogi Löw, dem Trainer der Fußballnationalmannschaft, dem es gelungen ist, in relativ kurzer Zeit, nicht nur eine schlagkräftige, sondern auch eine charakterlich vorbildliche Mannschaft zu formen, die unser Land so hervorragend und sympathisch repräsentiert: „Bei uns ist immer erst die Leistung des Teams wichtig. Die Fußballnationalmannschaft repräsentiert Deutschland und da ist es uns auch ganz wichtig, dass die Spieler einen starken Charakter zeigen. ... Die Persönlichkeitsbildung ist ein wichtiger Teil unserer Ausbildung."[20] Wenn Sie mit dem Verhalten Ihrer Mitarbeiter unzufrieden sind, sollten Sie sich immer vor Augen halten, dass das Ergebnis

---

[18]   Sprenger, Reinhard: „Konflikte: Anfang und nicht Ende des Denkens" in TRAINING Nr. 5/2006.
[19]   Quelle: www.duden.de
[20]   In: Mobil – das Magazin der Deutschen Bahn 09/2011.

der Führung sich letztlich immer im Verhalten des Geführten zeigt. Allerdings, nicht jedes Verhalten ist das Ergebnis der Führung.

Man mag nun darüber streiten, ob der Begriff „Erziehung" im Zusammenhang mit erwachsenen Menschen angebracht ist. Sicherlich „riecht" es ein wenig nach Infantilisierung der Mitarbeiter, wenn wir von einem „Erziehungsauftrag der Führungskräfte" sprechen. Man könnte stattdessen auch von „Entwicklung" sprechen. Dieser Begriff würde gewiss auf weniger Widerstand stoßen. Wer würde schon leugnen wollen, dass die Entwicklung der Mitarbeiter eine Führungsaufgabe darstellt? Wie Sprenger bin ich auch der Meinung, dass die Beziehung zwischen Führungskraft und Mitarbeiter in erster Linie ein Kooperationsvertrag zwischen Erwachsenen ist. Bei offensichtlichem und wiederholtem Fehlverhalten sollte aber anstelle des Kooperationsvertrags dann der Erziehungsauftrag treten. Wobei klar sein sollte, *Be*-Ziehung geht immer vor *Er*-Ziehung. Gute Beziehungen schaffen Verbundenheit und Vertrauen. Wo sie vorherrschen wird Erziehung in der Regel überflüssig.

Aktive Führung heißt vor allem, „Fehlverhalten konsequent angehen". Fehlverhalten von Mitarbeitern kann dabei vier verschiedene Dimensionen einnehmen:

1. Der Mitarbeiter zeigt ein Verhalten, das *gegen bestehende Arbeitsordnungen, betriebliche Regelungen oder Betriebsvereinbarungen verstößt*. Das kann zum Beispiel der Fall sein, wenn Mitarbeiter gegen Arbeitsschutzbestimmungen verstoßen, wenn sie Pausen überziehen, während der Arbeitszeit die Raucherzonen aufsuchen, ohne abzustempeln oder wie es in Produktionsbereichen nicht selten vorkommt, dass die erforderliche Körperpflege nach getaner Arbeit noch während der Arbeitszeit erfolgt.

2. Der Mitarbeiter zeigt ein *Arbeitsverhalten*, das den persönlichen Arbeitserfolg behindert. Das kann beispielsweise der Fall sein, wenn der Mitarbeiter sehr perfektionistisch oder im gegenteiligen Fall sehr oberflächlich arbeitet, oder auch wenn ihm gewisse Fertigkeiten oder Fachwissen fehlen.

3. Das *Engagement* des Mitarbeiters lässt zu wünschen übrig. Das bedeutet, der Mitarbeiter bringt nicht die Leistung, die er bringen könnte, er enthält dem Unternehmen Leistungspotenziale, er macht Dienst nach Vorschrift. Natürlich ist es nicht immer leicht, das gleich zu erkennen. Aber bei offensichtlichem Leistungsmangel ist es doch die Pflicht der Führungskraft, den Mitarbeiter darauf hinzuweisen. Felix Magath, derzeit Trainer beim VFL Wolfsburg bringt es auf den Punkt, wenn er sagt: „Wenn ich merke, dass ein Spieler sich hängen lässt, dann muss ich mir den zur Brust nehmen."[21] Genau das ist die Aufgabe der Führungskraft: Bereits beim ersten deutlichen Anzeichen von Leistungsabfall muss dem Mitarbeiter klar gemacht werden, dass es Ihnen nicht entgangen ist und dass Sie nicht bereit sind, es hinzunehmen. Warten Sie nicht bis es zur Gewohnheit wird oder ihr Mitarbeiter bereits zum Problemfall geworden ist.

---

[21] Schwäbische Zeitung , Ausgabe 14.01.2010 .

4. Der Mitarbeiter zeigt ein *Sozialverhalten*, das das Betriebsklima und die Zusammenarbeit im Team stört. Hier gibt es sicherlich eine große Bandbreite von Beispielen: In Konfliktsituationen reagiert der Mitarbeiter schnell sehr emotional, er drückt sich ständig vor unliebsamer Arbeit, er zeigt sich wenig kooperationsbereit oder er tritt in Besprechungen besserwisserisch und uneinsichtig auf oder er hält sich nicht an getroffene Absprachen oder, oder, oder .... In der Regel haben diese Mitarbeiter nicht nur im beruflichen, sondern auch im privaten Umfeld erhebliche Probleme. Hier ist es Aufgabe der Führungskraft, dem Mitarbeiter das hinderliche Verhalten zurückzuspiegeln und alternative Verhaltensweisen aufzuzeigen. Hier ist die Führungskraft als Coach gefragt. Aus eigener Erfahrung weiß ich, dass die meisten Mitarbeiter für Rückmeldungen und Hilfestellungen dieser Art auf lange Sicht sehr dankbar sind.

Bei den ersten drei Punkten, also den Verstößen gegen betriebliche Regelungen und Anordnungen, dem persönlichen Arbeitsverhalten und dem Engagement mag es für viele Führungskräfte eine Selbstverständlichkeit sein, den Mitarbeiter darauf anzusprechen. Bei störendem Sozialverhalten dagegen tut man sich schon schwerer. Da geht es ja auch um ganz persönliche Dinge, um Charaktereigenschaften oder eingeschliffene Gewohnheiten. Darf man den Mitarbeiter auf solch heikle Angelegenheiten hinweisen? Ich bin der festen Überzeugung, dass es dazu keine Alternative gibt, ist doch gerade das Sozialverhalten häufig der Grund, wenn man sich von Mitarbeitern trennt. Nicht selten trifft dann der im Angloamerikanischen gerne verwendete Ausspruch „hired by competence, fired by personality" zu. Also „eingestellt wegen der Fachkompetenz, entlassen wegen der Sozialkompetenz". Als Führungskraft ist es nicht nur Ihr Recht, sondern Ihre Pflicht, den Mitarbeiter auf hinderliche Verhaltensweisen hinzuweisen. Menschen ändern ihr Verhalten häufig erst dann, wenn sie erkannt haben, wie ihr Verhalten bei anderen ankommt. Manchmal reicht ein offenes, konstruktives Gespräch, um beim Mitarbeiter eine Verhaltensänderung zu bewirken. Im Übrigen entspricht das Einfordern eines bestimmten Sozialverhaltens nichts anderem als dem Einfordern von Unternehmensleitlinien. Wenn Unternehmensleitlinien mit Leben erfüllt werden sollen, dann müssen sie vorgelebt und eingefordert werden. Es geht darum, fachlich gute Mitarbeiter für das Unternehmen zu erhalten und ihnen auch in ihrem eigenen Interesse eine gute berufliche Entwicklung zu ermöglichen. Wer sonst, wenn nicht die Führungskraft, ist dafür verantwortlich?

In allen vier Dimensionen von Fehlverhalten besteht die Aufgabe der Führungskraft darin, das Fehlverhalten zu erkennen, es gegenüber dem Mitarbeiter anzusprechen und deutlich zu machen, was von dem Mitarbeiter erwartet wird. Selbstverständlich braucht es hier ein wenig Fingerspitzengefühl oder um es in den Worten Benjamin Franklins zu formulieren „Es gibt Augenblicke, in denen man nicht nur sehen, sondern ein Auge zudrücken muss". Einem Mitarbeiter, der regelmäßig Stunden verfallen lässt, braucht man die eine oder andere Zigarette nicht gleich vorzuhalten. Und natürlich muss man auch nicht wegen jeder Kleinigkeit gleich ein ernstes Gespräch führen. Andererseits, wenn Sie verhindern wollen, dass sich ein bestimmtes Fehlverhalten einschleift, dann müssen Sie es so früh wie möglich ansprechen – sachlich und ruhig. Nur so machen Sie dem Mitarbeiter deutlich, dass sein Verhalten nicht in Ordnung ist. Mitarbeiter merken sehr schnell, welches Verhalten Sie durchlassen und welches nicht. Bevor bestimmte Verhaltensweisen zur Gewohnheit oder

gar Normalität werden, sollten Sie einschreiten. Auf lange Sicht schafft sich jede Führungskraft ihre eigene Kultur. Und auf lange Sicht bekommt jede Führungskraft die Mitarbeiter,
die sie verdient.

Eine gute Führungskraft ist wie ein guter Trainer. Ein wirklich guter Trainer wird nicht nur
auf das nächste Spiel schauen, sondern immer auch die langfristige Entwicklung seiner
Spieler und der Mannschaft im Blick haben. Wenn es der langfristigen Entwicklung dient,
wird er vielleicht sogar die eine oder andere Niederlage in den nächsten Spielen in Kauf
nehmen. In diesem Sinne war Jürgen Klinsmanns Zielsetzung beim FC Bayern, „jeden Spieler jeden Tag ein bisschen besser machen", durchaus richtig. Wahrscheinlich hätte man ihm
nur mehr Zeit lassen müssen. Ein guter Trainer wird langfristig bestrebt sein, technische
oder körperliche Defizite jedes einzelnen Spielers soweit wie möglich zu beseitigen, um ihn
zu einem besseren Spieler zu entwickeln. Er wird jedoch nicht nur auf die technische und
körperliche Entwicklung schauen, sondern auch auf die Persönlichkeit der Spieler. Gute
Trainer achten sehr sensibel auf erfolgshinderliche Verhaltensweisen ihrer Spieler. Wie
gehen sie mit Misserfolg um? Versteckt sich ein Spieler, wenn es mal nicht so gut läuft?
Fällt er in ein Loch nach einem schlechten Spiel? Schreit er seine Mitspieler an? Wird er
überheblich, wenn er ein Tor geschossen hat? Stellt er sich in den Dienst der Mannschaft?
Ein guter Trainer wird konsequent und mit langem Atem an solchen erfolgskritischen Verhaltensweisen arbeiten. Warum sollte es bei Führungskräften nicht auch so sein?

1.2.4 Führungsanspruch zeigen – Führung als Hauptaufgabe ansehen

> *„Die Nichtausübung von Macht missfällt den Leuten.*
> *Und wohlgemerkt: nicht den Chefs missfällt das, sondern den Untergebenen."*
>
> Luciano de Creszenzo
> (*1928, ital. Schriftsteller)

Hierzu eine kurze Anekdote aus meiner Beratungspraxis: Vor einigen Jahren wurde ich
beauftragt, einen Ziele-Workshop bei einem unserer Kunden zu moderieren. Teilnehmer
waren der Geschäftsführer, die Bereichsleiter sowie einzelne Abteilungsleiter. Zu jener Zeit
hatten wir einen neuen Beraterkollegen eingestellt. Dieser sollte mir bei der Moderation des
Workshops etwas über die Schulter schauen. Interessiert verfolgte er das Geschehen im
Workshop, machte sich Notizen und beobachtete die Teilnehmer sehr genau. Am Ende des
ersten Tages, nach dem Abendessen, saßen wir dann noch gemütlich bei einem Gläschen
Wein zusammen. Unser neuer Kollege nutzte die Gelegenheit, um sich mit den Teilnehmern bekannt zu machen. Zufällig saß er bei einem Teilnehmer, der den ganzen Tag über
eher unscheinbar und zurückhaltend gewirkt hatte. Unser Kollege sagte zu ihm: „Bei den
meisten Teilnehmern konnte ich aus ihren Beiträgen schließen, in welcher Funktion sie
sind, in welcher Funktion sind Sie eigentlich?" Etwas verschüchtert antwortete der Teilnehmer: „Ich bin der Geschäftsführer."

Schöner kann man eigentlich nicht beschreiben, was „Führungsanspruch zeigen" bzw. in diesem Beispiel „nicht zeigen" bedeutet. Wer Führungsanspruch zeigt, der macht deutlich, dass er Chef ist, ohne allerdings den Chef herauszuhängen. Er muss es gar nicht sagen, man spürt, dass er etwas zu sagen hat und dass sein Wort Gewicht hat. Führungsanspruch zeigen, bedeutet auch kraftvoll zu führen. Führungskräfte, die keine starke Position als Chef haben, die nicht deutlich machen, dass sie führen wollen, werden schnell nicht mehr ernst genommen. Wer Führungsanspruch zeigt, der geht voraus in der Gewissheit, dass seine Mitarbeiter ihm folgen. Wenn ich als Führungskraft authentisch und glaubwürdig sein will, dann muss ich meine Führungsrolle auch annehmen. Als Führungskraft muss ich Richtungsgeber und Motor sein. Das erfordert viel Energie und Überzeugungskraft. Wenn ich selbst nicht davon überzeugt bin, dass ich das möchte, wie kann ich dann andere überzeugen? Führungsanspruch zeigen bedeutet auch, eine gewisse Konfliktbereitschaft zu haben. Harmoniesucht und Konfliktscheue stehen dem entgegen. Wer auf die Zuneigung und das Wohlwollen seiner Mitarbeiter angewiesen ist, der wird nicht in der Lage sein, konsequent zu führen. Denn das bedeutet, Fehlverhalten unbeirrt anzugehen, Forderungen zu stellen, Mitarbeiter immer wieder an ihre Pflichten zu erinnern und Widerstände zu überwinden. „Erst wenn die Führungskraft in sich Halt und Orientierung gefunden hat, kann sie eine starke Führungskraft sein."[22] Dazu gehört auch, „sich hinter und vor die Mannschaft zu stellen". „Sich hinter die Mannschaft stellen" bedeutet, ich übertrage meinen Mitarbeitern die volle Verantwortung und sie können sich auf meine Rückendeckung verlassen, ich werde ihnen nicht in den Rücken fallen. Und wenn etwas schief geht, dann stelle ich mich vor meine Mitarbeiter. Das bedeutet, ich übernehme als Führungskraft die Verantwortung und schiebe es nicht auf meine Mitarbeiter ab. Ich stelle mich der Kritik, die von außen kommt und nehme sie auf meine Schultern. Das soll kein Freibrief für die Mitarbeiter sein. Selbstverständlich muss ich mich als Führungskraft, wenn Fehler passiert sind, intern mit meinen Mitarbeitern intensiv damit auseinandersetzen, aber nach außen hin mache ich deutlich: „Ich stehe hinter und vor meinen Mitarbeitern."

Oder ein anderes Beispiel: Wie oft höre ich, „für Führung habe ich keine Zeit". Ja hallo – wenn eine Führungskraft keine Zeit für Führung hat, was macht diese dann eigentlich den ganzen Tag? Brauche ich dann überhaupt eine Führungskraft? Klar, eine Fußballmannschaft kann auch ohne Trainer spielen, sie wird nur nicht sehr erfolgreich sein, weil es keine klare Linie gibt. Und wenn der Trainer schon mitspielen muss als Spielertrainer, weil Not am Mann ist, dann sollte er dennoch auch während des Spiels seine Führungsaufgabe nicht ganz aus den Augen verlieren. Wer sagt, er habe keine Zeit für Führung, der will nicht wirklich führen. Keine Zeit haben bedeutet, „mir ist etwas anderes wichtiger". Was kann es für eine Führungskraft wichtigeres geben als Führung? Mitarbeiter brauchen keinen Chef, der die Arbeiten erledigt, die sie selbst erledigen können, sondern einen Chef, der ihnen Orientierung gibt und sie führt.[23] Deshalb sollte sich jede Führungskraft ernsthaft die Frage stellen: „Will ich Führungskraft sein oder nicht?" Beantworten Sie sich die Frage ehrlich und handeln Sie danach. Wer Führungskraft ist, nur weil es mit Prestige und einem

---

[22]   Jäger, Roland: Die Rückkehr der Konsequenz. In: managerSeminare, Heft 142, Januar 2010.
[23]   Jäger, Roland: die Rückkehr der Konsequenz. In: managerSeminare, Heft 142, Januar 2010.

höheren Einkommen verbunden ist, ohne es wirklich zu wollen, der wird nie wirklich gut. Und er macht sich und seine Mitarbeiter auf Dauer damit unglücklich. Im Übrigen: Mitarbeiter brauchen und wollen Führung. Denken Sie an Ihre Schulzeit. Welche Ihrer Lehrer sind Ihnen da noch in guter Erinnerung? Ganz sicher diejenigen, die die Klasse im Griff hatten und für Ordnung, Disziplin und eine klare Linie gesorgt haben und ganz gewiss nicht diejenigen, denen man auf der Nase herum tanzen konnte und bei denen nichts vorwärts ging. Um Missverständnissen vorzubeugen: Führungsanspruch zeigen heißt nicht, autoritär zu führen. Führungsanspruch und konsequente Führung sollten immer gepaart sein mit Wertschätzung und Achtung vor dem Mitarbeiter.

1.2.5   Mitarbeiter entsprechend ihrem Reifegrad behandeln

Einer der gravierendsten Führungsirrtümer besteht in dem Glauben, man müsse alle Mitarbeiter gleich behandeln. Das kann nicht funktionieren. Ein Leistungsträger bedarf sicherlich einer anderen Führung, als ein Dienst-nach-Vorschrift-Mitarbeiter und ein älterer Mitarbeiter mit langjähriger Berufserfahrung gewiss einer anderen, als der unerfahrene Berufsanfänger. Erfolgreiches Führen bedeutet, den Führungsstil an den Kontext der Führungssituation anzupassen, insbesondere an die unterschiedlichen Fähigkeiten sowie die Einstellungen und die Motivation der Mitarbeiter. Zur Kategorisierung der unterschiedlichen Führungsstile eignet sich das Konzept der „Situativen Führung"[24] sehr gut.

Ausgangsbasis der Situativen Führung bildet der Reifegrad der Mitarbeiter. Dieser wird definiert durch die Kombination aus Können und Wollen. Mit „Können" sind die fachliche Qualifikation, das Wissen, die Erfahrungen sowie die Fähigkeiten eines Mitarbeiters gemeint. Unter „Wollen" wird die Motivation, die Arbeitseinstellung und der Leistungswille des Mitarbeiters verstanden. In der Kombination dieser beiden Variablen lassen sich vier „Reifegrade" unterscheiden. Situatives Führen bedeutet dabei, seinen Führungsstil am Reifegrad des jeweiligen Mitarbeiters auszurichten. Um es etwas vereinfacht und komprimiert darzustellen:

---

[24]   Hersey, Paul/Blanchard, Kenneth H.: Management of Organizational Behaviour: Utilizing Human Resources. 2. Ausgabe, Prentice Hall 1997.

Abbildung 1.4   Die verschiedenen Reifegrade

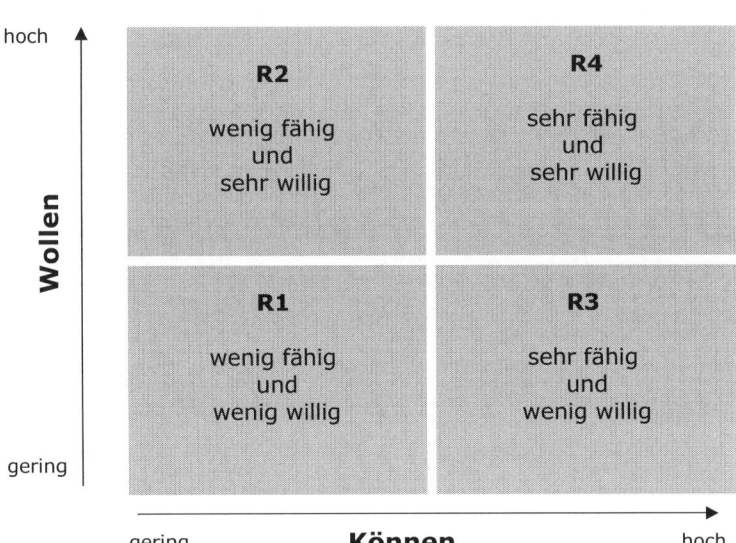

Mitarbeiter mit dem *Reifegrad 1* (wenig fähig und wenig willig): Bei diesen Mitarbeitern ist es wichtig, klare Ansagen zu machen. Hier ist ein direktiver Führungsstil angesagt. *„Diktieren"* und *„anordnen"* stehen dabei im Vordergrund. Wenn sowohl die Fähigkeit als auch die Bereitschaft fehlen, um alleine die Verantwortung für eine Aufgabe zu übernehmen, helfen nur klare Anweisungen, klare Terminvorgaben und eine strenge Kontrolle der Arbeitsschritte. Damit nehmen Sie aktiv Einfluss auf das Arbeitsverhalten des Mitarbeiters. Kurzfristiges Ziel dieses Führungsstils ist in erster Linie, die Aufgabenerledigung zu gewährleisten. Längerfristig besteht die Zielsetzung darin, den Mitarbeiter damit zu fördern und ihn somit auf eine höhere Reifestufe zu führen. Gelingt dies nicht innerhalb eines Zeitraums von ein bis zwei Jahren, sollten Sie sich – wenn möglich – von dem Mitarbeiter trennen.

Mitarbeiter mit dem *Reifegrad 2* (wenig fähig, aber sehr willig): Diese Mitarbeiter müssen Sie nicht motivieren, sondern weiterentwickeln. Sie brauchen Ermunterung und die Bestätigung, dass sie es schaffen werden. Als Führungskraft sollten Sie sich für diese Mitarbeiter mehr Zeit nehmen, um ihnen Vorgehensweisen und das „wozu" und „warum" zu verdeutlichen. Hier ist in erster Linie *„erklären"* und *„argumentieren"* gefragt.

Mitarbeiter mit dem *Reifegrad 3* (sehr fähig, aber wenig willig): Mitarbeiter, die zwar über gute fachliche Kenntnisse und umfassende Erfahrungen verfügen, aber eine geringere Bereitschaft zeigen, sich aktiv einzubringen und Eigeninitiative zu zeigen, müssen durch eine stärkere Einbeziehung in die Verantwortung genommen werden. In der Praxis bedeutet das ganz konkret: Mitarbeiter gezielt in Entscheidungen einzubeziehen, sie um Rat fragen und ihnen Verantwortung zu übertragen. Mitarbeiter mit dem Reifegrad 3 müssen spüren, dass es auf sie ankommt, dass ihr Wissen und ihre Erfahrungen gebraucht werden. Hier geht es also um *„einbeziehen"* und *„partizipieren"*. Bei diesen Mitarbeitern stellt sich vor allem die Frage, was hat zu dieser inneren Kündigung geführt? Fehlt es ihnen an Anerkennung? Haben sie in der Vergangenheit irgendwelche Ungerechtigkeiten oder Kränkungen erfahren? Wurden Versprechen nicht eingehalten? Antworten auf diese Fragen erhalten Sie nur in einem offenen Gespräch.

Mitarbeiter mit dem *Reifegrad 4* (sehr fähig und sehr willig): Diesen Mitarbeitern sollten Sie einen großzügigen individuellen Entscheidungs- und Handlungsspielraum einräumen. Übertragen Sie ganzheitliche, anspruchsvolle Aufgaben und belassen Sie die Verantwortung für die Aufgabenerledigung bei den Mitarbeitern. Bringen Sie ihnen Vertrauen entgegen. *„Delegieren* von Verantwortung und ganzheitlichen Aufgaben" stehen bei diesem Führungsstil im Vordergrund. Aber Achtung: Vernachlässigen Sie diese Mitarbeiter nicht, auch sie brauchen von Zeit zu Zeit eine gewisse Zuwendung. Für Ihre eigene Führungsaufgabe ist es wichtig, sich selbst einen Überblick über die Reifegrade Ihrer Mitarbeiter zu verschaffen. Machen Sie eine Bestandsaufnahme und tragen Sie die Namen Ihrer Mitarbeiter in die nachstehende Tabelle ein. Gehen Sie es nicht zu wohlwollend an, setzen Sie lieber etwas höhere Anforderungen als Maßstab zugrunde.

Tabelle 1.3   Bestandsaufnahme der Reifegrade Ihrer Mitarbeiter

Reifegrad 1 wenig fähig und wenig willig	Reifegrad 2 wenig fähig und sehr willig	Reifegrad 3 sehr fähig und wenig willig	Reifegrad 4 sehr fähig und sehr willig

Eine andere Form der Einteilung der Mitarbeiter nach Reifegraden ist die Einteilung nach A-, B-, und C-Mitarbeitern. Hier ein schönes Bild, um den Unterschied dieser Kategorisierung zu verdeutlichen: A-Mitarbeiter sind diejenigen Mitarbeiter, die den Karren ziehen, B-Mitarbeiter laufen nebenher und C-Mitarbeiter sitzen auf dem Karren und müssen gezogen werden.[25]

---

[25] Knoblauch, Jörg/Kurz, Jürgen: Die besten Mitarbeiter finden und halten. Frankfurt, Campus 2007.

A-Mitarbeiter sind also Ihre Leistungsträger, ohne die der Laden nicht laufen würde. Wenn Sie fehlen, dann macht sich das auch negativ bemerkbar, dann geht nicht mehr viel. B-Mitarbeiter sind die typischen „Dienst-nach-Vorschrift-Mitarbeiter", sie machen gerade soviel wie nötig, so dass man ihnen nichts vorwerfen kann, aber leider keinen Handstreich mehr. Ihnen geht es in erster Linie darum, nur nicht negativ aufzufallen. Sie sind exzellente Aufwandsminimierer. C-Mitarbeiter sind die echten Problemfälle. Man hat ständig Ärger mit ihnen. Sie sind unzuverlässig, halten Termine nicht ein, liefern schlechte Qualität ab. Das sind im Übrigen auch diejenigen Mitarbeiter, für die die Führungskraft am meisten Zeit aufwenden muss. In meinen Führungskräftetrainings frage ich die Teilnehmer regelmäßig „Wie hoch schätzen Sie den Anteil der A-, B- und C-Mitarbeiter in Ihrem Unternehmen ein?" Die Ergebnisse sind von Unternehmen zu Unternehmen sehr unterschiedlich. Aber im Durchschnitt liegen die Ergebnisse bei: 25 % A-Mitarbeiter, 50 % B-Mitarbeiter und 25 % C-Mitarbeiter.

Abbildung 1.5   Ergebnis der Punkteabfrage: „Wie schätzen Sie den Anteil von A-, B-, bzw. C-Mitarbeiter in Ihrem Unternehmen ein?"

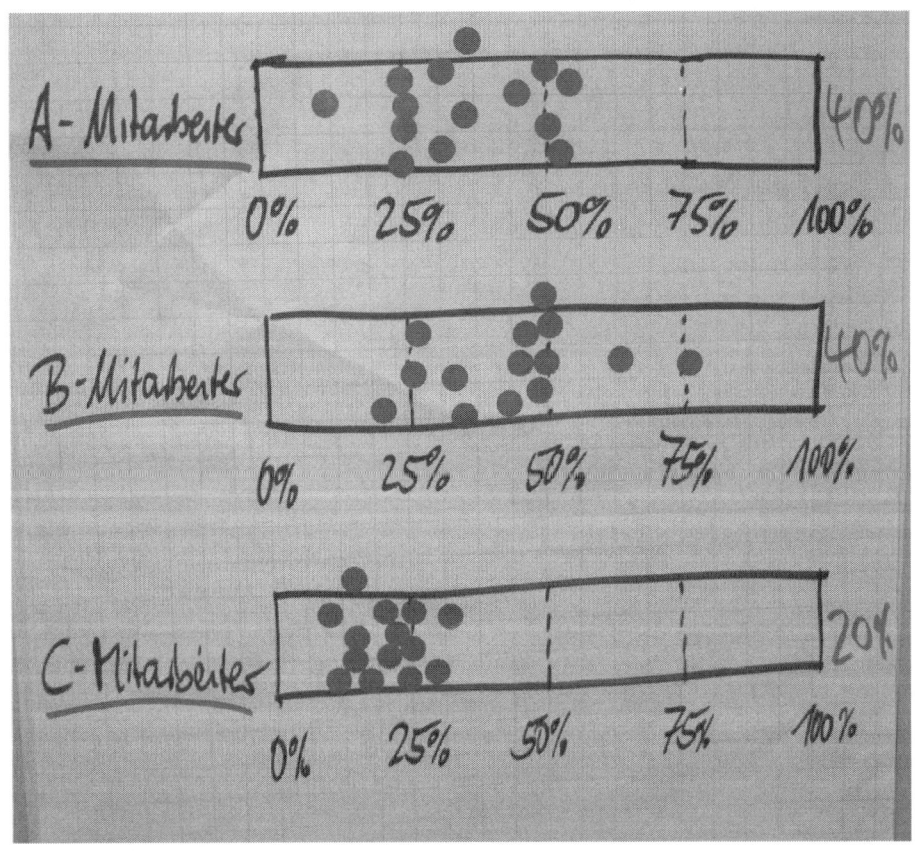

Unglaublich, welche Potenziale da brachliegen, nur weil nicht konsequent geführt wird. Wer das als Führungskraft einfach so hinnimmt und nicht konsequent dagegen vorgeht, riskiert, dass irgendwann auch die A-Mitarbeiter ihren Leistungsdimmer so nach und nach zurückdrehen. Schließlich hat es ja keinerlei negative Konsequenzen, wenn man es etwas ruhiger angehen lässt. Ein fauler Apfel in der Kiste kann die anderen anstecken. Noch schlimmer ist, dass die C-Mitarbeiter oftmals gar nicht wissen, dass sie als faule Äpfel gesehen werden. Das hat ihnen so noch niemand gesagt, geschweige denn, dass es jemals eine klare Ansage gegeben hätte, was von ihnen erwartet wird und mit welchen Konsequenzen sie zu rechnen haben. C-Mitarbeiter brauchen Klartext. Es muss ihnen deutlich gemacht werden, dass es so nicht weitergeht. Im Vergleich zu den C-Mitarbeitern kommen die B-Mitarbeiter natürlich noch gut weg. Viele B-Mitarbeiter sehen sich daher auch als A-Mitarbeiter. Sie haben deshalb überhaupt keine Veranlassung irgendetwas an ihrem Leistungsverhalten zu verändern. B-Mitarbeiter sind ganz gefährlich für die Leistungskultur im Unternehmen, denn sie werden zum Maßstab erklärt.

Kurzer Exkurs zum Umgang mit Dienst-nach-Vorschrift-Mitarbeitern

Sieben von zehn Mitarbeitern machen scheinbar nur noch Dienst nach Vorschrift. Das ist zumindest das Ergebnis der alljährlich durchgeführten Gallup-Studie. „Dienst-nach-Vorschrift-Mitarbeiter" sind oftmals gar nicht so leicht zu erkennen, denn sie sind geschickte Tarnkünstler, die sich innerlich von ihrem Job verabschiedet haben. Sie möchten nicht enttarnt werden und sind ständig auf der Hut, den fleißigen Schein zu wahren. So wie sie sich verhalten, kann man ihnen auch nicht wirklich etwas vorwerfen. Sie tun ja schließlich, was von ihnen verlangt wird – aber keinen Deut mehr. Außerdem halten sie die an sie gestellten Erwartungen vor vornherein so niedrig wie möglich. Mit Aussagen wie „das ist nicht so einfach" oder „das ist ja eigentlich nicht meine Aufgabe" oder „Sie wissen, dass ich in einer Fahrgemeinschaft bin und deshalb nicht so flexibel" signalisieren sie, dass man nicht allzu viel erwarten sollte. „Dienst-nach-Vorschrift-Mitarbeiter" sind am liebsten unbeaufsichtigt, dann brauchen sie sich nicht zu verstellen. Sie sind gerne schon ganz frühmorgens in der Firma, wenn die Kollegen noch am Frühstückstisch sitzen, weil sie dann ganz ungestört „arbeiten" können. Die Einstellung von Dienst-nach-Vorschrift-Mitarbeitern bringt der Spruch sehr gut zum Ausdruck, den ich mal an der Pinwand eines Mitarbeiters gelesen habe: „Solange das Unternehmen so tut, als würde es mich gut bezahlen, solange tue ich so, als würde ich gut arbeiten."

Wenn Mitarbeiter nur noch Dienst nach Vorschrift machen, dann kann das an dem Mitarbeiter selbst liegen. Dahinter kann eine Motivationsschwäche oder mangelnde Selbstständigkeit stecken, im Extremfall können gar psychische Probleme wie ein Burn-out-Syndrom oder eine Depression vorliegen. Oder es liegt am Umfeld des Betroffenen. Die häufigsten Auslöser einer inneren Kündigung und dem damit einhergehenden „Dienst nach Vorschrift" sind:

- Mangelhafte Arbeitsbedingungen

- Schlechtes Arbeitsklima

- Schlechte Bezahlung

- Unkonkrete Aufgabenstellungen

- Chronische Unterforderung

- Autoritärer Führungsstil

- Fehlen von Wertschätzung und Anerkennung

- Willkürliche bzw. unberechtigte Eingriffe in den Kompetenzbereich

- Ausschluss des Mitarbeiters bei Entscheidungsprozessen

Meist führt eine Kette von Enttäuschungen in die Leistungsverweigerung. Nicht selten liegt es am Vorgesetzten des Betroffenen selbst. „Dienst nach Vorschrift" ist jedoch eine Sackgasse. Wichtig ist es nun, den Mitarbeiter dort herauszuholen, damit die Produktivität im Team nicht nachhaltig leidet. Hierzu ist ein offenes und wertschätzendes Gespräch erforderlich, in welchem den Ursachen auf den Grund gegangen wird. Dieses Gespräch sollte auf gar keinen Fall einen anklagenden oder gar drohenden Charakter haben, sondern dem Mitarbeiter Fürsorge und ehrliches Interesse signalisieren. Konkrete Hinweise zur Durchführung solcher Gespräche finden Sie unter 3.4 „Mitarbeitergespräche führen".

1.2.6 Autorität und Beziehungspflege: Die richtige Mischung aus Nähe und Distanz finden

Als Führungskraft haben Sie den Auftrag, die Interessen des Unternehmens zu vertreten. Um dieser Verpflichtung nachkommen zu können, sind Sie mit besonderen Rechten, Kompetenzen und Befugnissen ausgestattet worden. Dazu gehören beispielsweise bestimmte Entscheidungsbefugnisse, Informationsrechte oder auch das Direktionsrecht. Das Direktionsrecht verleiht Ihnen die Macht, Anweisungen an Ihre Mitarbeiter zu erteilen – sofern diese nicht gegen gesetzliche Vorschriften, Tarifverträge, Betriebsvereinbarungen oder arbeitsvertragliche Regelungen verstoßen. Im Rahmen des Direktionsrechts dürfen Sie beispielsweise ihren Mitarbeitern konkrete Aufgaben und Arbeitsplätze zuweisen, Arbeitsanweisungen erlassen, Schichtpläne aufstellen oder über die Gewährung von Urlaub entscheiden. Dieses Weisungsrecht verschafft Ihnen eine formale Autorität. Als Führungskraft sollten Sie aber auch persönliche Autorität ausstrahlen. Dabei ist Autorität aber nicht im Sinne von „autoritär sein" gemeint, sondern im Sinne von „Anerkennung als Führungskraft, deren Charakter, persönliche Lebensführung und Leistung über jeden Zweifel erhaben sind und daher allgemein als Vorbild und Beispiel anerkannt wird".[26] Autorität hat immer auch etwas mit Distanz zu tun. Eine gewisse Distanz zu den Mitarbeitern ist wichtig, um auch als Chef wahrgenommen zu werden. Damit ist keine kühle, autoritäre Distanz zu den Mitarbeitern gemeint. Das hat auch nichts mit „den Chef raushängen" zu tun, sondern das ist einfach der „kleine Unterschied", der den Unterschied zwischen Kollege und Chef ausmacht. Auch dazu ein einprägsames Beispiel, das sich am 21. April 2010 im Halbfinalspiel der Champions-Leaque zwischen dem FC Bayern München und Olympique Lyon

---

[26] Zorn, R. : Autorität und Verantwortung in der Demokratie. Würzburg: Verlag Würzburg 1960.

zugetragen hat. In der 85. Spielminute holt Louis van Gaal seinen besten Spieler, Arjen Robben beim Stand von 1:0 vom Platz. Der Holländer hatte bis dahin nicht nur ein Bombenspiel gemacht, sondern auch den Führungstreffer erzielt. In dieser Phase des Spiels machen die Bayern enormen Druck und sind dem 2:0 nahe. Robben ist wegen seiner Auswechslung sichtlich verärgert. Mit strammem Schritt und grimmigen Gesicht geht er an van Gaal vorbei und verweigert ihm den obligatorischen Handschlag. Van Gaal nimmt das nicht einfach hin, sondern packt ihn an den Schultern und macht ihm unmissverständlich klar, dass er solche Allüren nicht duldet. Nach einer kurzen aber heftigen Standpauke zeigt sich Robben einsichtig und bedankt sich beim Publikum. In dieser Szene hat van Gaal direkt auf das Fehlverhalten seines Mitarbeiters reagiert und damit seine Autorität nochmals bestärkt. Damit hat er auch in Richtung der anderen Spieler ein wichtiges Zeichen gesetzt: „Ich dulde kein Fehlverhalten."

Abbildung 1.6 Robben und van Gaal [27]

Autorität und Distanz sind das Eine. Genauso wichtig ist es aber auch, eine gewisse Nähe aufzubauen. Wer sich der Gefolgschaft seiner Mitarbeiter sicher sein will, der wird nicht umhin kommen, die Beziehungen zu seinen Mitarbeitern positiv zu gestalten. Führung bedeutet in erster Linie „Beziehungspflege". Positive Beziehungen können nur auf der Basis gegenseitigen Vertrauens entstehen und gegenseitiges Vertrauen erfordert ein gewisses Mindestmaß an Nähe. Nähe bedeutet hierbei, sich für den Mitarbeiter als Mensch zu interessieren, sich selbst zu öffnen, auch mal persönliche Dinge preiszugeben. Natürlich ist das eine Gratwanderung. Zuviel Nähe geht zu Lasten der Autorität, zu wenig Nähe zu Lasten der Beziehungspflege. Dieser Sachverhalt lässt sich am besten folgendermaßen darstellen:[28]

---

[27] Quelle: ddp images GmbH, Hamburg

[28] Diese Darstellung geht auf das Wertequadrat von Schulz von Thun zurück. Nachzulesen in: Schulz von Thun, Friedemann: Miteinander reden: Kommunikationspsychologie für Führungskräfte. Rowohlt 2003.

Abbildung 1.7   Führungstugenden und deren negative Übertreibungen

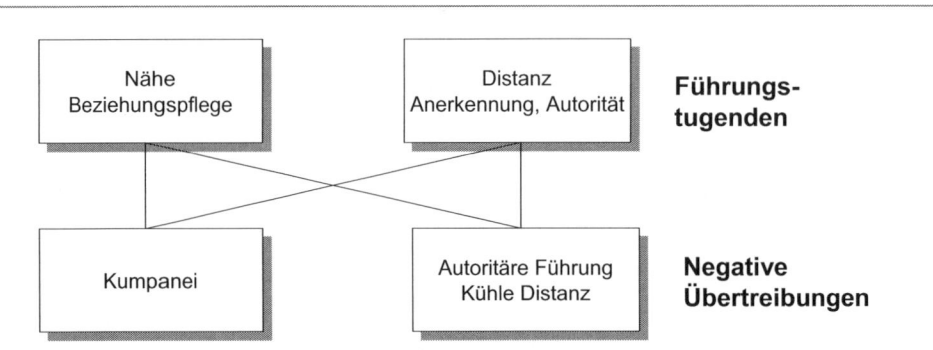

Es geht also nicht um ein „Entweder-oder", sondern um ein „sowohl als auch". Also nicht um „entweder Nähe und Beziehungspflege oder Distanz und Anerkennung", sondern um „Nähe *und* Distanz". Beides sind wichtige Führungstugenden und beide können aber auch, wenn sie übertrieben werden, ins „Negative kippen". Zuviel Nähe artet dann in Kumpanei aus, zuviel Distanz führt zu einer autoritären oder unpersönlichen Führung. Das ist schon eine sehr schmale Gratwanderung. Ein Beispiel für ein Zuviel an Nähe lieferte mir jüngst eine Führungskraft, die während der Arbeit mit einem Mitarbeiter scherzend und in freundschaftlicher Umarmung durch die Fabrik schlenderte. Bei den anderen Mitarbeitern sorgte dieses Verhalten für sehr viel Befremden.

1.3   Aufgaben und Handlungsfelder der Führung

Als Führungskraft haben Sie vor allem eine Aufgabe: Ihre Mannschaft zu einem schlagkräftigen Team zu formen, möglichst zu einem (Hoch-)Leistungsteam, einem Spitzenteam. Was macht nun ein Spitzenteam aus und welche Führungsaufgaben bzw. Handlungsfelder leiten sich daraus für Sie ab?

1. Ein Spitzenteam hat anspruchsvolle und verbindliche Ziele, mit denen sich alle identifizieren: Für Sie als Führungskraft bedeutet das, die richtigen Ziele zu setzen, sicherzustellen, dass sich Ihre Mitarbeiter mit den Zielen identifizieren, geeignete Maßnahmen zur Zielerreichung abzuleiten und die konsequente Zielverfolgung zu gewährleisten. Wie das konkret geht, wird unter 3.1 beschrieben.

2. Ein Spitzenteam besteht aus guten Einzelspielern: Hieraus resultiert die Aufgabe, die richtigen Mitarbeiter auszuwählen und sie ständig weiterzuentwickeln. Ein guter Mitarbeiter weist eine hohe Fach-, Sozial- und Methodenkompetenz aus, er ist engagiert und loyal, kritik- und konfliktfähig, flexibel, kommunikationsfähig, usw. und vor allem: Er bringt die richtige Einstellung mit. Hier sind Sie also vor allem in der Rolle des Personalentwicklers und Coachs gefragt (siehe 3.3, 3.4 und 3.5).

3. Ein Spitzenteam pflegt ein gutes und auf verbindlichen Regeln basierendes Zusammenspiel zwischen den einzelnen Teammitgliedern. Ihre Aufgabe hierbei ist es u. a., für eine klare Aufgabenzuordnung und klare Verantwortlichkeiten zu sorgen (siehe 3.2), verbindliche Regeln für die Zusammenarbeit im Team zu etablieren, ein gutes Betriebsklima zu schaffen, Mitarbeiter ins Team zu integrieren, Konflikte zu lösen und ein WIR-Gefühl zu schaffen (siehe 3.7). Hier sind Sie als Teamentwickler gefordert.

4. Ein Spitzenteam verfügt über moderne und effektive Methoden, Instrumente und Verfahren um seine Aufgaben zu erfüllen. Als Führungskraft sollten Sie immer darauf achten, dass Ihre Arbeitsmittel wie Werkzeuge, PCs, Software oder Fertigungsmittel dem Stand der Technik entsprechen. Wer meint, mit alten Arbeitsmitteln und Werkzeugen Kostenbewusstsein an den Tag zu legen, der irrt gewaltig. Denn wenn Sie die Arbeitszeiten berücksichtigen, die Sie zusätzlich aufwenden müssen, weil Ihre Mitarbeiter mit veralteter Ausrüstung arbeiten, dann lohnt sich eine Neuanschaffung ganz schnell – ganz zu schweigen von der Mitarbeiterzufriedenheit. Neben den Arbeitsmitteln achtet ein Spitzenteam auch darauf, dass es über prozesssichere Arbeitsabläufe verfügt und dass Besprechungen zielgerichtet durchgeführt werden.

5. Ein Spitzenteam ist in der Lage, sich flexibel an veränderte Rahmenbedingungen anzupassen und sich eigenständig konstant weiterzuentwickeln. Es gibt sich nicht mit einem einmal erreichten Stand zufrieden und es ruht sich auch nicht auf seinen Lorbeeren aus, sondern es ist bestrebt, sich laufend zu verbessern. Die Mitglieder eines Spitzenteams wissen, „Stillstand ist Rückschritt". Ihre Aufgabe als Führungskraft besteht hierbei, diese Grundhaltung der kontinuierlichen Verbesserung bei Ihren Mitarbeitern zu verankern und immer wieder Impulse zu setzen. Qualitätszirkel, KVP, Prozessoptimierungen oder Reflexionsworkshops seien hier exemplarisch als konkrete Ansätze genannt (siehe 3.2).

Abbildung 1.8   Die Aufgabenfelder der Führung

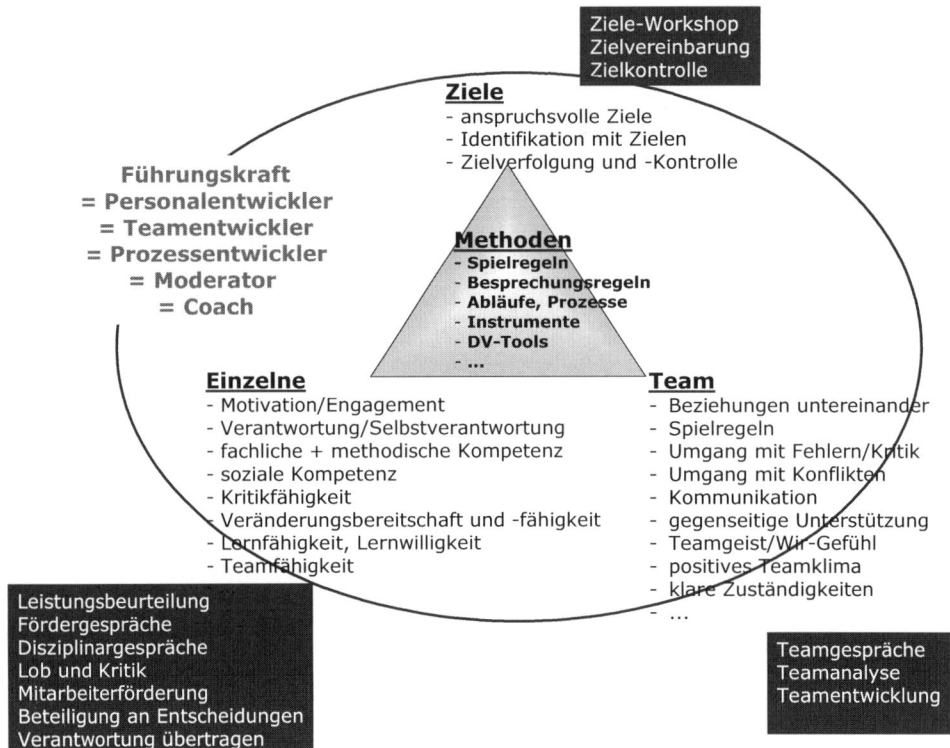

1.4   Wer trägt nun eigentlich Verantwortung für die Leistung der Mitarbeiter?

Aus dem oben Geschilderten könnte nun leicht der Eindruck entstehen, die Führungskraft trägt irgendwie für alles die Verantwortung, während der Mitarbeiter sich entspannt zurücklehnen kann. Dass das so nicht sein kann, liegt auf der Hand, aber worin liegt eigentlich die Verantwortung des Mitarbeiters? Klar, in erster Linie soll er für sein Entgelt Leistung erbringen. Welche Leistung ein Mitarbeiter abliefert, hängt allerdings von drei Komponenten ab: von seinem Wollen (Leistungsbereitschaft), seinem Können (Leistungsfähigkeit) und seinem Dürfen (Leistungsmöglichkeit).

1. Die Leistungsbereitschaft bzw. Motivation liegt in der vollen Verantwortung des Mitarbeiters. Es ist nicht Aufgabe der Führungskraft für die Motivation des Mitarbeiters zu sorgen. Damit ist die intrinsische Motivation gemeint. Auch wenn immer wieder betont wird, „Führungskräfte müssen ihre Mitarbeiter motivieren". Nein. Ihre Aufgabe ist es,

dafür zu sorgen, dass die Motivation, die die Mitarbeiter mitbringen (sollten), nicht verloren geht durch demotivierende Arbeitsbedingungen oder gar durch das Führungsverhalten des Vorgesetzten selbst. Die Führungskraft kann nicht der Motivator, „Bauchpinsler" und „Gute-Laune-Macher" der Mitarbeiter sein. Schließlich macht es keinen Sinn, „den Hund zum Jagen zu tragen". Von Mitarbeitern kann erwartet werden, dass sie die richtige Grundeinstellung und Motivation zur Arbeit mitbringen. Fehlt diese grundsätzlich, dann hat das Unternehmen den falschen Mitarbeiter eingestellt.

2. Für die Leistungsfähigkeit, also das Können bzw. die Qualifikation sind sowohl die Führungskraft als auch der Mitarbeiter selbst verantwortlich. Das bedeutet, Mitarbeiter können sich nicht einfach zurücklehnen und in eine Konsumhaltung verfallen, nach dem Motto, „wenn die wollen, dass ich meine Arbeit richtig und gut mache, dann sollen sie gefälligst auch Sorge dafür tragen, dass ich das kann". Es muss im eigenen Interesse des Mitarbeiters liegen, sich laufend weiterzuqualifizieren und persönlich weiterzuentwickeln. Schließlich erhöht es seinen Marktwert auf dem Arbeitsmarkt. Dass er dafür auch Freizeit einsetzt, ist für mich eine Selbstverständlichkeit, wenngleich ich weiß, dass die Bereitschaft, eigene Mittel in die eigene Weiterentwicklung zu investieren in unserer Gesellschaft noch nicht flächendeckend verbreitet ist. Laut einer Umfrage halten 92 Prozent der Befragten Weiterbildung für nötig, aber nur elf Prozent wären bereit, dafür privat Geld auszugeben.[29] Andererseits trägt aber auch die Führungskraft die Verantwortung für eine anforderungsgerechte Qualifizierung, Förderung und Weiterentwicklung der Mitarbeiter. Nicht wenige Unternehmen verfahren im Übrigen bereits nach diesem Prinzip, indem die Weiterbildungszeit jeweils zur Hälfte vom Unternehmen und vom Mitarbeiter getragen wird.

3. Unter Leistungsmöglichkeit sind die Rahmenbedingungen gemeint, die ein Mitarbeiter vorfindet und die Kompetenzen, die ihm eingeräumt werden. Also: Welche Aufgaben werden ihm zugewiesen? Wie sind die technischen, räumlichen oder sonstigen Voraussetzungen? Was darf der Mitarbeiter entscheiden? Auf welche Ressourcen darf er zurückgreifen? Wem gegenüber ist er weisungsbefugt? Welche Informationen stehen ihm zur Verfügung? Die Leistungsmöglichkeit liegt in der vollen Verantwortung der Führungskraft bzw. des Unternehmens. Mitarbeiter können und sollten die erforderlichen Rahmenbedingungen und Kompetenzen zwar einfordern, ermöglichen kann es aber nur der Vorgesetzte. In den Leistungsmöglichkeiten liegt die größte Quelle für Demotivation. Fehlende Leistungsmöglichkeiten können eine ursprünglich vorhandene Motivation zuschütten. Wer nichts zu sagen, nichts zu entscheiden und nichts zu bestimmen hat und mit dem dann auch noch respektlos umgegangen wird, wird im Laufe der Zeit seinen Leistungsdimmer nach unten drehen und Dienst nach Vorschrift machen.

---

[29] Förster, Anja; Kreuz, Peter: Alles, außer gewöhnlich. Econ 2008.

Abbildung 1.9   Wer trägt die Verantwortung für die Leistung des Mitarbeiters?

Leistung = Wollen + Können + Dürfen

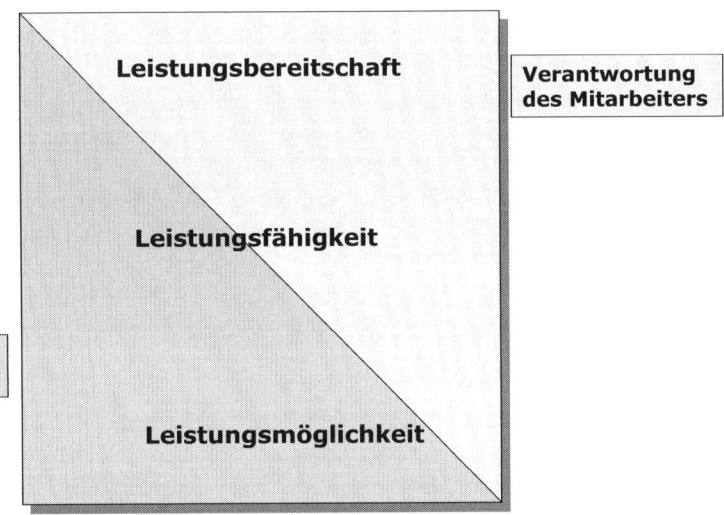

Das Wichtigste in Kürze:

- Zeigen Sie Führungsanspruch – machen Sie deutlich dass Sie Chef sind, ohne den Chef herauszuhängen,

- Zeigen Sie einen hohen Leistungsanspruch – erwarten Sie viel von Ihren Mitarbeitern ohne sie zu überfordern.

- Pflegen Sie einen gesunden Leistungsdruck, achten Sie auf eine hohe Auslastung der Mitarbeiter,

- Nehmen Sie sich Zeit für Führung   Führung ist Ihre Hauptaufgabe.

- Gehen Sie wertschätzend mit Ihren Mitarbeitern um und schenken Sie ihnen Vertrauen,

- Führen Sie situativ – passen Sie Ihren Führungsstil dem Reifegrad Ihres Mitarbeiters an,

- Enttarnen Sie Dienst-nach-Vorschrift-Mitarbeiter,

- Reden Sie Klartext mit C-Mitarbeitern und formulieren Sie klare Erwartungen.

- Gehen Sie Fehlverhalten konsequent an, dazu gehört auch das Sozialverhalten.

- Pflegen Sie die richtige Mischung aus Nähe und Distanz zu Ihren Mitarbeitern.

- Machen Sie Ihren Mitarbeitern klar, wofür sie die Verantwortung tragen.

- Machen Sie sich Ihr Führungs- und Rollenverständnis bewusst. Welche Glaubenssätze prägen Ihr Führungsverhalten?

Literaturhinweise

[1]   Csikszentmihalyi, Mihaly: Flow: Das Geheimnis des Glücks, Klett-Cotta, 15. Auflage 2010.

[2]   Cube, Felix von: Lust an Leistung. Piper 1998.

[3]   Förster, Anja; Kreuz, Peter: Alles, außer gewöhnlich. Econ 2008.

[4]   Hersey, Paul/Blanchard, Kenneth H.: Management of Organizational Behaviour: Utilizing Human Resources. 2. Ausgabe, Prentice Hall 1997.

[5]   Jäger, Roland: die Rückkehr der Konsequenz. In: managerSeminare, Heft 142, Januar 2010.

[6]   Knoblauch, Jörg: Die Personalfalle. Schwaches Personalmanagement ruiniert Unternehmen. Campus 2010.

[7]   Knoblauch, Jörg/Kurz, Jürgen: Die besten Mitarbeiter finden und halten. Campus 2007.

[8]   Parkinson, C. N.: *Parkinsons Gesetz und andere Studien über die Verwaltung* (Übers., Parkinson's Law, 1957). 2. erw. Aufl. Econ Taschenbücher 2001.

[9]   Selye, Hans: Stress. Bewältigung und Lebensgewinn. Piper 1988.

[10] Sprenger, Reinhard: Mythos Motivation. Campus, 17. Auflage 2002.

[11] Sprenger, Reinhard: Vertrauen führt. Worauf es im Unternehmen wirklich ankommt. Campus 2002.

[12] Sprenger, Reinhard: „Konflikte: Anfang und nicht Ende des Denkens" in TRAINING Nr. 5/2006

[13] Zorn, R.: Autorität und Verantwortung in der Demokratie. Verlag Würzburg 1960.

2   Prinzipien zur Selbstführung

„Wer sich selbst nicht zu führen versteht,
kann auch andere nicht führen."

Alfred Herrhausen (1930-89),
Vorstandssprecher Deutsche Bank

Ich gehe mit Alfred Herrhausen völlig einig: Wer andere Menschen führt, sollte in der Lage sein, sich selbst zu führen. In diesem Kapitel möchte ich Ihnen eine Reihe von Einstellungen, Grundhaltungen und Glaubenssätzen vorstellen, die als Basis für eine erfolgreiche Führungsarbeit nicht nur hilfreich, sondern nach meiner Auffassung sogar unverzichtbar sind. Die einzelnen „Prinzipien der Selbstführung", wie ich sie nenne, haben teilweise keinen Bezug zueinander, teilweise überschneiden sie sich und teilweise ergänzen sie sich ganz gut. Wie es sich mit Prinzipien so verhält, haben sie zwar eine hohe Allgemeingültigkeit, aber sie treffen nicht immer zu. „Die Ausnahme bestätigt die Regel." Einmal verinnerlicht, sind sie ein wertvoller Anker für ein erfolgreiches Agieren nicht nur im beruflichen, sondern auch im privaten Umfeld. Auf lange Sicht können sie damit zu mehr Lebensqualität und zu einem glücklichen Leben beitragen.

2.1   Grundvoraussetzung für einen wertschätzenden Umgang mit den Mitarbeitern: Ein positives Menschenbild

„Es gibt kein besseres Mittel, das Gute in den Menschen zu wecken,
als sie so zu behandeln, als wären sie schon gut."

Gustav Radbruch (1878-1949),
deutscher Rechtswissenschaftler

Wie wir mit Menschen umgehen, hängt im Wesentlichen davon ab, welches Bild wir von ihnen haben. Douglas McGregor[30] untersuchte bereits Ende der sechziger Jahre, welches Menschenbild Führungskräfte von ihren Mitarbeitern haben und stieß dabei auf zwei grundsätzliche Ausprägungen, die er „Typ X" und „Typ Y" nannte. Das negative, pessimistische Menschenbild (Typ X) geht davon aus, dass Menschen von Natur aus arbeitsscheu sind und es vermeiden, Verantwortung zu übernehmen. Man muss sie ständig anleiten, kontrollieren, zwingen und disziplinieren, damit man eine entsprechende Arbeitsleistung erhält. Hier herrscht die Taylor'sche Überzeugung vor: Was nicht kontrolliert wird, wird

---

[30] McGregor, Douglas: Der Mensch im Unternehmen, 1. Auflage, Econ 1970.

auch nicht ausgeführt.[31] Das positive, optimistische Menschenbild (Typ Y) geht davon aus, dass Menschen von Natur aus gerne Leistungen vollbringen, dass sie gerne Verantwortung übernehmen, dass sie Sinn, Selbsterfüllung und Selbstverwirklichung in ihrer Arbeit suchen und nicht zuletzt bereit sind, sich zugunsten von Zielen, denen sie sich verpflichtet fühlen, der Selbstdisziplin und Selbstkontrolle zu unterwerfen.[32] Wir wollen die beiden Menschenbilder jetzt nicht nach falsch oder richtig bewerten. Sondern wir wollen uns folgenden Fragen zuwenden: Erstens: Welches Menschenbild führt zu welchem Führungsverhalten? Und Zweitens: Zu welchem Ergebnis führt das jeweilige Führungsverhalten? Beginnen wir mit einer Führungskraft mit dem Menschenbild „Typ X":

Abbildung 2.1   Der Teufelskreis der negativen Erwartungen (Menschenbild Typ X)

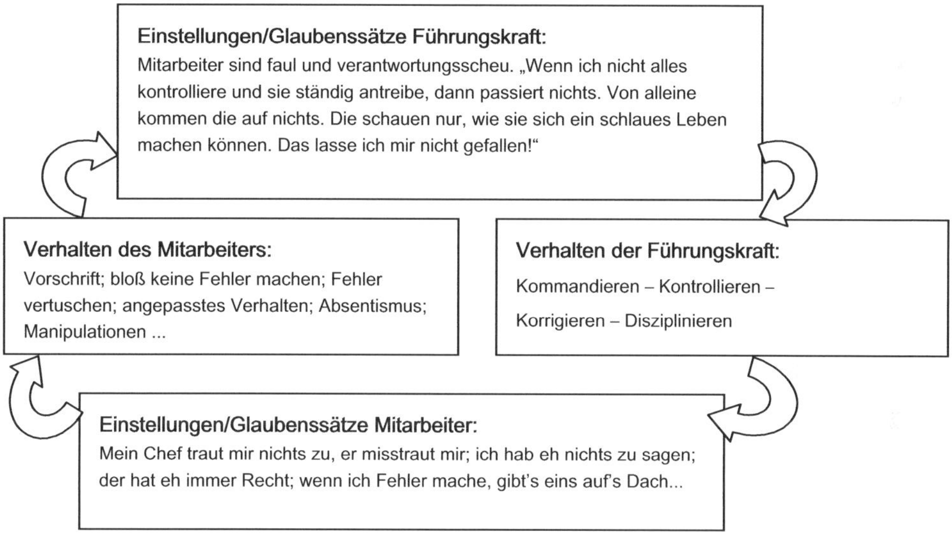

Einstellungen/Glaubenssätze Führungskraft:
Mitarbeiter sind faul und verantwortungsscheu. „Wenn ich nicht alles kontrolliere und sie ständig antreibe, dann passiert nichts. Von alleine kommen die auf nichts. Die schauen nur, wie sie sich ein schlaues Leben machen können. Das lasse ich mir nicht gefallen!"

Verhalten des Mitarbeiters:
Vorschrift; bloß keine Fehler machen; Fehler vertuschen; angepasstes Verhalten; Absentismus; Manipulationen ...

Verhalten der Führungskraft:
Kommandieren – Kontrollieren – Korrigieren – Disziplinieren

Einstellungen/Glaubenssätze Mitarbeiter:
Mein Chef traut mir nichts zu, er misstraut mir; ich hab eh nichts zu sagen; der hat eh immer Recht; wenn ich Fehler mache, gibt's eins auf's Dach...

Dieses Beispiel einer selbst erfüllenden Prophezeiung macht deutlich, dass das Führungsverhalten letztendlich genau zu dem Mitarbeiterverhalten führt, welches das bereits vorhandene Menschenbild bestätigt. Führungs- und Mitarbeiterverhalten können nicht isoliert voneinander betrachtet werden. Beide beeinflussen sich gegenseitig. Es gibt viele Beispiele, die zeigen, dass Mitarbeiter, die zuvor sehr kritisch gesehen wurden und die später den Chef gewechselt haben, sich zu Leistungsträgern entwickelten. Das umgekehrte Beispiel gibt es natürlich auch. Genauso wie im Negativen lässt sich eine selbst erfüllende Prophezeiung auch im Positiven darstellen (Typ Y):

---

[31]   McGregor, 1970 a. a. O.
[32]   McGregor, 1970 a. a. O.

Abbildung 2.2   Der positive Kreis der selbst erfüllenden Prophezeiung (Menschenbild
                     Typ Y)

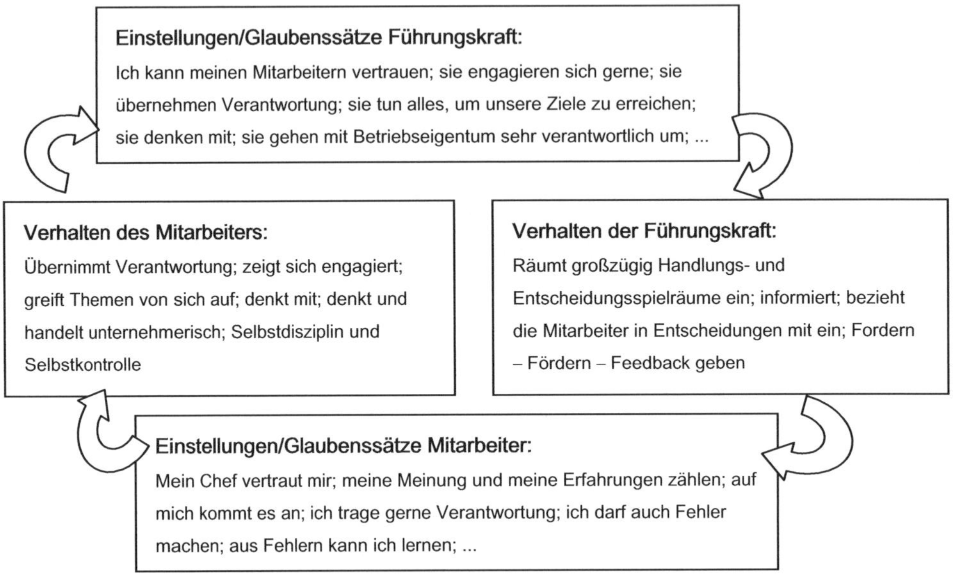

Einstellungen/Glaubenssätze Führungskraft:

Ich kann meinen Mitarbeitern vertrauen; sie engagieren sich gerne; sie
übernehmen Verantwortung; sie tun alles, um unsere Ziele zu erreichen;
sie denken mit; sie gehen mit Betriebseigentum sehr verantwortlich um; ...

Verhalten des Mitarbeiters:

Übernimmt Verantwortung; zeigt sich engagiert;
greift Themen von sich auf; denkt mit; denkt und
handelt unternehmerisch; Selbstdisziplin und
Selbstkontrolle

Verhalten der Führungskraft:

Räumt großzügig Handlungs- und
Entscheidungsspielräume ein; informiert; bezieht
die Mitarbeiter in Entscheidungen mit ein; Fordern
– Fördern – Feedback geben

Einstellungen/Glaubenssätze Mitarbeiter:

Mein Chef vertraut mir; meine Meinung und meine Erfahrungen zählen; auf
mich kommt es an; ich trage gerne Verantwortung; ich darf auch Fehler
machen; aus Fehlern kann ich lernen; ...

Natürlich bin ich nach meiner jahrelangen Berufspraxis nicht so blauäugig, um nicht zu
wissen, dass es auch „hoffnungslose" Fälle von Mitarbeitern gibt, bei denen dieser Wirkmechanismus nicht funktioniert und die Übertragung von Verantwortung und Handlungs-
freiräumen bei allen Bemühungen ins Leere läuft. Man könnte also sagen, dass diese Mitarbeiter tatsächlich dem Menschenbild Typ X entsprechen. Nach meinen Erfahrungen kommt
dieser Fall jedoch weitaus seltener vor, als diejenigen vermuten, die eher dem Typ X-
Menschenbild zugeneigt sind. Selbstverständlich wird man diesen Fällen mit einer Vorgehensweise, die dem Menschenbild Typ Y entspricht, nicht gerecht. Wichtig ist, frühzeitig
die erforderlichen Konsequenzen, wenn nötig bis zur Trennung, zu ziehen. Dies hat übrigens auch auf die Kollegen eine motivierende Signalwirkung. Ich plädiere also nicht für
eine „Egal-was-passiert, naiv-blauäugige Ich-bin-ein-Menschenfreund-Haltung". Ich glaube auch, dass es – wenige – Mitarbeiter gibt, die in ihrer Grundeinstellung dem Typ X entsprechen. Diesen sollte man mit Bestimmtheit deutlich machen, dass ihr Verhalten so nicht
akzeptiert werden kann. Diesen Mitarbeitern ist mit Konsequenz zu begegnen. Daher sollte
das positive Menschenbild die grundsätzliche Einstellung sein, mit der man Menschen
begegnet. Schließlich kann man nie sicher sein, ob ein bestimmtes Mitarbeiterverhalten
einer tief verwurzelten Grundeinstellung entspringt oder nur die Reaktion darauf ist, wie
mit dem Mitarbeiter im Unternehmen umgegangen wird bzw. wurde. Die Welt ist wie ein
Spiegel. Letztlich bekommt man immer sein eigenes Verhalten zurückgespiegelt. Wer anderen vertraut, dem wird vertraut. Wer anderen freundlich und offen begegnet, dem wird
offen und freundlich begegnet. Erst wenn dieses Vertrauen von einzelnen Menschen wie-

derholt missbraucht wird, ist es sinnvoll, dagegen vorzugehen. Darunter muss nicht das ganze Weltbild leiden. Wenn Sie möchten, dass sich Ihre Mitarbeiter für das Unternehmen engagieren, dass sie unternehmerisch denken und handeln und sich mit dem Unternehmen identifizieren, dann sollten Sie sie auch so behandeln. Ein wertschätzender Umgang mit Mitarbeitern ist nach meiner Überzeugung nur auf Basis eines positiven Menschenbildes möglich. Ohne ein positives Menschenbild verkommen viele gut gemeinte Führungstipps zu sinnentleerten Techniken, die von den Mitarbeitern schnell als solche erkannt werden und dann eine kontraproduktive Wirkung entfalten. Nur mit einem positiven Menschenbild wird es Ihnen gelingen mit Ihren Mitarbeitern auch als Mensch im Kontakt zu sein und eine positive Beziehung zu pflegen.

2.2 Sorgen Sie für ein stets gut gefülltes Beziehungskonto

„Gestalten Sie Ihre Beziehungen so, als ob Ihr Leben davon abhinge, denn das tut es auch."

unbekannt

Wie gut Ihre Führungsleistung ist, erkennen Sie in erster Linie am Verhalten Ihrer Mitarbeiter, vor allem dann, wenn Sie nicht da sind. Dann zeigt sich nämlich, ob Sie sich auf Ihre Mitarbeiter wirklich verlassen können. Hängen sich Ihre Mitarbeiter dann auch rein? Übernehmen Sie dann auch Verantwortung? Oder gehen sie ihrer Pflicht nur nach, wenn sie den mehr oder weniger sanften Druck ihres Vorgesetzten im Nacken spüren? Wann sind Mitarbeiter eigentlich bereit, sich mit vollem Engagement für das Unternehmen oder für ihre Führungskraft einzusetzen?

Autoritäre Führungskräfte fühlen sich in ihrem Führungsstil gerne bestätigt. Ist ja auch klar: Solange sie ein wachsames Auge auf ihre Mitarbeiter haben, spuren diese. Es gibt keine Widerrede und kein sichtbares Fehlverhalten, alle scheinen hoch konzentriert an der Arbeit zu sein. Die Betonung liegt auf „scheinen". Der Widerstand findet ganz subtil und teilweise auch im Untergrund statt. Da werden dann schon mal Informationen vorenthalten, man tut nur das Allernötigste, gute Ideen behält man für sich, reißt Witze über die Eigenarten des Chefs und wenn die „Katze aus dem Haus ist, tanzen die Mäuse auf dem Tisch". Das habe ich selbst erlebt. Wo es an Verbundenheit fehlt, fehlt auch die Bereitschaft, sich mit voller Hingabe und Begeisterung für eine Sache oder gar den Chef einzusetzen. Echte Verbundenheit zwischen Menschen kann sich nur dort entwickeln, wo die Beziehungen zwischen diesen Menschen positiv ist. Dann sind wir auch bereit, Verpflichtungen einzugehen und uns für Andere einzusetzen. Wir machen das gerne aus eigenem Antrieb und ohne dass man uns dazu auffordern muss. Positive Beziehungen haben zudem den Vorteil, dass bei Meinungsverschiedenheiten oder sachlichen Auseinandersetzungen beide Seiten mit einer hohen Kompromissbereitschaft ins Gespräch gehen. Beide Seiten streben eine Lösung an, bei der keiner verliert und jeder sein Gesicht wahrt. Der Umgang ist durch gegenseitige Rücksichtnahme geprägt. Außerdem sind wir bei Menschen, zu denen wir positive Beziehungen unterhalten, viel nachsichtiger. Hier neigen wir dazu, auch mal ein Auge zuzudrücken oder wir nehmen die negativen Dinge erst gar nicht wahr. Bei einer intakten Beziehung müssen wir nicht jedes Wort auf die Goldwaage legen. Das erleichtert vieles.[33] Zudem gilt: Wenn die Beziehung zum Chef stimmt, sind die Mitarbeiter meiner Erfahrung nach bereit, mit vielen Widrigkeiten im Unternehmen zu leben.

Ganz anders bei negativ belegten Beziehungen. Hier fehlt es an Kompromissbereitschaft, jeder schaut nur auf seinen Vorteil und wenn sich eine Gelegenheit ergibt, dem anderen eins auszuwischen, umso besser. Außerdem: Bei Menschen, zu denen wir eine negative Beziehung pflegen, sind wir viel weniger nachsichtig. Und diese uns gegenüber im Übrigen auch. Im Gegenteil: Hier sehen wir nur das Negative, und selbst positive Dinge werden negativ umgedeutet. Berti Vogts, der in Fußballkreisen nicht unbedingt zu den Sympathie-trägern zählt, hat diesen Effekt einmal sehr plakativ beschrieben: „Und wenn ich übers Wasser gehen könnte, würden die Leute sagen: Da siehst du's, schwimmen kann er auch nicht." Denken Sie mal daran, wie leicht man sich manchmal mit schwierigen Themen tut, wenn man positive Beziehungen zu seinen Mitarbeitern pflegt und wie schwer bei man-chen scheinbar einfachen Themen, wenn die Beziehungsebene negativ belegt ist. Da lohnt es sich auf jeden Fall, in eine positive Beziehungsgestaltung zu investieren. Doch wie ent-stehen eigentlich positive Beziehungen?

Ich möchte Ihnen das anhand einer einfachen Metapher verdeutlichen, die auf das Bezie-hungskonten-Modell von Thomas Gordon[34] zurückgeht: Wie bei einem Bankkonto kann das Beziehungskonto entweder im Plus oder im Minus, also positiv oder negativ sein. Das Beziehungskonto drückt aus, wie viel Vertrauen, Zuneigung und persönliche Verbunden-heit zwischen zwei Menschen besteht. Und wie bei einem Bankkonto können Sie auf dem Beziehungskonto Einzahlungen und Abbuchungen vornehmen. Wenn Sie bei Ihren Mitar-beitern in der Vergangenheit in der Summe mehr vom Beziehungskonto abgebucht als eingezahlt haben, dann befindet sich Ihr Konto im Minus, dann haben Sie eine negative Beziehung zu Ihren Mitarbeitern. Wenn Sie mehr eingezahlt als abgebucht haben, dement-sprechend eine positive. Worin bestehen nun diese Einzahlungen bzw. Abbuchungen in Bezug auf die Beziehung zu den eigenen Mitarbeitern? Hier einige Beispiele:

33   Schulz von Thun, Friedemann u.a.: Miteinander reden: Kommunikationspsychologie für Füh-
     rungskräfte. Rowohlt 2003.
34   Gordon, Thomas: Familienkonferenz. Heyne 1995.

Tabelle 2.1   Das Beziehungskonto – Einzahlungen und Abbuchungen

Einzahlungen	Abbuchungen
– Lob und Anerkennung	– öffentlicher Tadel, öffentliche Kränkung, Demütigung
– Sich für den Mitarbeiter einsetzen	
– Mitarbeiter in Entscheidungen mit einbeziehen, um seine Meinung fragen	– über die Köpfe der Mitarbeiter hinweg entscheiden
– Grüßen, mit Namen ansprechen	– arrogantes, unfreundliches Auftreten
– Sich für den Mitarbeiter als Mensch interessieren	– Mitarbeiter links liegen lassen (fehlende Begrüßung, einfach vorübergehen, ...)
– Kleine Gesten (anerkennendes Schulterklopfen, kleine Mitbringsel, ...)	– Mitarbeiter warten lassen
– Sich entschuldigen	– Misstrauen zeigen
– Ein offenes, tiefgehendes Gespräch führen	– Über den Mund fahren, in Besprechungen unterbrechen
– Mitarbeitern den Erfolg zusprechen	– Bei der Präsentation des Mitarbeiters aus dem Raum gehen oder telefonieren
– Sich Zeit für den Mitarbeiter nehmen	
– Unterstützung geben	– Den Teamerfolg auf die eigenen Fahnen schreiben
– Persönliche Rückmeldungen geben	
– ...	– Anschreien oder maßregeln
	– Mitarbeiter wie dumme Schuljungen behandeln
	– Versprechen nicht einhalten
	– Unfaire Behandlung
	– ...

Die wohl schwerwiegendste Abbuchung stellt der öffentliche Tadel, die Kränkung oder gar Demütigung von Mitarbeitern vor versammelter Mannschaft dar. Insbesondere in nicht funktionierenden Teams haben solche öffentlichen Degradierungen einen nicht zu unterschätzenden Langzeiteffekt. Der gedemütigte Mitarbeiter muss dabei auch gegenüber den Kollegen einen Verlust an Respekt und Würde in Kauf nehmen. Während sich die einen Kollegen innerlich vor Freude die Hände reiben, stellt es für andere eine willkommene Gelegenheit dar, sich selbst im Team aufzuwerten, indem man dem angeschlagenen Kollegen auf ganz subtile Art und Weise noch die eine oder andere Demütigung zufügt. Zum Mobbing ist es dann nicht mehr weit. Einzahlungen können natürlich auch materielle Dinge sein. Sie haben aber deutlich geringere Wirkungen auf das Beziehungskonto, wie all die kleinen Gesten, die in erster Linie persönliche Wertschätzung ausdrücken. Wertschätzung ist letztlich das, worum es geht. Natürlich zählen nicht alle Buchungsposten gleich viel. Manche können schnell und leicht ausgeglichen werden, andere wiederum nur schwer oder womöglich gar nicht.

Beim Beziehungskonto ist es im Übrigen wie beim Girokonto. Haben Sie das Konto einmal überzogen, dann müssen Sie zum Teil horrende Zinsen (zur Zeit zwischen 12 % und 17%) zahlen, während Sie bei einem Guthaben nur ein mageres viertel oder halbes Prozent an Habenzinsen bekommen. Das heißt: Sind Sie erst mal im Minus, müssen Sie einen enormen Aufwand betreiben, um erst mal nur die Zinsen zu begleichen, geschweige denn, den Saldo wieder auszugleichen.

2.3   Wertschätzung statt Defizitorientierung

„Nix g'sagt, isch gnuag globt."

Schwäbisches Sprichwort

Was fällt Ihnen an diesen Gleichungen auf?

$3 + 3 = 6$

$1 + 2 = 4$

$2 + 3 = 5$

$1 + 1 = 2$

$4 + 3 = 7$

Vermutlich ist Ihnen aufgefallen, dass die zweite Gleichung falsch ist. Und sonst nichts? Das ist doch typisch, dass eine Gleichung falsch ist, haben Sie sofort bemerkt, aber dass vier Gleichungen richtig sind, das ist Ihnen entgangen oder Sie haben es zumindest nicht angesprochen. Klar, wenn etwas gut läuft, dann nehmen wir es als selbstverständlich hin. Da muss man keine Worte darüber verlieren. Aber wehe, man macht einen Fehler, dann wird man sofort darauf hingewiesen. Ja, so sind wir konditioniert. Schon in der Schule haben uns unsere Lehrer schließlich nur die Fehler angekreuzt und nicht das, was wir richtig gemacht haben. (Auch wenn es manchmal andersrum weniger aufwändig gewesen wäre). Diese Konditionierung erklärt auch, warum sich Mitarbeiter nicht selten darüber beklagen, dass sie ihren Chef nur dann zu Gesicht bekommen, wenn sie einen Fehler gemacht machen. „Die ganze Zeit über hört und sieht man nichts von ihm, kaum macht man etwas falsch, kreuzt er auf und stellt einen in den Senkel." Im Beziehungskontenmodell bedeutet das: Man hat eine Abbuchung vom Beziehungskonto vorgenommen, ohne vorher die eine oder andere, vielleicht sogar erwartete oder zumindest erhoffte Einzahlung vorzunehmen. Eine nicht vorgenommene Einzahlung, die erhofft oder erwartet wurde, wirkt dabei im Übrigen wie eine Abbuchung. Man hat also die Chance verpasst, etwas einzuzahlen und hat stattdessen noch etwas abgebucht. Kein Wunder, dass es leicht passiert, dass das Konto überzogen wird.

Als Führungskräfte sollten wir wieder lernen, die vielen positiven Beiträge unserer Mitarbeiter zu registrieren und auch entsprechend zu würdigen. Mitarbeiter mit einer gesunden Einstellung zur Arbeit braucht man im Regelfall nicht auf ihre Fehler hinzuweisen, geschweige denn zu tadeln. Sie wissen in der Regel selbst besser, was sie falsch gemacht haben und ärgern sich ohnehin schon über sich selbst. Lob und Anerkennung sind immer noch die besten Motivatoren. Mehr Wertschätzung geht eigentlich nicht. Außerdem: Lob verstärkt erwünschtes Verhalten und schafft Offenheit für Kritik. Obwohl das den meisten Führungskräften klar ist, wundere ich mich immer wieder, wie schwer es manchen fällt, angemessen und motivierend zu loben. Dabei gibt es aus meiner Sicht eigentlich nur drei Punkte, die man dabei unbedingt beherzigen sollte:

- Loben Sie nur, wenn Sie es auch wirklich aufrichtig meinen. Lob als reine Motivationstechnik wird schnell als solche enttarnt und entwickelt dann eine kontraproduktive Wirkung. Wie es absolut nicht sein sollte, hat jüngst eine Führungskraft demonstriert, als sie am Montag direkt nach einem Führungsseminar zurück im Büro zu ihrer Mitarbeiterin sagte, „ich habe ja jetzt gelernt, dass man loben soll, also das haben Sie wirklich gut gemacht." Die Mitarbeiterin erzählte es mir bei der nächsten Gelegenheit mit einem verständnislosen Kopfschütteln: „Wie soll man da noch irgendein Lob ernst nehmen?" Wohl wahr.

- Übertreiben Sie es nicht. Loben Sie nicht wegen jeder Kleinigkeit, denn auch Lob kann sich abnutzen. Und formulieren Sie Lob angemessen. Die Formulierung „Der Kaffee schmeckt sehr gut" ist sicherlich angemessen. Wenn Sie dagegen sagen, „ich möchte Sie ausdrücklich für den supertollen Kaffe loben, das haben Sie gut gemacht", dann hat das schon etwas Übertriebenes. Machen Sie also nicht zuviel Wind darum.

- Loben Sie auf gleicher Augenhöhe. Manche Führungskräfte verstehen es, auf eine herablassende und gönnerhafte Art zu loben, so dass man sich hinterher eher herabgesetzt als wertgeschätzt fühlt. Beispiel: „Also, da muss ich Sie wirklich loben. Machen Sie weiter so." Das erinnert dann schon ein wenig an den Nikolaus und weniger an zwei Erwachsene, die sich auf gleicher Augenhöhe begegnen.

2.4 Wichtiges von Dringlichem unterscheiden

> *„Es ist nicht wenig Zeit, die wir haben,*
> *sondern viel Zeit, die wir nicht nutzen."*
>
> Seneca,
> römischer Dichter

Der nachfolgend dargestellte Ansatz geht auf das Eisenhower-Prinzip zurück. Dwight „Ike" Eisenhower war nicht nur der 34. Präsident der Vereinigten Staaten von Amerika (1953 – 1961), sondern er war auch General und Unternehmer. Offensichtlich war er ein viel beschäftigter Mann, der sich genau überlegen musste, welchen Aufgaben er welche Priori-täten verleihen sollte. Beim Eisenhower-Prinzip werden Angelegenheiten bzw. Aufgaben nach Dringlichkeit und Wichtigkeit unterschieden.

Dringende Angelegenheiten drängen darauf, sofort angegangen zu werden. Sie sind in der Regel mit Zeitdruck versehen. Sie sind meist sichtbar und stehen genau vor uns. Sie „be-drängen" uns und bestehen darauf, dass wir handeln. Sie machen uns bei anderen beliebt, weil wir etwas aus dem Weg räumen, das zeitlich kritisch ist. Manchmal sind das ange-nehme Angelegenheiten, manchmal aber auch unangenehme. Vor allem aber sie sind oft nicht wichtig. Zum Beispiel, wenn das Telefon klingelt, dann ist es eine dringliche Angele-genheit. Entweder wir gehen jetzt ans Telefon oder der Anrufer legt wieder auf. Wir wer-den also in dem Moment, in dem es klingelt, zum Handeln aufgerufen. Ob der Anruf wich-tig oder nicht wichtig ist, wissen wir oft noch nicht. Ist zum Beispiel irgendein Handelsver-treter dran, der Ihnen sein neuestes Produkt vorstellen möchte, dann ist es wahrscheinlich nicht so wichtig. Ist Ihr Vorstandsvorsitzender dran, dann wird es wohl sehr wichtig sein. Wenn Ihre Frau dran ist, kann es wichtig sein oder nicht, je nachdem was Sie Ihnen mittei-len möchte. Wenn Sie Ihnen nur mitteilen möchte, dass das Essen auf dem Herd steht, dann ist es wohl nicht wichtig (zumindest nicht für Sie), wenn sie Ihnen mitteilen möchte, dass Ihr Sohn mit dem Fahrrad verunglückt ist, dann ist es sicherlich sehr wichtig. Wichtige Angelegenheiten und Aufgaben haben etwas mit unseren (Lebens-)Zielen zu tun. Angele-genheiten, die einen hohen Beitrag zur Erreichung unserer Ziele, unserer Werte, unserer obersten Prioritäten beitragen, sind wichtig. Wichtige Angelegenheiten, die nicht dringend sind, erfordern mehr eigene Initiative, mehr proaktives und langfristiges Agieren, weil sie uns eben nicht bedrängen und zum Handeln aufrufen. Wenn wir nun immer dem Drang nach Erledigung dringender Angelegenheiten nachkommen, unabhängig davon, ob sie wichtig oder unwichtig sind, dann kann es passieren, dass wir mit gravierenden Folgen die wichtigen Angelegenheiten vernachlässigen. Veranschaulichen lässt sich das sehr schön in nachfolgender Matrix[35]:

---

[35] Covey, Stephen R.: Die sieben Wege zur Effektivität. Heyne 1996.

Abbildung 2.3   Prioritäten-Matrix nach der Eisenhower-Methode

Dringlichkeit

dringend   nicht dringend

Tätigkeiten (I)	Tätigkeiten (II)
Krisen, dringliche Probleme, Projekte mit anstehendem Abgabetermin, Nacharbeiten, Fehlerkorrekturen, Unfälle, Maschinenausfälle, ...	Vorbeugende Maßnahmen, Konzepte entwickeln, Studien anfertigen, Prozesse optimieren, QS-Maßnahmen, MA-Gespräche, Weiterbildung, ...
Tätigkeiten (III)	Tätigkeiten (IV)
Unterbrechungen, einige Anrufe, manche Post, einige Berichte, einige Konferenzen, unmittelbare dringliche Angelegenheiten, beliebige Tätigkeiten, ...	Triviales, Geschäftigkeiten, manche Post, einige Anrufe, Zeitverschwender, angenehme Tätigkeiten, ...

(Wichtigkeit — wichtig / nicht wichtig)

Aus der Kombination von Wichtigkeit und Dringlichkeit lassen sich vier verschiedene Quadranten bilden. Wir wollen hier im Schwerpunkt nur auf die beiden ersten Quadranten eingehen, da sie das Herzstück effektiver Lebensführung bilden. Im ersten Quadranten geht es um Angelegenheiten, die dringlich *und* wichtig sind. Diese Ereignisse stürzen quasi auf uns ein und schreien nach Aufmerksamkeit und Erledigung. Um Beispiele aus dem betrieblichen Umfeld zu nehmen, sind das Dinge wie z. B. kurzfristige Maschinenausfälle. Sie wissen, dass die Fertigungsteile just-in-time an Ihren Kunden ausgeliefert werden müssen, sonst steht dort das Montageband und es droht eine hohe Konventionalstrafe. Womöglich geht Ihnen auch der Kunde ganz verloren. Oder es treten kurzfristige Qualitätsprobleme auf oder kurz vor der Abgabe des Jahresabschlussberichts stellen Sie in den Unterlagen noch einen gravierenden Fehler fest oder ein Mitarbeiter hat einen Arbeitsunfall erlitten. Solche Dinge passieren ja meist, wenn man sie am wenigsten braucht. In dieser Situation müssen Sie alles stehen und liegen lassen und sich um das Problem kümmern. Und Sie können diese Angelegenheiten auch nicht delegieren, sondern das ist Chefsache. Es gibt Führungskräfte, die sich ständig in diesem Quadranten bewegen. Die laufen bildlich gesprochen ständig mit dem Feuerlöscher durch die Gegend, immer im Dienst des Unternehmens und immer dort, wo es gerade brennt. Sie sind immer im Einsatz und immer unter höchster Anspannung. Diese Trouble-shooter genießen in der Regel ein hohes Ansehen, holen sie doch regelmäßig die Kastanien aus dem Feuer und die Kuh vom Eis. Was würde man nur ohne diese Führungskräfte tun? „Dass genau dieser Vorgesetzte dafür verantwortlich ist, dass die Kuh überhaupt auf dem Eis steht, wird dabei leider oft übersehen."[36] Wäre es nicht seine Aufgabe als Führungskraft und als Verantwortlicher des Bereiches, dafür Sorge zu tragen, dass solche Situationen gar nicht erst entstehen? Hätte er den Brand denn nicht durch einen vorbeugenden, intelligenten Brandschutz verhindern können? Hätte er schon können, aber er hatte ja keine Zeit. Er war schließlich mit Brandbekämpfung zum Wohle des Unternehmens beschäftigt. Schließlich gehört er ja nicht zu diesen „Sesselpupsern", die den ganzen Tag nur im Büro hocken und irgendwelche Pläne malen.

Und damit sind wir schon mittendrin im zweiten Quadranten. Im zweiten Quadranten geht es um Angelegenheiten, die zwar nicht dringend, aber sehr wichtig sind. Das tückische an diesen Angelegenheiten ist, dass sie sich nicht aufdrängen und uns damit auch nicht zum Handeln drängen. Im Gegenteil, sie halten sich gerne im Hintergrund auf und man kann sie leicht aus den Augen verlieren. Sie schreien nicht nach Aufmerksamkeit und Erledigung. Beispiele für Angelegenheiten aus dem zweiten Quadranten sind z. B. vorbeugende Instandhaltung, das Entwickeln und Einführen eines nachhaltigen Qualitätssicherungskonzepts, Qualifizierungsmaßnahmen (für sich selbst und für die Mitarbeiter), Mitarbeitergespräche und -informationen, Wartungspläne erstellen, Optimierung von Abläufen, das Vorausdenken der Produktstrategie von morgen, das Vorbereiten der Ziele für das nächste Jahr, Sicherheitsunterweisungen usw. Was passiert nun eigentlich, wenn man diesen zweiten Quadranten vernachlässigt bzw., wie hängen die beiden Quadranten eigentlich zusammen? Da gibt es einen ganz einfachen Zusammenhang: Jede Vernachlässigung im zweiten Quadranten fällt uns irgendwann als Problem (wichtige und dringende Angelegenheit) im ersten Quadranten auf die Füße. Alle Versäumnisse im zweiten Quadranten müssen wir irgendwann im ersten Quadranten büßen. Um es bildhaft darzustellen: Man kann Angelegenheiten aus dem ersten und dem zweiten Quadranten mit zwei Gästen im Restaurant vergleichen. Der erste ist ein rücksichtsloser, derber und lauter, nach Aufmerksamkeit schreiender Gast, der sofort bedient werden möchte, sonst kracht's. Der Andere ist das genaue Gegenteil. Ein ruhiger, unaufdringlicher und schüchterner Gast, der sich noch dafür entschuldigt, dass er gerne eine Bestellung aufgeben würde, *„aber wenn es jetzt gerade nicht passt, dann komme ich später gerne noch einmal"*. Doch auch bei solchen Gästen reißt irgendwann die Geduldsschnur, dann mutieren sie zu Quadrant-eins-Gästen, dann fangen sie an zu schreien und verlangen ebenfalls nach Aufmerksamkeit und Erledigung.

Welchen Schluss kann man nun daraus ziehen? Der Schluss kann nur lauten: Kümmern Sie sich rechtzeitig um die Angelegenheiten im zweiten Quadranten. Die Zeit dafür können Sie aus dem dritten und vierten Quadranten holen. Angelegenheiten aus dem dritten Quadranten sollten Sie soweit wie möglich an Ihre Mitarbeiter delegieren. Die Angelegenheiten im vierten Quadranten sind reine Zeitdiebe, die Sie eliminieren sollten – außer Sie machen Ihnen Spaß oder stellen eine schöne Abwechslung zu den Aufgaben im ersten und zweiten Quadranten dar. Je frühzeitiger und je intensiver Sie sich um die Angelegenheiten im zweiten Quadranten kümmern, umso weniger Angelegenheiten werden Ihnen im ersten Quadranten diktieren, was Sie zu tun haben. Das spart Ihnen zusätzliche Zeit. Wer überwiegend

---

[36] Groth, Alexander: Führungsstark in alle Richtungen, Campus 2008.

im zweiten Quadranten arbeitet, handelt proaktiv. Er hat das Steuer selbst in der Hand und bestimmt, wohin die Reise geht. Wer überwiegend im ersten Quadrant arbeitet, der reagiert nur und ist Getriebener der Umstände. Er arbeitet immer im roten Bereich, er ist mit allen gesundheitlichen und mentalen Folgen, die das mit der Zeit nach sich ziehen, immer im Stress. Denken Sie daran: *„Sieger haben immer einen Plan. Verlierer immer eine Ausrede."* (unbekannt)

2.5   Täter statt Opfer

> *„Man gibt immer den Verhältnissen die Schuld für das, was man ist.*
> *Ich glaube nicht an die Verhältnisse.*
> *Diejenigen, die vorankommen, gehen hin und suchen sich die Verhältnisse, die sie wollen.*
> *Und wenn sie sie nicht finden können, schaffen sie sie selbst."*

> George Bernard Shaw
> irisch-britischer Dramatiker und Politiker, 1856-1950

Hierbei geht es nicht um Täter und Opfer im kriminalistischen Sinne, sondern um die Frage: „Gehören Sie zu denjenigen, die machen, die zur Tat schreiten, also zu den Tätern oder gehören Sie zu denjenigen, mit denen etwas gemacht wird? Womöglich etwas, das Sie gar nicht wollen." Opfer und Täter erkennt man ganz leicht an ihrer Sprache und an ihrem Handeln. Opfer erkennt man z. B. an solchen Sätzen

- Das hat mir doch niemand gesagt.

- Das haben die da oben entschieden.

- Was soll ich denn machen?

- Wie soll denn das funktionieren?

- Die Mitarbeiter hören einfach nicht auf mich.

- Die Geschäftsleitung will das so.

- Jetzt bin ich wieder schuld.

- Bei den anderen sagt keiner was. ...

Meist ist der Tonfall dann eher klagend, verzweifelnd, jammernd oder nach Ausreden suchend. Auch die Körperhaltung signalisiert schon, „ich bin ein armes Würstchen". Der Opfer-Typ denkt problemorientiert und gibt die Verantwortung ab. Jammern und nichts an der Sache ändern, immer auf das starren, was nicht funktioniert, damit zieht man sich selbst herunter.[37] Nun stellen Sie sich eine Führungskraft mit einer Opferhaltung vor, wie sie den Mitarbeitern eine unangenehme Botschaft vermitteln oder einem C-Mitarbeiter mit

---

[37] Sprenger, Reinhard K.: Das Prinzip Selbstverantwortung. Campus 1996.

Bestimmtheit klar machen soll, dass man dieses Arbeitsverhalten so nicht akzeptieren wird. Ja, das wird schwierig und sicherlich auch nicht die Wirkung erzielen, die man sich wünscht. Ich bin mir dessen bewusst, dass ein solches Auftreten viel mit mangelndem Selbstbewusstsein zu tun hat, dass das häufig seinen Ursprung in zum Teil schmerzhaften, teilweise gar traumatischen Erfahrungen in der Kindheit und Jugend hat. Selbstverständlich lassen sich solche Prägungen nicht von heute auf morgen abschütteln. Aber durch eine bewusste Auseinandersetzung mit dem Thema und jahrelanger Übung lässt sich das verändern. Das Hauptproblem dabei ist doch: Wenn es nicht gelingt, diese Opferhaltung abzulegen, dann wird das Problem durch den Wirkungsmechanismus der selbst erfüllenden Prophezeiung noch verschlimmert. Lassen Sie uns darauf schauen, an welchen Formulierungen man einen Täter erkennen kann:

- Ich werde mir die Informationen besorgen.

- Ich übernehme diese Aufgabe.

- Dieses Projekt reizt mich.

- Das habe ich entschieden.

- Ich stehe voll hinter der Entscheidung der Geschäftsleitung.

- Ich werde dafür sorgen, dass das umgesetzt wird.

- Das ist meine Verantwortung.

- Dieser Fehler ist *mir* unterlaufen. Ich werde ihn auch wieder ausbügeln.

Hier ist der Tonfall ein gänzlich anderer. Dieser Tonfall ist bestimmt, frei von Zweifeln und mit einer hohen Glaubwürdigkeit. Der Täter-Typ ist aktiv, übernimmt Verantwortung, denkt lösungsorientiert und vor allem, er handelt. Er ist überzeugt davon, dass er sein Umfeld gestalten und beeinflussen kann. Nun möchte ich gerne einen Test mit Ihnen machen. Versuchen Sie einmal, sich bewusst in eine Opfer-Haltung zu versetzen und sagen Sie dann in einem Gefühl von Selbstmitleid „was soll ich nur machen?". Fühlen Sie in sich hinein. Was spüren Sie? Wie fühlen Sie sich dabei? Klein und hilflos? Nun versetzen Sie sich bitte in die Täterhaltung. Sie sind stark und selbstbewusst. Nehmen Sie eine entsprechende Körperhaltung ein und nun sagen Sie mit Bestimmtheit „ich weiß noch nicht, wie es gehen wird, aber ich werde eine Lösung finden". Wie fühlen Sie sich nun? Spüren Sie die Kraft, die Sie brauchen, um dieses Problem zu lösen? Haben Sie diese Kraft auch in der Opferhaltung gespürt? Sicher nicht. Dies ist ein sehr verblüffender Effekt. Wenn wir unsere Grundhaltung und Sprache verändern, verändern wir damit auch unseren inneren Energiezustand und damit auch die physiologischen Vorgänge in unserem Körper. Unsere Körperhaltung, unsere Atmung, unsere Körperspannung verändern sich komplett und zwar von einem auf den anderen Moment. Interessant ist, dass das auch umgekehrt funktioniert. Atmen Sie tief ein, nehmen Sie eine aufrechte Körperhaltung ein, spannen Sie Ihre Muskeln an, dann stellen Sie fest, dass sich umgehend auch Ihre innere Grundhaltung verändert.[38] Oder versuchen Sie einmal zu lächeln und sich dabei schlecht zu fühlen. Sie werden merken, dass das nicht geht. Diesen Effekt können Sie sich übrigens sehr gut bei unangenehmen Telefonaten zunutze machen. Lächeln Sie, nachdem Sie die Nummer Ihres Gesprächspartners gewählt haben und Sie werden merken, wie einfach das zuvor als unangenehm empfundene Gespräch auf einmal wird. Die oben beschriebenen Erkenntnisse macht sich übrigens auch der Ansatz des Power Talking zunutze.[39]

Wenn Sie bei Ihren Mitarbeitern also überzeugen möchten, dann sollten Sie nicht als Opfer auftreten, das an sich zweifelt und verzweifelt, sondern als Täter, also als Führungskraft, die entschlossen zur Tat schreitet. Wie wollen Sie Ihre Mitarbeiter von etwas überzeugen, wenn Sie selbst nicht davon überzeugt sind? Welche Überzeugungskraft in einer Täterhaltung steckt, zeigt das Beispiel von Jürgen Schrempp. Als es 1995 um die Nachfolge von Edzard Reuter als Vorstandsvorsitzenden bei der damaligen Daimler Benz AG ging, konkurrierte er mit Helmut Werner um dieses Amt. Helmut Werner war eigentlich in der besseren Ausgangssituation, hatte er doch den kränkelnden Autobauer Mercedes-Benz, der den Bärenanteil am Daimler-Umsatz ausmachte, mit einer Modell- und Qualitätsoffensive wieder in die Erfolgsspur gebracht. Jürgen Schrempp hingegen hatte mit dem Kauf des niederländischen Flugzeugherstellers Fokker, den er später mit einem Verlust von 5,5 Mrd. DM abstoßen musste, eine echte Bruchlandung hingelegt. Aber anstatt im Büßerhemd oder selbstzweifelnd aufzutreten, übernahm er die volle Verantwortung für diese unternehmerische Fehlentscheidung. Dies war für den Aufsichtsrat letztlich ausschlaggebend für die Entscheidung zu seinen Gunsten. Wer die Größe hat, mit breiter Brust für solch einen Fehlschlag einzustehen, der hat sicherlich auch das Format, einen Konzern wie die Daimler Benz AG zu führen.[40] Leider ein fataler Irrtum wie sich später mit der Chrysler-Pleite herausstellen sollte.

---

[38] Robbins, Anthony: Das Power Prinzip. Heyne 1991

[39] Exemplarisch sei hier genannt: Walther, George: Power Talking. Sag was Du denkst und Du bekommst, was Du willst. Econ Verlag 1999.

[40] Grässlin, Jürgen: Jürgen E. Schrempp, der Herr der Sterne. Droemer Knaur 1998.

2.6   Energiebilanz: Was Sie an Energie reinstecken, bekommen Sie auch wieder raus

Haben Sie schon einmal erlebt, dass jemand eine herausragende Leistung ohne Leidenschaft, ohne besondere Anstrengung und ohne Ausdauer erreicht hat? Glauben Sie, dass einem Weltklasseleistungen im Sport, in der Wissenschaft, in der Kunst oder auch im Beruf einfach so in den Schoß fallen? Nein? Ich auch nicht. Denn es scheint ein physikalisches Grundgesetz zu wirken, das sich sehr schön mit dem Newton'schen Pendel veranschaulichen lässt. Das Newton'sche Pendel besteht meist aus fünf, manchmal auch aus sieben Stahlkugeln, die an leichten Nylonschnüren aufgehängt sind. Wenn man nun eine Kugel mit der Hand leicht anhebt und gegen die anderen Kugeln prallen lässt, so stellt man fest, dass die mittleren Kugeln unbewegt stehen bleiben und nur die letzte Kugel am anderen Ende ausschlägt. Hebt man zwei Kugeln an, schlagen am anderen Ende zwei Kugeln aus, bei drei Kugeln entsprechend drei usw. Übertragen auf das Thema Führung heißt das: Das, was Sie an Energie in Ihre Führungsarbeit reinstecken, bekommen Sie hinten auch wieder raus – höchstens. In der Praxis wird es eher weniger. Schließlich gibt es ja auch noch Reibungsverluste. Dieses Prinzip gilt im Übrigen auch für Beziehungen. Wenn Sie wenig Energie in eine Beziehung stecken, müssen Sie sich nicht wundern, wenn Sie auch wenig wieder rausbekommen. Das gilt für die Beziehung zu ihrer Lebenspartnerin oder ihrem Lebenspartner genauso wie für die Beziehung zu Ihren Mitarbeitern. „Sie erhalten das vom Leben zurück, was Sie selbst in jedem Augenblick hineingeben."[41]

---

[41]   Sprenger, Reinhard K.: Das Prinzip Selbstverantwortung. Campus 1996.

2.7   Lösungs- statt Problemorientierung

„Es ist besser, die Kerze anzuzünden, als über die Dunkelheit zu klagen."

Chinesisches Sprichwort

Kennen Sie das auch? Sie sitzen in einer Besprechung, da kommt man plötzlich auf ein aktuelles Problem zu sprechen. Sofort stimmen alle ein. Man diskutiert und schimpft und beklagt, wie schlimm die Welt doch ist. Nach einer gewissen Weile meint man, jetzt müsste doch irgendwann *die* Frage kommen. Aber *die* Frage kommt nicht, sondern das Problem wird weiter hin und her gewälzt. Man suhlt sich weiter im Problem und nöhlt und hadert. Als Berater werde ich dann immer schon ganz unruhig. Irgendwann stelle ich dann *die* Frage selbst: „Und was gedenken Sie dagegen zu tun?" Dabei ist es mir nicht selten passiert, dass ich fragende, ungläubige oder verständnislose Blicke geerntet habe, die mir wohl signalisieren sollten, dass diese Frage doch völlig unangebracht ist. Manchmal bekomme ich auch als Antwort, „was kann man da schon tun?", begleitet durch ein Achselzucken und einen resignativen Unterton. Tja, denke ich mir dann, wenn man nichts tun kann, warum reden wir darüber? Sollten wir die wertvolle Zeit nicht lieber für andere Themen verwenden, für Themen, bei denen man „etwas tun kann"?

Für den Umgang mit Problemen weist ein einfacher und logischer Regelkreis den Weg. Wenn ein Problem auftritt, analysiert man das Problem, man überlegt sich Lösungsmöglichkeiten, wählt dann einen Lösungsweg aus, setzt ihn um und das Problem ist gelöst – sofern die ausgewählte Lösungsoption erfolgreich war. Wenn nicht, muss man den Regelkreis noch mal durchlaufen.

Abbildung 2.4   Der Problemlösungskreis

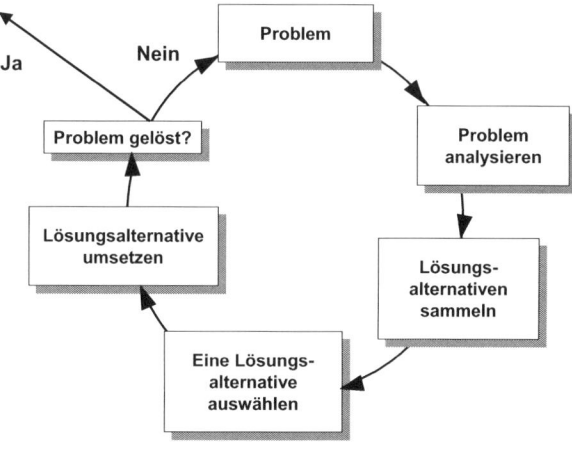

Nun kann es passieren, dass Sie, wenn Sie die nächste Lösungsalternative angehen, das Problem wieder nicht lösen können. Und mit der Dritten auch nicht. Dann kann es schon sein, dass Sie zu dem Ergebnis kommen: Da kann man nichts tun. Natürlich gibt es Probleme, für die es einfach keine Lösung gibt. Ich bin aber felsenfest davon überzeugt, dass es für fast alle Probleme, von ganz wenigen Ausnahmen abgesehen, eine Lösung gibt. Wir suchen nur manchmal an der falschen Stelle. Im Laufe unseres Lebens haben wir eine uns eigene Problemlösungskompetenz entwickelt. Wenn nun wieder ein Problem auftritt, versuchen wir es mit „unseren uns zur Verfügung stehenden Lösungsmethoden" zu lösen. Die Ideen, die wir dabei entwickeln, sind alles „Lösungen 1. Ordnung". Das sind die Lösungsansätze, die uns spontan dazu einfallen. In der Regel reichen sie auch aus, um die meisten Probleme zu meistern. Aber manchmal gibt es Probleme, da braucht es eine „Lösung 2. Ordnung".

Bevor wir nun weiter machen, möchte ich Sie bitten, die nachstehende Aufgabe zu lösen.

Bitte verbinden Sie die 9 Punkte durch vier Geraden, ohne dabei den Stift abzusetzen.[42] Das ist wichtig, denn mit Absetzen des Stiftes schafft es jeder. Die Lösung finden Sie direkt im Anschluss an das Schlusswort.

Abbildung 2.5   Aufgabe „Neun Punkte verbinden"

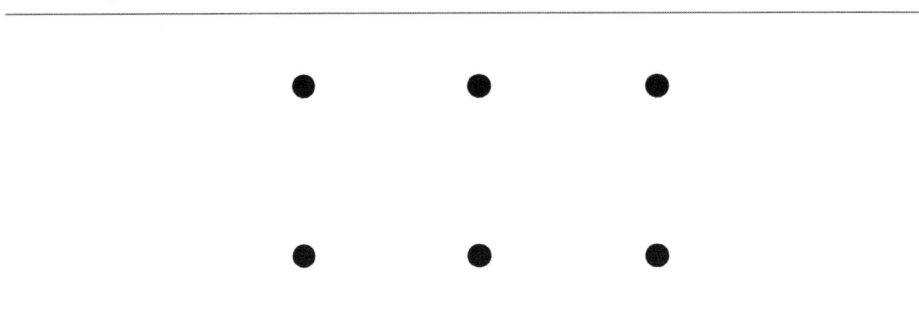

Haben Sie es geschafft? Wenn ja, Gratulation. Wenn nicht: Was hat die Lösung verhindert? Schauen Sie sich vorher die Lösung auf Seite 187 an. Sie sind deshalb nicht auf die Lösung

---

[42]   Entnommen aus Birkenbihl, Michael: Train the Trainer. Moderne Industrie, 1995.

gekommen, weil Sie nicht über die Grenzen des imaginären Quadrats hinaus gedacht haben. Sie haben die Lösung quasi im Kreis Ihrer Gewohnheiten gesucht. Dort finden Sie aber nur Lösungen 1. Ordnung. Bei dieser Aufgabe braucht es aber eine Lösung 2. Ordnung. Das bedeutet, man muss über den Kreis seiner Gewohnheiten hinaus denken. Das erfordert einen Perspektivenwechsel, einen ganz anderen Blick auf das Problem. Sie haben das sicherlich auch schon hin und wieder erlebt, dass man manchmal mit einem Problem „ins Bett geht" und am nächsten Morgen hat man die zündende Idee, wie man es lösen kann. Da hat uns wohl unser Unterbewusstsein einen Perspektivenwechsel verschafft. Beim Joggen funktioniert das übrigens auch ganz hervorragend. Nehmen Sie sich ein Problem mit auf die Laufstrecke und Sie werden staunen, wie viele Ideen Ihnen dabei unterwegs kommen, vorausgesetzt Sie sind alleine unterwegs und können Ihre Gedanken schweifen lassen. Im Übrigen: Ich kann die vier Punkte auch mit nur einer Gerade verbinden. Wirklich! Der Stift muss nur breit genug sein ☺.

Ich gehe einfach mal davon aus, dass Führungskräfte grundsätzlich lösungsorientiert denken, sonst wären sie nicht Führungskraft geworden. Leider gibt es aber immer noch viele Mitarbeiter mit einer problemorientierten Grundhaltung. Solche Mitarbeiter kosten viel Zeit – und Nerven. Entweder stehen sie ständig im Büro oder sie sprechen einen auf dem Flur an, immer in der Erwartung, jemand nimmt ihnen ihr Problem ab oder hilft zumindest bei der Problemlösung. Da man als Chef ja den Anspruch hat, mit seinen Mitarbeitern wertschätzend und hilfsbereit umzugehen, möchte man sie auch nicht gleich wieder wegschicken und lässt sich dann auch gerne dazu hinreißen zu sagen, „ich mache mir mal ein paar Gedanken dazu. Ich kommen wieder auf Sie zu". Und schwupp, wo ist das Problem jetzt? Ja, jetzt haben Sie das Problem. Man nennt das Monkey Business.[43] Monkey Business deshalb, weil der Mitarbeiter mit einem Affen (dem Problem) auf der Schulter zu ihnen kommt und der Affe dann auf Ihre Schulter rüber hüpft. Nun haben Sie ihn. Nicht selten liegt es – wie könnte es anders sein? – an der Führungskraft selbst, wenn Mitarbeiter bei jedem Problem angerannt kommen. „Solange Führungskräfte ihre Rolle so verstehen, als sei es ihre Aufgabe, die Probleme ihrer Mitarbeiter zu lösen, solange werden die Mitarbeiter mit ihren Problemen zur Führungskraft rennen."[44] Was kann man dagegen tun? Zunächst einmal geht es darum, sich diesen Mechanismus bewusst zu machen und die nötige Sensibilität zu entwickeln. Dabei kann das Bild mit dem Affen auf der Schulter ein hilfreicher Anker sein, um nicht immer wieder in die gleiche Falle zu tappen. Langfristig geht es darum, dem Mitarbeiter zu einem lösungsorientierten Verhalten oder besser noch zu einer lösungsorientierten Grundhaltung zu verhelfen. Was kann man da konkret tun?

1. Erklären Sie Ihrem Mitarbeiter in einem ruhigen Gespräch, was Sie von ihm erwarten. Das kann im jährlichen Mitarbeitergespräch oder bei neuen Mitarbeitern im Erwartungsgespräch erfolgen. Sollte das Thema akut sein, kann auch zeitnah ein Gespräch anberaumt werden.

---

[43] Edlund, Jan Roy: Führungsproblem Rückdelegation: Mehr Zeit für Chefaufgaben. In: ManagerSeminare 10/2010

[44] Sprenger, Reinhard K.: Das Prinzip Selbstverantwortung. Campus 1996.

2. Machen Sie deutlich, dass Sie bei jedem Problem, mit dem Ihr Mitarbeiter auf Sie zu-
   kommt, wenigstens zwei Lösungsvorschläge in schriftlicher Form erwarten. Damit stärken Sie die Problemlösungskompetenz des Mitarbeiters. Außerdem wird er Sie deutlich
   seltener mit Problemen behelligen, weil er sie dadurch bereits im Vorfeld selbst löst.
   Das stärkt zudem sein Selbstbewusstsein.

3. Sollte der Mitarbeiter dennoch wieder einmal mit einem „Affen" bei Ihnen erscheinen,
   sollten Sie konsequent bleiben. Eine von mir sehr geschätzte Führungskraft pflegte an
   der Stelle immer zu sagen, „Ich möchte von Ihnen nicht hören, dass es nicht geht, sondern *wie* es geht". Der Mitarbeiter durfte erst wieder kommen, wenn er wenigstens zwei
   Lösungsvorschläge schriftlich ausgearbeitet hatte. In der Regel löste er das Thema aber
   von alleine.

4. Wenn der Mitarbeiter den Ball aufgenommen hat und den Erwartungen gerecht wird,
   ist es wichtig, das neue Verhalten durch entsprechende positive Rückmeldungen zu be-
   stärken. Im Laufe der Zeit wird sich aus dem lösungsorientierten Verhalten eine echte
   Grundhaltung entwickelt haben. Der Mitarbeiter wird sich irgendwann gar nicht mehr
   vorstellen können, dass er es früher anders gemacht hat.

2.8   Integrität und Redlichkeit

„Beurteile einen Menschen lieber nach seinem Handeln als nach seinen Worten;
denn viele handeln schlecht und sprechen vortrefflich."

Matthias Claudius,
deutscher Dichter, 1740 - 1815

Vertrauen ist, wie wir bereits erörtert haben, eine der wichtigsten Führungsvoraussetzun-
gen. Wären Sie bereit, jemandem zu folgen, dem Sie nicht vertrauen? Ich, ehrlich gesagt,
auch nicht. Die Bereitschaft, jemanden als Vorgesetzten nicht nur zu akzeptieren, sondern
sich auch für ihn einzusetzen und ihm zu folgen, setzt Vertrauen voraus. Vertrauen entsteht nicht von selbst, sondern ist das Ergebnis unseres Verhaltens und Handelns. Dazu
braucht es Glaubwürdigkeit und Integrität. Glaubwürdigkeit lässt sich recht einfach beschreiben: „Ich glaube jemandem, dass er das, was er sagt, auch wirklich meint und das,
was er sagt, auch wirklich tut bzw. danach handelt." Integrität dagegen ist ein sehr komplexer Begriff, der sich mit dem Begriff „Redlichkeit" wohl noch am besten übersetzen
lässt. Während Glaubwürdigkeit keine Aussage darüber zulässt, ob jemand moralisch-
ethisch richtig handelt – ich kann jemandem drohen und die Drohung dann auch wahr
machen – bezeichnet Integrität eine Charaktereigenschaft, die sich in Übereinstimmung
mit moralisch-ethischen Grundwerten, wie Aufrichtigkeit, Gerechtigkeit oder Loyalität
befindet. Integrität oder Redlichkeit im Kontext der Führung beinhaltet unter anderem
folgende Aspekte:

- Ich treibe keine taktischen oder schmutzigen Spielchen, sondern ich gehe offen und aufrichtig mit Anderen um.

- Ich sage es offen, wenn ich etwas nicht weiß oder kann.

- Ich rede über Abwesende nicht schlecht. Wenn ich Kritik zu üben habe, dann sage ich es demjenigen persönlich.

- Ich stehe offen zu meinen Fehlern und versuche sie nicht auf andere, womöglich meine eigenen Mitarbeiter bzw. auf andere Abteilungen abzuschieben oder sie schön zu reden.

- Ich stelle mich vor meine Mitarbeiter, wenn sie einen Fehler gemacht haben und übernehme nach außen bzw. nach oben die Verantwortung dafür.

- Ich halte meine Zusagen ein. Wenn ich dazu nicht in der Lage bin, gebe ich Bescheid und begründe es auch.

- Ich behalte Vertrauliches für mich. Wenn ich der Meinung bin, Dritte müssten davon erfahren, dann hole ich mir vorher dazu die Erlaubnis ein.

- Ich rede grundsätzlich nicht schlecht über meine Vorgesetzten, meine Mitarbeiter, mein Unternehmen oder unsere Produkte.

- Ich bin mir nicht zu schade, auch mal mit anzupacken oder unangenehme Aufgaben selbst zu erledigen.

- Ich suche nach Lösungen und nicht nach Sündenböcken.

- Ich gehe wertschätzend mit Anderen um. Auch wenn ich im Recht bin, achte ich darauf, dass Andere bei sachlichen Auseinandersetzungen nicht ihr Gesicht verlieren.

- ...

Diese Liste ließe sich sicherlich noch beliebig erweitern. Mitarbeiter haben ein feines Gespür dafür, ob sich ihr Chef integer oder unredlich verhält. Auch wenn wir manchmal gar nicht sachlich konkret begründen können, warum wir jemandem misstrauen, dann geben uns in der Regel unser Gefühl und unsere Intuition die richtigen Signale. Ob wir jemandem vertrauen können, das entscheidet also nicht unser Kopf, sondern unser Bauch. Hier ein paar Beispiele aus der Praxis, die verdeutlichen, welche Auswirkungen fehlende Integrität nach sich ziehen kann:

- In Einzelgesprächen mit Mitarbeitern sollte ich ergründen, worin die Ursachen für die konfliktbeladene Situation in einem Einkäuferteam lagen. Ein Mitarbeiter brachte es auf den Punkt: „Mein Vorgesetzter spricht in meiner Anwesenheit schlecht über abwesende Kollegen. Woher soll ich wissen, dass er nicht auch über mich schlecht spricht, wenn ich nicht da bin?"

- Eine ältere Führungskraft, die kurz vor der Rente stand, hatte es sich zu Angewohnheit gemacht, Unternehmensentscheidungen, die im oberen Führungskreis getroffen wurden und an denen sie teilweise selbst mitgewirkt hatte, in ihren Teambesprechungen anzuzweifeln oder auf subtile Art und Weise zu kritisieren. „Die werden schon sehen, was sie davon haben. Mich betrifft das ja nicht mehr." Bei den Mitarbeitern kam das gar nicht gut an. Schließlich hätte er seine Bedenken bei der Entscheidungsfindung einbringen können, statt die Entscheidungen hintenherum schlecht zu reden.

■ Oder die Führungskraft, die ständig über das eigene Unternehmen herzog. „Das ist ein echter Sch....laden. Bei uns funktioniert aber auch gar nichts. Unsere Produkte würde ich nicht mal geschenkt nehmen." Wie soll man da erwarten, dass sich die Mitarbeiter mit dem Unternehmen identifizieren, dass sie motiviert sind und dass sie einen Sinn in ihrer Arbeit sehen?

2.9   Vorbild sein

> *„Ein gutes Vorbild ist die freundlichste Mahnung."*
>
> Thomas Romanus Bökelmann

Jede Führungskraft weiß um die Wichtigkeit der Vorbildfunktion in der Führung. In allen Führungsseminaren taucht die Forderung auf, „Führungskräfte müssen vorleben, was sie von ihren Mitarbeitern verlangen". Interessanterweise scheint es allerdings so zu sein, dass jeder zwar die Vorbildfunktion bei seinem Vorgesetzten vermisst, aber nicht bei sich selbst. Woran liegt das? Sicherlich spielt da der Aspekt eine Rolle, dass wir schnell den Splitter im Auge des Anderen entdecken, aber den Balken im eigenen nicht. Aber erklärt es das allein? Ich weiß es nicht.

Die Vorbildfunktion hat in der Mitarbeiterführung zu Recht eine ausgesprochen hohe Bedeutung. Das hat natürlich wiederum etwas mit Glaubwürdigkeit, aber auch mit Gerechtigkeitsempfinden zu tun. In der Kindererziehung ist das ganz offensichtlich. Wir können unsere Kinder noch so ermahnen und ihnen den rechten Weg weisen, sie werden in erster Linie darauf achten, was wir tun. Da nützt alles Reden und Hinweisen nichts, wenn wir es nicht selbst vorleben. Das ist bei der Mitarbeiterführung nicht anders. Wenn Sie sich nicht selbst an Ihre eigenen Vorgaben halten, dann signalisieren Sie damit, dass es Ihnen entweder nicht so wichtig ist oder, was noch viel schlimmer ist, Sie bringen zum Ausdruck, dass das für Sie als Führungskraft selbstverständlich nicht gilt. Damit erheben Sie sich über Ihre Mitarbeiter. Entweder Sie verlieren an Glaubwürdigkeit oder Sie verstoßen gegen das Gerechtigkeitsempfinden. Damit verlieren Sie aber auch die Legitimation, es von den Mitarbeitern einzufordern. Außerdem: Sie können Fehlverhalten Ihrer Mitarbeiter nicht konsequent angehen, wenn Sie selbst Fehlverhalten zeigen. Welche Argumente haben Sie noch, wenn Sie die gleichen Verstöße begehen, wie Ihre Mitarbeiter? Man kann Mitarbeiter nicht disziplinieren, wenn man selbst Leichen im Keller hat.

Die enorme Wirkung von Vorbildern lässt sich verhaltensbiologisch sehr gut nachweisen, wie der nachfolgende Artikel, den ich einer Zeitschrift der Berufsgenossenschaft Feinmechanik und Elektrotechnik entnommen habe, eindrucksvoll beschreibt:

Die Magische Kraft des Vorbilds

Sind Sie eine Führungskraft? Dann kennen Sie Ihr wichtigstes Kapital – oder?

Ihr wichtigstes Kapital trägt Schuhe! Und als erfolgsorientierte Führungskraft hoffen Sie Tag für Tag, dass dieses Kapital jeden Morgen gesund und leistungsbereit im Betrieb erscheint. Um Ihre Mitarbeiter zur vollen Leistung motivieren zu können, lesen Sie dicke Bücher, besuchen Seminare und Trainings. Sie haben fett gedruckte Unternehmensleitlinien, Sie loben Prämien aus, organisieren flotte Events oder gemütliche Abteilungsfeiern. Und Sie gehen immer mit gutem Beispiel voran. **Wirklich immer?**

Wenn Sie wollen, dass Ihre Mitarbeiter den Erwartungen entsprechen, sind Sie selbst der Schlüssel zum Erfolg. Das Geheimnis erfolgreicher Führungspersönlichkeiten ist die magische Kraft des Vorbildes. Menschen orientieren sich unbewusst an Führungspersönlichkeiten, sie lernen von ihnen, indem sie ihr Verhalten imitieren. Diese unbewusste Verhaltensinstruktion ist das Erbe der Evolution. Wie stark der Chef als Vorbild wirkt, zeigt ein kurzer Ausflug in die Welt der Schimpansen: Man gibt zwei Schimpansengruppen Karamellbonbons. In der ersten Gruppe zeigt man einem rangniederen Schimpansen, wie die leckeren Bonbons auszupacken sind. In der zweiten Gruppe weiht man den Anführer in das süße Geheimnis ein. Beide Gruppen lässt man dann für einige Stunden mit einem Haufen Karamellbonbons allein. Was ist das Ergebnis? In der ersten Gruppe haben auch nach Stunden nur wenige Schimpansen gelernt, die Bonbons auszupacken. In der zweiten Gruppe genießen bereits nach einer Stunde alle Gruppenmitglieder die Süßigkeit.

Leitbilder, Unterweisungen, Betriebsanweisungen, Aushänge oder Hinweisschilder verlieren ihre Wirkung, wenn das Verhalten der Führungskraft eine andere Sprache spricht. Ein Bild sagt mehr als tausend Worte. Mitarbeiter orientieren sich mehr an dem, was sie sehen, als daran, was sie hören und lesen. Am stärksten wirkt das Bild der Führungskraft, im Guten wie im Schlechten – der Vor-Gesetzte ist immer auch Vor-Bild. Die Mitglieder einer Gruppe beobachten ihre Führungskraft häufiger und genauer als ihre gleichrangigen Kollegen: „Der Alte sieht aber heute wieder schlecht gelaunt aus!" Wenn der Mächtige, der Chef, seinen Gesichtsausdruck nur leicht verändert, ist die Wirkung auf die Mitarbeiter vielfach stärker als der dramatische Gefühlsausbruch eines Kollegen in untergeordneter Position. Stimmung und Verhalten einer Führungsperson pflanzen sich zielgenau fort von oben nach unten. Das erinnert an die russischen Puppen, wo mehrere gleich aussehende Puppen ineinander stecken – die jeweils rangniedere in der ranghöheren. Macht allein reicht nicht, um zu motivieren und zu führen. Vorbild sein bis ins Detail – das schafft natürliche Autorität, mit der die entschlossene Führungskraft dann auch Leistung fordern und Fehlverhalten rügen kann. Wer als Führungsperson auch in der Arbeitssicherheit ein Vorbild ist, erspart sich Betriebsstörungen durch Unfälle und arbeitsbedingte Erkrankungen, er erzielt eine optimale Rendite aus seinem „Kapital auf Schuhen".

Der Vorgesetzte ist immer auch Vor-Bild – Im Guten wie im Schlechten. Mitarbeiter kopieren das Verhalten von Führungskräften von der obersten bis zur untersten Ebene.

Quelle: Mitteilungsmagazin „Brücke" 6/01 der Berufsgenossenschaft Energie Textil Elektro Medienerzeugnisse

Wenn Sie selbst Führungskräfte führen, dann hat Ihr Führungsverhalten eine noch viel größere Bedeutung. Denn Ihre Führungskräfte werden sich sehr stark an Ihrem Vorbild orientieren und wirken dann als Multiplikatoren.

2.10 Mit sich selbst in Kontakt sein und Balance halten

Bevor wir morgens das Haus verlassen, schauen wir noch einmal in den Spiegel, um uns zu vergewissern, dass unsere Haare ordentlich gekämmt sind, dass der Kragen richtig sitzt oder dass keine Zahnpasta oder Rasiercreme mehr im Gesicht klebt. Wir schauen, ob wir heute gut oder vielleicht auch nicht so gut aussehen. Jede kleine Veränderung im Positiven wie im Negativen fällt uns sofort auf. Zur Not bessern wir gleich nach. Wir wollen ja schließlich o. k. sein. Unser Äußeres scheint uns sehr wichtig. Aber wie sieht es mit unserem Innern aus? Schauen wir da auch so regelmäßig danach, ob alles o. k. ist? Sind wir da auch so gewissenhaft und penibel? Nehmen wir uns da auch die Zeit, genauer nachzuschauen, wie wir Innen aussehen, ob wir im Einklang mit unseren Werten und Bedürfnissen sind? Bessern wir da auch gleich nach? Wohl eher nicht. Haben wir da nicht sogar die Strategie entwickelt, wegzuschauen, wenn es uns da drinnen mal nicht so gut geht? Wir lenken uns ab. Wir gehen joggen, treffen uns mit Freunden, gehen ins Theater etc. Vielleicht ist das die Schminke der Seele. Aber immer wenn wir Schminke auflegen, kaschieren wir das, was nicht o. k. ist. Dann denken wir kurz: Ist ja alles in Ordnung. Doch irgendwann können wir es nicht mehr kaschieren, irgendwann kommen die Dinge wieder hoch. Dann kann es leicht passieren, dass wir aus dem Gleichgewicht geraten, dann sind wir vor allem mit uns selbst beschäftigt.

Erfolg und vor allem beruflicher Erfolg hat in der heutigen Zeit einen sehr hohen Stellenwert. Wir müssen immer und überall funktionieren – zumindest meinen wir das. Professionalität, Qualität und Effizienz sind Ansprüche, an denen wir zunehmend gemessen werden. Der Leistungsdruck hat in den letzten Jahrzehnten spürbar zugenommen. Wo früher noch genügend Zeit für den kollegialen Austausch (und auch Umtrunk) war, dominieren heute zunehmend die Prozessoptimierer. Die Menschlichkeit wird dabei immer mehr zurückgedrängt. Wir fühlen uns immer mehr wie der Hamster im Laufrad: Je schneller wir rennen desto schneller dreht sich auch das Rad. Aber die Menschen selbst haben sich in dieser Zeit nicht wesentlich verändert. Sie haben immer noch Ihre Bedürfnisse, Ängste und Sehnsüchte. Um den gestiegenen Anforderungen gerecht zu werden, sind wir zunehmend gezwungen, Rollen einzunehmen – professionelle Rollen, die uns dazu zwingen, uns zu verstellen oder Fassaden aufzubauen, damit wir funktionieren. Dann handeln wir nicht mehr auf der Basis unserer Werte, Bedürfnisse und Überzeugungen, sondern dann wollen wir eine ganz bestimmte Wirkung erzielen. Dann wollen wir gut dastehen und erfolgreich sein. Dafür sind wir sogar bereit, uns selbst zu verleugnen. Man nennt das übrigens „Image-Ethik", weil es uns an dieser Stelle vor allem um unser Image, also um eine gute Wirkung, nicht aber um unsere Werte geht. Außerdem: Wenn wir es mit der Image-Ethik übertreiben, sind wir irgendwann nicht mehr authentisch und wir verlieren an Glaubwürdigkeit. Das mag für eine gewisse Zeit gut gehen, auf Dauer aber ganz gewiss nicht, denn das Unterbewusstsein vergisst nichts. Jede Selbstverleugnung hinterlässt Wunden auf unserer Seele, solange bis gar nichts mehr geht. Die hohen Zuwachsraten bei den psychischen Erkrankungen und den Burnout-Fällen (insbesondere bei Führungskräften) sprechen da eine klare Sprache. Da hilft dann auch die seelische Schminke nicht mehr.

Um es erst gar nicht so weit kommen zu lassen, ist es wichtig, so wie wir täglich auf unser Äußeres achten, auch regelmäßig auf unser Inneres zu schauen. Dazu müssen wir von Zeit zu Zeit aus unserem Laufrad aussteigen, entschleunigen und in uns reinhören: Ist das, was ich tue und wie ich es tue noch in Übereinstimmung mit meinen Werten? Mache ich das gerne, was ich mache? Bin ich noch bereit, den Preis dafür zu bezahlen? Welche Bedürfnisse habe ich eigentlich? Ist die Rolle, die ich innehabe für mich vertretbar? Handle ich noch in Übereinstimmung mit meinen Werten und Bedürfnissen? Kann ich mir noch selbst in die Augen schauen? ....

Als Führungskraft können wir auf Dauer nur dann erfolgreich sein, wenn wir im inneren Gleichgewicht sind, wenn wir im Reinen mit uns selbst sind. Wir können uns nicht ständig mit uns selbst und zeitgleich auch noch mit unseren Mitarbeitern beschäftigen. Was wir brauchen ist das Bewusstsein dafür, was uns gut tut. Dafür müssen wir immer wieder auch für eine Balance zwischen unseren Bedürfnissen und den Anforderungen an uns sorgen. Dazu gehört aber ebenso, Frieden mit den eigenen Schwächen zu schließen und nicht ständig daran zu denken, wie man sie eliminieren kann. Oder sich gar ständig mit anderen zu vergleichen. Das ist die Garantie zum Unglücklichsein. Für ein inneres Gleichgewicht zu sorgen, bedeutet außerdem: authentisch sein. Das heißt, ich gebe mich so wie ich bin. Mein Handeln findet auf der Basis meiner Überzeugungen und Einstellungen statt, die wiederum auf ganz bestimmten Werten beruhen: Ehrlichkeit, Fairness, Toleranz, Zuverlässigkeit, Verbindlichkeit... Wer sich in seinem Reden und Handeln in Übereinstimmung mit seinen Werten befindet, der wirkt echt und überzeugend. Diese „Werte-Ethik" zielt also nicht darauf, bestimmte Effekte zu erzielen, sondern einzig und allein das zu tun, was auf der Grundlage der eigenen Werte für richtig erachtet wird. Das mag manchmal hart und schmerzhaft sein, wird auf Dauer aber durch Selbstachtung und Glaubwürdigkeit belohnt.

Das Wichtigste in Kürze

- Ein positives Menschenbild ist die Grundvoraussetzung für einen wertschätzenden Umgang mit den Mitarbeitern

- Sorgen Sie für ein stets gut gefülltes Beziehungskonto. Wann haben Sie zuletzt etwas einbezahlt?

- Zeigen Sie Wertschätzung statt Defizitorientierung. Würdigen Sie die Leistungen Ihrer Mitarbeiter durch aufrichtiges und angemessenes Lob.

- Unterscheiden Sie Wichtiges von Dringlichem. Setzen Sie die richtigen Prioritäten und lassen Sie sich nicht von dringlichen Ereignissen vom Weg abbringen.

- Als Führungskraft sind Sie Täter (im Sinne von zur Tat schreiten) und nicht Opfer.

- Sie bekommen von Ihren Mitarbeitern nur soviel zurück, wie Sie selbst bereit sind, in Ihre Führungsaufgabe zu investieren.

- Stellen Sie Lösungen und nicht Probleme in den Mittelpunkt.

- Integrität und Redlichkeit sind der Maßstab Ihres Handelns.

- Achten Sie auf Ihre Balance und schauen Sie von Zeit zu Zeit auf Ihr Inneres.

Literatururhinweise

[1]   Birkenbihl, Michael: Train the Trainer. Moderne Industrie 1995.
[2]   Covey, Stephen R.: Die sieben Wege zur Effektivität. Heyne 1996
[3]   Edlund, Jan Roy: Führungsproblem Rückdelegation: Mehr Zeit für Chefaufgaben. In: Manager-Seminare 10/2010
[4]   Gordon, Thomas: Familienkonferenz. Heyne 1995
[5]   Grässlin, Jürgen: Jürgen E. Schrempp, der Herr der Sterne. Droemer Knaur 1998
[6]   Groth, Alexander: Führungsstark nach allen Richtungen. Campus 2008
[7]   Robbins, Anthony: Das Power Prinzip. Heyne 1991
[8]   Schulz von Thun, Friedemann u.a.: Miteinander reden: Kommunikationspsychologie für Führungskräfte. Rowohlt 2003
[9]   Walther, George: Power Talking. Sag was Du denkst und Du bekommst, was Du willst. Econ Verlag 1999.

3 Instrumente der Personalführung

3.1 Führen mit Zielen

> *„Wer nicht weiß, wohin er will, der darf sich nicht wundern,*
> *wenn er ganz woanders herauskommt."*
>
> Mark Twain

Ein Leben ohne Ziele ist wie dahin vegetieren, ein Herumirren ohne zu wissen, was man will und wohin man will. Ohne Ziele wissen wir auch nicht, was für uns wirklich wichtig ist und welche Prioritäten wir setzen sollen. Wer keine Ziele hat, gibt die Verantwortung für sein Leben ab. Erfolgreiche Menschen wissen immer, was sie wollen und setzen sich auch dafür ein. Ziele sind die Voraussetzung für Erfolg. Im Übrigen ist es gar nicht so schlimm, wenn man seine Ziele nicht immer erreicht, viel schlimmer ist es, gar keine Ziele zu haben. Ziele erfüllen vor allem zwei wichtige Funktionen: Sie geben uns Orientierung und sie haben eine starke Zugkraft und damit eine wichtige Antriebs- und Motivationsfunktion. Mit Zielen können wir positive Bilder von der Zukunft zeichnen, die zu verstärkten Anstrengungen motivieren. Das gilt für persönliche Ziele genauso wie für Unternehmensziele. Ihr Team und jeder einzelne Mitarbeiter braucht Ziele.

Robert Fritz, der bekannte amerikanische Organisationsspezialist, bezeichnet Organisationen, die keine klar formulierten Ziele haben, als „oszillierende" Organisationen[45]. Weniger akademisch ausgedrückt heißt das, das Unternehmen bewegt sich auf der Stelle. Es geht nichts vorwärts und subjektiv haben viele Mitarbeiter und Führungskräfte im Unternehmen den Eindruck, „wir sind doch irgendwie wie die Hamster im Rad". Gleichzeitig belegen viele Untersuchungen und auch meine persönlichen Erfahrungen in Beratungsprojekten, dass sich erfolgreiche Unternehmen und Führungskräfte konsequent mit der Zukunft beschäftigen. Sie klären regelmäßig ab, wie man den Veränderungen in der nahe liegenden Zukunft begegnen wird, welche Maßnahmen mittel- und langfristig getroffen werden, um den Erfolg des Unternehmens oder der eigenen Abteilung zu sichern. „Führen mit Zielen" ist für den Führungserfolg unverzichtbar, denn Unternehmenserfolg und „Führen mit Zielen" hängen in hohem Maße zusammen[46]. Ziele geben den Mitarbeitern Orientierung und fördern deren Eigenverantwortung. Sie erleichtern die Selbstkontrolle und verringern so den laufenden Kontrollaufwand durch Sie als Führungskraft.

---

[45] Fritz, Robert: Den Weg des geringsten Widerstands managen. Klett-Cotta, 2000, S. 121
[46] Zwischen Unternehmenserfolg und der Anwendung eines Zielsystems besteht eine Korrelation von 0,26. Siehe Weißenrieder/Kosel: Nachhaltiges Personalmanagement in der Praxis. Gabler 2010.

Ich möchte an dieser Stelle gar nicht auf die teilweise doch sehr akademischen Ansätze des Managements by Objectives oder auf irgendwelche komplexen Zielsysteme eingehen, sondern Ihnen praktikable Ansätze vorstellen, wie Sie mit Ihrem Team aber auch mit jedem Ihrer Mitarbeiter zu motivierenden Zielen kommen und wie Sie sicherstellen, dass diese auch erreicht werden.

3.1.1 Worauf kommt es beim Führen mit Zielen besonders an?

Zielorientierung statt Tätigkeitsorientierung

Zunächst einmal ist Führen mit Zielen eine Grundhaltung. Viele Führungskräfte und Mitarbeiter denken und handeln tätigkeitsorientiert. Wenn man sie nach ihren Zielen fragt, dann bekommt man nicht selten zu hören: Unser Ziel ist es, die Anlagen instand zu halten, unsere Kunden zu betreuen oder den Jahresabschluss zu erstellen. Das sind keine Ziele, sondern Tätigkeiten. Ein Ziel ist ein in der Zukunft liegender, angestrebter Zustand. Um in den obigen Beispielen zu bleiben wären Ziele demnach: die Maschinenverfügbarkeit um xy % zu verbessern, die Kundenzufriedenheit um xy Punkte zu steigern oder den Jahresabschluss um zwei Monate vorzuziehen. Während tätigkeitsorientiertes Denken einen eher statischen, bewahrenden Charakter hat, strebt zielorientiertes Denken immer nach Verbesserung und Erfolg. Zielorientiertem Denken liegt die Erkenntnis zugrunde, „wer aufgehört hat besser zu werden, hat aufgehört gut zu sein". Der Unterschied zwischen tätigkeitsorientierter und zielorientierter Führung wird in der nachfolgenden Tabelle verdeutlicht:

Tabelle 3.1   Tätigkeits- vs. zielorientierte Führung

Tätigkeitsorientierte Führungskraft	Zielorientierte Führungskraft
Löst eher Probleme im Hier und Jetzt.	Denkt zusätzlich daran, Probleme dauerhaft abzustellen.
Befolgt eher Pflichten und Regeln.	Denkt zusätzlich über die Notwendigkeit und die ständige Aktualisierung von Regeln nach.
Denkt eher an Kostenreduzierungen.	Denkt zusätzlich an die Erhöhung der Gewinne.
Tut die Dinge richtig.	Tut zusätzlich auch noch die richtigen Dinge.
Beschreibt eher Probleme.	Erzielt zusätzlich Ergebnisse.
Gibt Lösungen vor.	Gibt Ziele vor.
Redet über Problemlösungen.	Nutzt die Kreativität der Mitarbeiter, um das Team weiterzuentwickeln.

Anforderungen an die Zielformulierung

Damit Ziele ihrer Orientierungs- und Motivationsfunktion gerecht werden können, müssen sie verschiedene Anforderungen erfüllen. Sehr hilfreich an dieser Stelle ist die allseits bekannte SMART-Regel:

Abbildung 3.1   Die SMART-Regel

S ELBST BEEINFLUSSBAR

M ESSBAR

A TTRAKTIV

R EALISTISCH

T ERMINIERT

■ *Ziele müssen von den Mitarbeitern selbst beeinflusst werden können*: Es gibt Unternehmen, mit sehr ausgetüftelten, komplexen und DV-unterstützten Zielsystemen. Der Grundgedanke, der hinter diesen Zielsystemen steht, ist bestechend: Wenn es gelingt, eine durchgängige Zielekaskade im Unternehmen zu etablieren, bei der jeder Bereich seinen Beitrag zur Erreichung der Unternehmensziele, jede Abteilung ihren Beitrag zur Erreichung der Bereichsziele, jedes Team ihren Beitrag zur Erreichung der Abteilungsziele und jeder Mitarbeiter seinen Beitrag zur Erreichung der Teamziele leistet, dann werden auch die Unternehmensziele erreicht. Leider führt dieser Grundgedanke in manchen Unternehmen dazu, dass die Unternehmensziele nach irgendeinem Schlüssel auf die Bereiche, Abteilungen und Teams bis zu den einzelnen Mitarbeitern „heruntergebrochen" werden. Im Endergebnis führt es dazu, dass bei den Teams und ihren Mitarbeitern Ziele ankommen, bei denen die Mitarbeiter sagen, „wir wissen eigentlich gar nicht, was wir mit diesen Zielen überhaupt zu tun haben, wir können da gar keinen Einfluss darauf nehmen". Es braucht an dieser Stelle nicht weiter betont werden, dass diese Ziele keinen Motivationscharakter aufweisen können. Anstatt übergeordnete Ziele herunterzubrechen, sollte die Frage lauten: „Welchen Beitrag kann der einzelne Mitarbeiter, kann das einzelne Team zur Erreichung der übergeordneten Ziele leisten?"

■ *Wenn die Zielerreichung überprüfbar sein soll, dann müssen Ziele messbar formuliert sein.* Grundsätzlich lassen sich alle Ziele mehr oder weniger messbar machen. Es ist nur eine Frage des Aufwands. Wenn für bestimmte Ziele im Unternehmen bereits bewährte Kennzahlen vorliegen, so bietet es sich selbstverständlich an, auf diese zurückzugreifen. In den meisten Fällen ist dies jedoch nicht der Fall. Gerade bei weichen Zielen (z. B. Verbesserung der Präsentationsfähigkeit oder der Kundenzufriedenheit) muss man sich dann eben irgendwie behelfen, zum Beispiel, indem Sie Indikatoren für die Ziele heranziehen oder indem Sie die Zielerreichung mit Ihren Mitarbeitern gemeinsam einfach nur einschätzen. Daraus sollten Sie keine Wissenschaft machen. Dies gilt aber nur für den Fall, dass die Zielerreichung nicht mit einem Bonus verknüpft ist. Bei Zielvereinbarungen mit Entgeltwirksamkeit sieht die Sache gänzlich anders aus. An dieser Stelle möchte ich nicht verhehlen, dass ich, von wenigen Ausnahmen abgesehen, kein Freund von Zielvereinbarungen mit Entgeltwirksamkeit bin. Auf diese Problematik werde ich später noch etwas ausführlicher eingehen.

■ *Mitarbeiter werden sich nur dann besonders ins Zeug legen, wenn die Ziele für sie auch attraktiv und reizvoll sind.* Attraktive Ziele müssen für Mitarbeiter herausfordernd und anspruchsvoll sein. Sie müssen bei ihnen das Gefühl wecken, „wenn wir das erreicht haben, dann haben wir echt was geleistet, worauf wir stolz sein können". Anspruchslose Ziele werden bei den Mitarbeitern nur ein müdes Gähnen auslösen und keinerlei Wirkung zeigen.

■ *Die Ziele müssen aber auch realistisch sein.* Ziele, die von Anfang an als unerreichbar empfunden werden, führen unweigerlich zur Resignation. Wenn ich eh schon weiß, dass ich das Ziel überhaupt nicht erreichen kann, dann werde ich doch erst gar nicht versuchen, mich anzustrengen und unnötige Energien zu verschwenden. Wenn Ihnen jemand eine Million versprechen würde, wenn Sie 2,50 Meter hoch springen, würden Sie dann anfangen zu trainieren? Ganz sicher nicht, außer Sie sind schon mal 2,48 hoch gesprungen. Ziele sollten also so gesetzt werden, dass man sich zwar strecken und anstrengen muss, aber immer das Gefühl hat, man kann sie erreichen.

■ *Die Ziele müssen terminiert sein.* Das bedeutet, es muss klar sein, bis wann das Ziel erreicht werden soll. Wenn Sie sich an Silvester vornehmen, „ich höre mit dem Rauchen auf", dann ist die Wahrscheinlichkeit sehr groß, dass Sie es nicht schaffen werden, denn Sie haben ja nicht gesagt, *wann* Sie aufhören. Damit besteht auch keine Verpflichtung, zu einem bestimmten Zeitpunkt aufzuhören. Man hat immer eine Ausrede. Terminvorgaben schaffen Dringlichkeit und Dringlichkeit schafft den (positiven) Druck, den wir einfach brauchen, um unsere Vorhaben und Ziele anzugehen.

Eigentlich eine Selbstverständlichkeit, aber um ganz sicher zu gehen: Ziele haben nur dann eine Verbindlichkeit, wenn sie schriftlich fixiert sind. Halten Sie Team- und individuelle Ziele schriftlich fest und sprechen Sie regelmäßig mit Ihren Mitarbeitern über den jeweiligen Fortschritt.

Mitarbeiter in die Zielbildung mit einbeziehen

Es gibt wohl kaum ein anderes Führungsthema wie dieses, bei dem der Grundsatz „Betroffene zu Beteiligten machen" so wichtig ist, wie beim „Führen mit Zielen". Wenn sich Ihre Mitarbeiter mit vollem Engagement für die Ziele einsetzen sollen, dann müssen sie sich auch hundertprozentig mit ihnen identifizieren. Ziele die von oben vorgegeben werden degradieren Mitarbeiter zum „Ausführungslakaien". „Die Mitarbeiter schauen bei Top-Down-

Entscheidungen immer zuerst, warum etwas nicht funktionieren kann."[47] Wann sind wir Menschen bereit, uns für ein Ziel hundertprozentig einzusetzen? Doch nur, wenn wir die Bedeutung sowie den Sinn und Zweck des Ziels verstanden haben und vor allem, wenn wir bei der Zielbildung mitbestimmen durften und unsere eigenen Vorstellungen, Wünsche und Bedürfnisse mit einbringen konnten. Wir stehen dann vollkommen hinter einer Sache, wenn es „unsere eigene Sache" ist. Das geht nur mit einer Einbeziehung von Anfang an. Zielvorgaben sind etwas, das uns von außen vorgegeben oder gar aufgedrückt ist. Vorgaben kommen gewissermaßen einer Entmündigung gleich, sie lassen einen Mangel an Wertschätzung erkennen. Vorgaben bedeuten Fremdsteuerung. Was wir vor allem aber möchten ist jedoch Selbstbestimmung. Vorgaben stehen in krassem Widerspruch zu unserem Wesen und unseren Motiven. „Wer glaubt, Ziele diktieren und top down anweisen zu können, bekommt naturgemäß nur eine Anpassungsleistung. Die Leute sagen „ja" und meinen innerlich „nein".[48] Mitarbeiter an der Zielbildung zu beteiligen bedeutet, sie in die Mitverantwortung zu nehmen. Wer mit entschieden hat, fühlt sich auch verpflichtet und wird alles dafür tun, dass die Ziele erreicht werden, vorausgesetzt, es war keine Alibibeteiligung.

Erhalten und fördern Sie den sportlichen Ehrgeiz Ihrer Mitarbeiter

Menschen brauchen und lieben Herausforderungen. Sicherlich nicht alle, aber die meisten ganz gewiss. Wir können das an den vielfältigen Anstrengungen und Entbehrungen ablesen, die Menschen in Kauf nehmen, um sich Erfolgsgefühle zu verschaffen. Die einen treiben Sport bis an ihre Leistungsgrenzen, andere erklimmen die höchsten Berge, wieder andere betätigen sich ehrenamtlich in Vereinen oder karitativen Organisationen oder schrauben an alten Autos herum oder renovieren Häuser oder sonst was. Das bemerkenswerte daran: Sie machen das ganz unentgeltlich. Die Motive, die dahinter stehen sind Anerkennung, Bestätigung, Erfolg und Lernen bzw. persönliche Weiterentwicklung. Glauben Sie, die Menschen würden sich noch mehr anstrengen, wenn man ihnen nun Geld dafür geben würde? Ganz sicher nicht. Im Gegenteil! In dem Moment, wo eine Belohnung in Aussicht gestellt wird, verdrängt das Interesse am Geld das Interesse an der Aufgabe. Die intrinsische Motivation geht verloren und wird ersetzt durch eine extrinsische. Man nennt dies „Korrumpierungseffekt". Dieser Effekt ist wissenschaftlich belegt.[49] In einem Versuch wurden Studenten sieben Aufgaben mit ansteigender Schwierigkeit vorgelegt, von denen eine zur Bearbeitung auszuwählen war. Dabei wurde für die erfolgreiche Lösung der Aufgabe eine Geldbelohnung versprochen, und zwar unabhängig vom Schwierigkeitsgrad der gewählten Aufgabe. War keine Belohnung in Aussicht gestellt, entschieden sich die meisten Versuchspersonen für die zweitschwerste Aufgabe. Bei Belohnung hingegen wählten die meisten die zweitleichteste Aufgabe. Der Belohnungsanreiz führt also dazu, sich auf Aufgaben mit möglichst hoher Erfolgswahrscheinlichkeit zu konzentrieren, um sich die Belohnung zu sichern. Nicht die Herausforderung steht dann im Vordergrund, sondern nur noch die Frage, „was muss ich tun, um mit möglichst wenig Aufwand einen möglichst hohen

[47] Sprenger, Reinhard K.: Aufstand des Individuums. Campus 2001, S. 149
[48] Sprenger, Reinhard K.: a.a.O.
[49] Shapira, Zur B.: Expectancy determinants of intrinsically motivated behavior. In: Journal of Personality and Social Psychology, 34/1976, S. 1235-1244.

Bonus zu erzielen. Geld zerstört also diesen sportlichen Ehrgeiz, die intrinsische Motivation Ihrer Mitarbeiter. Wenn Sie den sportlichen Ehrgeiz Ihrer Mitarbeiter erhalten wollen, dann darf die Losung nicht lauten: „Wenn du das schaffst, dann bekommst du das.", sondern die Frage an den Mitarbeiter muss lauten, „was würde es für dich bedeuten?" oder „welche Herausforderung würde dich reizen? Mit welchem Ergebnis wärst du selbst zufrieden?" Glauben Sie mir, es gibt keinen größeren Antrieb, als selbst gesteckte Ziele zu erreichen.

3.1.2   Der Ziele-Workshop: Teamziele gemeinsam festlegen

> *„Wenn du ein Schiff bauen willst,*
> *dann trommele nicht die Männer zusammen, um Holz zu beschaffen,*
> *Aufgaben zu vergeben und die Arbeiten einzuteilen,*
> *sondern lehre sie die Sehnsucht nach dem weiten endlosen Meer."*

Antoine de Saint-Exupéry

Teams können nur dann wirklich erfolgreich sein, wenn alle Mitglieder mit vollem Einsatz an einem Strang ziehen – natürlich auch in die gleiche Richtung. Es gibt viele Beispiele aus dem Sport, die zeigen, dass personell schwächer besetzte Teams sich gegen vermeintlich übermächtige Gegner behaupten können, wenn sie nur bereit und in der Lage sind, alle Kräfte zugunsten ihrer Ziele zu bündeln. Drei wesentliche Voraussetzungen müssen erfüllt sein, damit Mitarbeiter mit vollem Einsatz an einem Strang ziehen:

1. Die Mitarbeiter müssen die Ziele kennen.

2. Die Mitarbeiter müssen die Ziele beeinflussen können.

3. Die Mitarbeiter müssen sich mit den Zielen identifizieren, also mit Überzeugung hinter den Zielen stehen, sodass sie auch bereit sind, sich voll dafür einzusetzen.

Hierzu haben sich Ziele-Workshops als bewährtes Führungsinstrument erwiesen. Für einen Ziele-Workshop sollten Sie sich mit Ihrem gesamten Team eineinhalb bis zwei Tage Zeit nehmen und sich in ein ruhiges Seminarhotel zurückziehen. Im Workshop geht es um die gemeinsame Beantwortung folgender Fragen:

■   Was haben wir im vergangenen Jahr an wichtigen Ergebnissen und Zielen erreicht?

■   Wie zufrieden/unzufrieden sind wir damit?

■   Was läuft derzeit gut und was läuft nicht so gut?

■   Was wollen/müssen wir verändern?

■   Was kommt in den nächsten zwei bis drei Jahren auf uns zu? Und wie müssen wir darauf reagieren?

■   Was können bzw. sollten wir aus den übergeordneten Unternehmens- oder Bereichszielen ableiten? Welchen Beitrag zur Erreichung der übergeordneten Ziele können wir leisten?

- Welche Ziele streben wir von uns aus an?

- Was müssen wir im nächsten Jahr tun und in die Wege leiten, um den Erfolg zu sichern?

- Wer kümmert sich? Wer macht was bis wann?

- ...

Auch wenn Sie dazu schon Ihre eigenen Antworten haben, ist es notwendig, sich dem Diskussionsprozess zu stellen, denn Sie werden feststellen, dass die Antworten Ihrer Mitarbeiter auf diese Fragen nicht immer mit Ihren übereinstimmen werden. Unterschiedliche Sichtweisen und Vorstellungen werden deutlich, Überschneidungen und Kollisionen werden identifiziert und gelöst. Gemeinsame Aktionen werden diskutiert, Animositäten ausgeräumt und am Ende liegt nicht nur ein gemeinsames Bild von der Zukunft vor, sondern die Stimmung, der „spirit" im Team hat sich verändert. Äußerungen wie „darauf können wir stolz sein!" oder „das hätte ich nicht zu hoffen gewagt, dass wir das schaffen" sind beispielhaft für den „Geist", der in solchen Diskussionen entsteht. Das Ergebnis sind operative Ziele, konkrete Maßnahmen und klare Verantwortlichkeiten für das folgende Jahr und darüber hinaus. Sie können und sollten den Ziele-Workshop zudem zur Beziehungsstärkung und Teamentwicklung nutzen. Integrieren Sie in den Workshop eine Teamentwicklungsmaßnahme. Sehr gut zum Thema passt beispielsweise Bogenschießen. Ihre Mitarbeiter werden daran Spaß haben und es hat symbolischen Charakter, wie das untenstehende Bild, das übrigens aus einem Ziele-Workshop stammt, sehr schön verdeutlicht. Nicht unterschätzt werden darf auch das abendliche Beisammensein bei einem Gläschen Wein oder Bier. Planen Sie daher wenigstens eine Übernachtung mit ein. Das ist eine Investition, die sich auf Dauer auszahlt und auch für die Atmosphäre im Workshop eminent wichtig ist.

Abbildung 3.2   Alle Mitarbeiter zielen in eine Richtung.

Idealer Weise sind solche Ziele-Workshops in ein durchgängiges Zielsystem im Unternehmen eingebunden. Dann können Sie auf übergeordnete Ziele zurückgreifen, aus denen Sie Ihre Teamziele ableiten. Ist solch ein durchgängiges Zielsystem in Ihrem Unternehmen nicht etabliert, dann sollte Sie das nicht daran hindern, diesen Prozess mit Ihrem Team trotzdem anzugehen. Um übergeordnete Ziele angemessen berücksichtigen zu können, könnten Sie beispielsweise vor der Durchführung des Ziele-Workshops Ihren Vorgesetzten fragen, welche Ziele für seinen Verantwortungsbereich wichtig sind und welchen Beitrag Sie mit Ihrem Team aus seiner Sicht dazu leisten könnten. Denkbar wäre auch, Ihren Vorgesetzten zum Workshop einzuladen und ihn in seinen eigenen Worten die Ziele seines Verantwortungsbereiches und die Erwartungen, die er an Ihr Team hat, vorstellen zu lassen. Die Wirkung solcher Ziele-Workshops lässt sich sehr schön mit folgender Metapher beschreiben: Stellen Sie sich vor, Sie werfen eine Handvoll Metallspäne auf einen Tisch. Zunächst liegen die Späne quer durcheinander, bilden Haufen und zeigen in alle Himmelsrichtungen. Sie symbolisieren die vielen Aktivitäten im Unternehmen bzw. in Ihrem Team. Jetzt ziehen Sie einen Magneten unter dem Tisch durch und die Späne richten sich daran aus und zeigen alle in die gleiche Richtung. Genau das geschieht in Organisationen, die sich mit ihren Zielen beschäftigen. Alle Aktivitäten richten sich sukzessive an diesen Zielen aus. Nicht von heute auf morgen, aber langsam und sicher.

Sie haben nun den Ziele-Workshop erfolgreich durchgeführt, haben Ihre Ziele in einer Zielkarte „SMART" beschrieben und einen Maßnahmenplan mit Terminen und Verantwortlichen erstellt. Ihre Mitarbeiter und auch Sie selbst sind zufrieden, womöglich gar ein wenig euphorisch. Doch Vorsicht, wer jetzt meint, die Arbeit wäre damit getan und man könne sich entspannt zurücklehnen, der irrt gewaltig. Denn jetzt geht's erst richtig los. Wenn Sie die Früchte des Ziele-Workshops ernten möchten, dann müssen Sie an der Zielverfolgung dran bleiben.

Hierzu eine Begebenheit aus meiner Beratungspraxis: Vor einigen Jahren wurde ich gebeten, einen Ziele-Workshop mit dem Management-Team eines mittelständischen Automobilzulieferers zu moderieren. Mit der Geschäftsleitung und der zweiten Führungsebene zogen wir uns für zwei Tage in ein beschauliches, komfortables Seminarhotel zurück. Die Zielsetzung für den Workshop lautete: Herausfordernde Unternehmensziele auf Basis des Balanced Scorecard-Ansatzes[50] zu erarbeiten. Lehrbuchmäßig hatten wir für die verschiedenen Zielfelder messbare Ziele mit anspruchsvollen Zielwerten festgelegt, wir hatten die zugrunde zu legenden Kennzahlen genau definiert, Termine und Verantwortlichkeiten festgelegt, ja wir hatten sogar schon konkrete Maßnahmen zur Zielerreichung besprochen und verabschiedet. Alles schön dokumentiert auf einer Zielkarte. Alle Beteiligten gingen mit einem guten Gefühl aus dem Workshop und der Gewissheit, etwas echt Tolles geleistet zu haben. Weil der Workshop wirklich gut lief, wurde ich im darauf folgenden Jahr wieder als Moderator angefragt. Eine meiner ersten Fragen bei der Vorbereitung des Workshops war, „welche Erfahrungen haben Sie mit den im letzten Jahr erarbeiteten Zielen gemacht? Inwieweit waren die Ziele für Sie orientierungsgebend bzw. handlungsweisend?" Die Antwort, die ich darauf bekommen hatte, hat mich dann schon etwas deprimiert: „Eigentlich gar nicht. Die Ergebnisse sind in die Schublade gewandert und bis heute auch nicht mehr herausgeholt worden."

---

[50]   Das Balanced Scorecard-Konzept wurde Anfang der 90er Jahre von Robert S. Kaplan und David P. Norton als Management-, Führungs-, Steuerungs- und Kontrollsystem entwickelt. Im Kern geht es darum, messbare Ziele in den verschiedenen Zielfeldern (Finanzen, Kunden, Geschäftsprozesse, Mitarbeiter) auf einer Karte/einem Blatt darzustellen.

Dieses Beispiel zeigt sehr schön, mit der Fixierung von Zielen allein ist es nicht getan. Wenn Ziele Orientierung und Antrieb schaffen sollen, dann ist es unerlässlich, sich immer wieder mit ihnen zu befassen. Immer wieder gemeinsam darauf zu schauen, „wo stehen wir in Bezug auf unsere Ziele? Sind wir im Plan? Wenn nicht, wie können wir gegensteuern?" usw. Die regelmäßige Zielkontrolle und Auseinandersetzung mit den Zielen signalisiert Ihren Mitarbeitern zudem, dass Ihnen die Ziele wichtig sind. Damit sind sie auch für Ihre Mitarbeiter wichtig. Da die Rahmenbedingungen im Unternehmen einem ständigen Wandel unterworfen sind, ist es aber genauso wichtig, sie von Zeit zu Zeit mit dem Team auf den Prüfstand zu stellen und auf ihre Sinnhaftigkeit bzw. Notwendigkeit hin zu überprüfen. Es ist völlig normal, dass sich Ziele auch mal überholen und obsolet werden. Dann ist es besser, sie rechtzeitig zu begraben, statt formalistisch an ihnen festzuhalten.

3.1.3   Individuelle Mitarbeiterziele vereinbaren

Während Teamziele vor allem dazu dienen, die Kräfte aller Teammitglieder in eine Richtung zu bündeln, geht es bei der Vereinbarung von individuellen Arbeits- und Verhaltenszielen darum, dem Mitarbeiter Orientierung zu geben, Erwartungen an ihn deutlich zu machen und ihm Klarheit zu verschaffen, wo er Schwerpunkte setzen sollte. Dabei kann man grundsätzlich zwischen drei verschiedenen Ausprägungen unterscheiden:

1. *Formlose Vereinbarung von Mitarbeiterzielen*: Ich spreche hier bewusst nicht von „Zielvereinbarung", da dieser Begriff mit einer bestimmten Methodik vorbelegt ist. Bei der Vereinbarung von Mitarbeiterzielen, wie es unter 3.5 im Kontext des Mitarbeiter-Jahresgesprächs detailliert beschrieben ist, geht es vor allem darum, dem Mitarbeiter deutlich zu machen, welche Schwerpunkte er in seiner Arbeit setzen sollte, ihn dazu zu bewegen, sich selbst konkrete und herausfordernde Ziele verbindlich zu setzen und ihm seinen Beitrag zum Team- und Unternehmenserfolg deutlich zu machen. Die formlose Vereinbarung von Mitarbeiterzielen hat eindeutig den Charakter einer Selbstverpflichtung. Der Mitarbeiter setzt sich die Ziele selbst und sagt der Führungskraft zu, sie auch zu erreichen. Sollte der Mitarbeiter diese Zusage nicht einhalten können, so hat das in der Regel keine Konsequenzen für den Mitarbeiter. Aber er ist in der Verpflichtung, seine Führungskraft rechtzeitig darüber zu informieren. Gemeinsam wird dann nach Ursachen und ggf. alternativen Wegen geforscht.

2. *Formelle Zielvereinbarungen ohne Entgeltwirksamkeit*: Diese unterliegen meist einem starren Formalismus. In der Regel sind bestimmte Formulare zu verwenden, die nach Abschluss der Zielfestlegung von beiden Seiten zu unterzeichnen sind. Formelle Zielvereinbarungen sollen sich durch eine hohe Verbindlichkeit auszeichnen. Deshalb versucht man die Ziele so messbar wie möglich zu definieren. In der Praxis ist häufig festzustellen, dass das System nur noch bedient wird und der Akt der Zielvereinbarung zu einem sinnentleerten Ritual verkommt. Der Mitarbeiter hat im Falle einer Zielverfehlung nichts zu befürchten. Die Führungskraft führt das Gespräch durch, weil es von der Personalabteilung halt so gefordert wird. Am Schluss werden dann Ziele vereinbart, die der Mitarbeiter auch ohne Zielvereinbarung erreicht hätte. Hinter formellen Zielverein-

barungen lässt sich Misstrauen in Kombination mit einem Kontrollbedürfnis vermuten. Denn implizit bedeuten Zielvereinbarungen ja folgendes: „Ich traue dir nicht zu, dass du dieses Ziel von dir aus angehst bzw. erreichst, deshalb möchte ich ganz sicher gehen und dass du dich (freiwillig) dazu verpflichtest." Der Unterschied zur formlosen Vereinbarung von Mitarbeiterzielen ist in der Ausgestaltung zwar nur marginal, aber in der Wirkung elementar.

3. *Zielvereinbarungen mit Entgeltwirksamkeit*: Zielvereinbarungen mit Entgeltwirksamkeit sind in erster Linie ein Instrument der leistungsorientierten Vergütung. Damit will man eine leistungsgerechte Bezahlung sicherstellen. Mitarbeiter, die ihre Ziele erreichen oder gar übererfüllen erhalten dann eine höhere Leistungszulage, als Mitarbeiter, die ihre Ziele nicht erreichen oder gerade so erreichen. Die Logik, die dahinter steht, scheint auf den ersten Blick bestechend zu sein: Man vereinbart mit dem Mitarbeiter Ziele, die einen direkten Beitrag zum Unternehmenserfolg leisten. Nur wenn der Mitarbeiter diese Ziele erreicht, muss das Unternehmen dies auch honorieren. Durch den finanziellen Anreiz wird der Mitarbeiter alles dafür tun, um die Ziele auch zu erreichen. Erreichen alle oder möglichst viele Mitarbeiter ihre Ziele, dann ist das Unternehmen erfolgreich. Einen Teil des wirtschaftlichen Erfolgs gibt das Unternehmen dann in Form von Zielerreichungsboni an die Mitarbeiter weiter, den Rest „behält" es ein. So weit so gut. Dieser Zusammenhang lässt sich folgendermaßen darstellen:

Abbildung 3.3   Der Zusammenhang zwischen Arbeitsverhalten und Zielerreichung

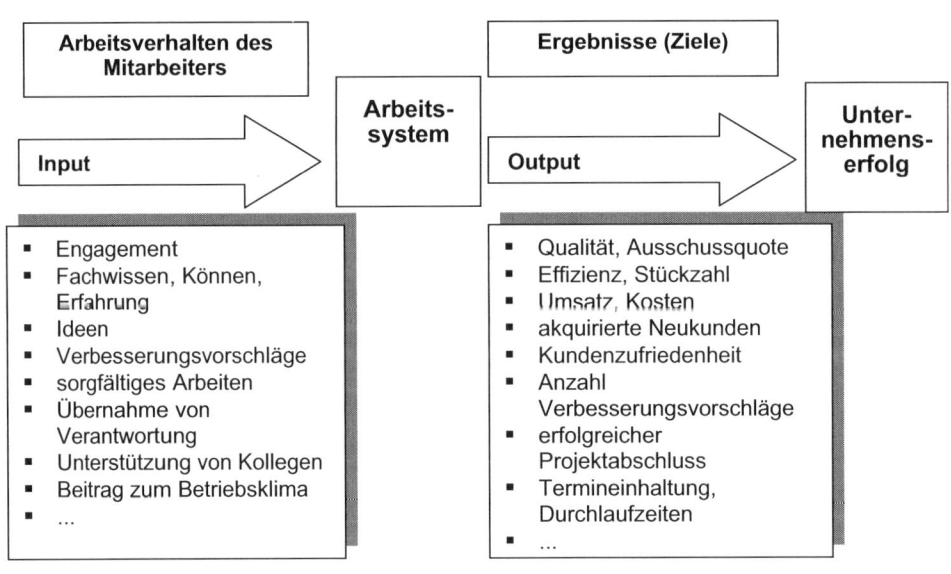

Der Mitarbeiter steckt also einen bestimmten Input in das Arbeitssystem. Dazu gehört sein Engagement, die Sorgfältigkeit seiner Arbeit, all sein Wissen, Können und seine Erfahrung, genauso wie sein Sozialverhalten. Dazu gehört unter anderem, wie er mit seinen Kollegen umgeht, welchen Beitrag er zum Betriebsklima leistet, in welchem Maße er Verantwortung übernimmt oder auch wie er die Unternehmenswerte, wie Verbindlichkeit, Offenheit oder Loyalität lebt. Der Output der aus dem Arbeitssystem „hinten wieder raus kommt" sind die Ergebnisse, die dem Mitarbeiter zugeordnet werden. Das sind in der Regel die Ziele, die mit dem Mitarbeiter vereinbart und bei Zielerreichung honoriert werden. Nun ist es aber so, dass in dem Arbeitssystem noch viele andere Einflussgrößen auf die Ergebnisse bzw. Ziele einwirken, auf die der Mitarbeiter gar keinen oder nur geringen Einfluss hat. Das kann dazu führen, dass der Mitarbeiter, insbesondere dann, wenn er sehr anspruchsvolle Ziele mit seinem Vorgesetzten vereinbart hat, trotz intensivster Bemühungen seine Ziele verfehlt. Der Effekt kann sich natürlich auch zu Gunsten des Mitarbeiters auswirken. Das ist dann alles andere als gerecht und damit auch nicht motivationssteigernd. Weitere wesentliche Kritikpunkte in Bezug auf entgeltwirksame Zielvereinbarungen sind:

■ Bei Zielvereinbarungen werden die weichen Faktoren, wie Sozialverhalten, Beitrag zum Betriebsklima oder auch das Leben der Unternehmenswerte nicht bzw. nicht ausreichend berücksichtigt. Aber gerade auf die kommt es doch vor allem an. Diese sind ein wesentlicher Bestandteil des Arbeitsverhaltens. Ist es auf Dauer nicht wichtiger, wenn der Mitarbeiter einen positiven Beitrag zum Betriebsklima leistet, wenn er eigenverantwortlich handelt, wenn er mitdenkt und aus eigenem Antrieb heraus Aufgaben aufgreift, wenn er die Arbeit von sich aus sieht und anpackt, als das bloße Erreichen einiger Leistungsziele? Das Leistungsspektrum, das Mitarbeiter dem Unternehmen zur Verfügung stellen, ist ein viel breiteres, als sich über ein Zielvereinbarungssystem abbilden lässt.

■ Will man den Zielerreichungsgrad zweifelsfrei feststellen können, muss man die Ziele mittels Kennzahlen messbar machen. Bei quantitativen Zielen ist das in der Regel ohne größere Schwierigkeiten machbar. Bei qualitativen Zielen ist das mit vertretbarem Aufwand nicht machbar, wenn überhaupt. In Abwandlung eines Zitats von Albert Einstein kann man sagen: „Nicht alles, was man messen kann, zählt auch und nicht alles, was zählt, kann man messen." Man kann Arbeitsergebnisse messen, aber niemals die Leistung selbst.

■ Zielvereinbarungen mit Entgeltwirksamkeit sind aus Misstrauen geboren. Dahinter steht die Aussage, „wenn du dieses Ziel erreichst, bekommst du diesen Bonus und sonst nicht". Letztendlich ist das die legitimierte Zielverfehlung.[51] Für die Mitarbeiter besteht die Herausforderung im Zielvereinbarungsgespräch darin, möglichst anspruchslose Ziele zu vereinbaren, um mit geringst möglichem Aufwand in den Genuss des Zielerreichungsbonus zu kommen, mit der Folge, dass sie mauern. Die Energien der Mitarbeiter fließen nicht in die Erreichung möglichst anspruchsvoller Ziele, sondern darin, sich eine möglichst günstige Ausgangsposition zu verschaffen. Das Interesse am

---

[51]   Sprenger, Reinhard: Aufstand des Individuums. Campus 2001, S. 149

Geld verdrängt das Interesse an der Aufgabe.[52] Außerdem werden alle Hebel und Kniffe in Bewegung gesetzt, um den Zielerreichungsgrad möglichst hoch aussehen zu lassen.

■ Mitarbeiter fokussieren sich sehr stark auf die vereinbarten Ziele, um in den Genuss des Zielerreichungsbonus zu kommen und vernachlässigen dabei andere Aufgaben. Unter Umständen legen sie dabei ein egoistisches Verhalten an den Tag, das es ihren Kollegen unmöglich macht, ihre eigenen Ziele zu erreichen.

Es gibt noch eine ganze Reihe weiterer Argumente, die gegen entgeltwirksame Zielvereinbarungen sprechen. Darauf im Einzelnen einzugehen würde allerdings den Rahmen dieses Buches sprengen.

Zielvereinbarungen mit einem Zielerreichungsbonus zu verknüpfen scheint einen unwiderstehlichen Charme zu haben. Anders kann ich es mir nicht erklären, warum es in den letzten Jahren trotz der offensichtlichen Risiken solch einen Run auf das Thema gegeben hat. Ich gebe offen zu, ich bin kein Freund formaler Zielvereinbarungen, schon gar nicht, wenn sie mit einem Bonus verknüpft sind. Das mag in den Bereichen, in denen es einen sehr engen Zusammenhang zwischen individueller Leistung und dem erreichten Ergebnis gibt noch einigermaßen zu funktionieren. Dazu zähle ich vor allem Vertriebsbereiche. Auch bei oberen Führungskräften können Zielerreichungsboni unter gewissen Umständen sinnvoll sein, aber auf Mitarbeiterebene sind sie in den meisten Fällen nicht zielführend. Ich habe in den letzten Jahren viele Unternehmen kennen gelernt, die die Umsetzung des ERA-Tarifvertrags[53] dazu nutzen wollten, ihr leistungsabhängiges Entgelt auf der Basis von Zielvereinbarungen zukunftsfähig zu gestalten. Viele haben den Gedanken wieder verworfen, nachdem sie sich ausführlich mit dem Thema beschäftigt haben, manche haben es trotz aller Warnungen dennoch eingeführt. Nicht wenige sind nach kurzer Zeit wieder davon abgerückt, nachdem sie feststellen mussten, dass es nicht praktikabel ist und es den Führungskräften unnötig schwer macht.

Das Wichtigste in Kürze

- Führen mit Zielen gibt Ihren Mitarbeitern Orientierung, verleiht der Arbeit Sinn, hilft die richtigen Prioritäten zu setzen und schafft Freiräume.

- Ziele erleichtern die Selbstkontrolle und verringern so für die Führungskräfte den laufenden Kontrollaufwand.

- Zielorientiertes Denken strebt nach Verbesserung und Erfolg, Tätigkeitsorientierung nach Bewahrung und Stagnation.

- Beziehen Sie Ihre Mitarbeiter in die Zielbildung mit ein.

- Gut formulierte Ziele sind SMART – selbstbeeinflussbar, messbar, attraktiv/anspruchsvoll, realisierbar und terminiert.

---

[52] Sprenger, a.a.O.
[53] ERA = Tarifvertrag über das Entgeltrahmen-Abkommen in der Metall- und Elektroindustrie

- Verbindliche Ziele sind schriftlich dokumentiert.

- Erhalten Sie den sportlichen Ehrgeiz Ihrer Mitarbeiter. Mit Geld wird die intrinsische Motivation korrumpiert.

- Mit einem Ziele-Workshop schaffen Sie es, dass alle Mitarbeiter an einem Strang und in die gleiche Richtung ziehen.

- Behalten Sie Ihre Ziele im Auge, indem Sie immer wieder über den Zielfortschritt sprechen.

- Zielvereinbarungen mit Entgeltwirksamkeit verändern den Charakter von Zielvereinbarungen und sind nur in wenigen Fällen wirklich sinnvoll.

Literaturhinweise

[1]   Fritz, Robert: Den Weg des geringsten Widerstands managen. Klett-Cotta 2000, S. 121.
[2]   Sprenger, Reinhard: Aufstand des Individuums. Campus 2001.
[3]   Weißenrieder, Jürgen; Kosel, Marijan: Nachhaltiges Personalmanagement in der Praxis. Gabler 2010.

3.2   Aufgaben, Verantwortlichkeiten und Abläufe im Team regeln

„Geben Sie Ihren Mitarbeitern Arbeit, bei der sie ihre Fähigkeiten voll ausschöpfen müssen. Geben Sie ihnen alle notwendigen Informationen. Erläutern Sie ihnen klipp und klar, was es zu erreichen gilt. Und dann – lassen Sie sie in Ruhe."

Robert Waterman,
amerikanischer Unternehmensberater

„Auf die Frage des Gastes, wie viel Uhr es sei, antwortet der Kellner: ‚Tut mir leid, an diesem Tisch bediene ich nicht.' Die Beziehung zum Ganzen fehlt oft in unseren Unternehmen vollständig."[54] Kennen Sie das, wenn sich keiner so richtig verantwortlich fühlt? Jeder schiebt dem anderen die Schuld zu. Einer zeigt auf den Andern. Am Schluss wird nur noch darüber gestritten, wer sich welche Versäumnisse vorzuwerfen hat. Wenn nur noch Schuldzuweisungen und Rechtfertigungen regieren, dann beschäftigt man sich ausschließlich mit sich selbst statt mit den wertschöpfenden Aufgaben. Diese Situation beschreibt die Geschichte von vier Mitarbeitern mit dem Namen „Jeder", „Jemand", „Irgendjemand" und „Niemand" ganz gut:

„Eine wichtige Aufgabe sollte erledigt werden und Jeder war gefragt, sie zu erledigen. Jeder war sich sicher, Jemand würde es tun. Irgendjemand hätte es erledigen können aber Niemand tat es. Jemand wurde wütend darüber, weil es Jedermanns Aufgabe gewesen wäre. Jeder dachte, Irgendjemand könnte es tun, aber Niemand bemerkte, dass Jemand es nicht tun würde. Es endete damit dass Jeder Irgendjemand dafür verantwortlich machte weil Niemand tat, was Jeder hätte tun können."[55]

---

[54] Sprenger, Reinhard K.: Das Prinzip Selbstverantwortung. Campus 1996.
[55] Doppler, Klaus/Lauterburg Christoph: Change Management. Den Unternehmenswandel gestalten. Campus 1994. S. 58 aus dem Englischen übersetzt.

Abbildung 3.4 Gegenseitige Zuweisung von Schuld und Verantwortung

Die Ursache hierfür liegt meist in fehlenden oder unklaren organisatorischen Regelungen und einer fehlenden Zuordnung von Aufgaben und Verantwortung. Nicht selten entspringen daraus massive Konflikte im Team. Allerdings nur dann, wenn die Verbundenheit und die Beziehungen zwischen den einzelnen Teammitgliedern ohnehin schon nicht zum Besten bestellt sind. In wirklich guten Teams werden solche Situationen erst gar nicht entstehen, da diese Mechanismen entwickelt haben, um solche Situationen schnell und konstruktiv zu lösen. Da wird nach Lösungen und nicht nach Schuldigen gesucht.

Einer der typischen Teamirrtümer besteht in der Meinung, dass im Team alle für alles und damit keiner für irgendetwas verantwortlich ist. Ich möchte der Behauptung „Teamarbeit ist die organisierte Unverantwortlichkeit"[56] energisch widersprechen. Das genaue Gegenteil ist der Fall. In einem guten Team ist es wie in einer guten Fußballmannschaft. Dort weiß jeder, auf welcher Position er spielt, was von ihm auf dieser Position erwartet wird und welche Laufwege er gehen soll. Natürlich ist es im beruflichen Umfeld deutlich schwieriger und komplexer, die Positionen und Verantwortlichkeiten im Team festzulegen und klar abzugrenzen, aber mindestens genauso wichtig.

Die Schlagkraft und Effizienz eines Teams hängt wesentlich davon ab, wie es gelingt, die anfallenden Aufgaben zu organisieren, welche Struktur und Regelungen sich das Team verordnet, um sicherzustellen, dass die Aufgaben zuverlässig, zeitgerecht und effizient

---

[56] Lotter, Wolf: Du und das Team. In brand eins 01/2002

erledigt werden. Dabei sind zwei wichtige Anforderungen zu berücksichtigen: Erstens braucht es eindeutige Verantwortlichkeiten, die klar regeln, wer wofür zuständig ist. Es gibt also kein Zuständigkeitsvakuum, im Sinne von „Ich dachte, du kümmerst dich darum". Zweitens ist es wichtig, neben aller eindeutigen Regelungen, für genügend Flexibilität zu sorgen. Es werden immer wieder unvorhersehbare, nicht planbare Aufgaben auftauchen, die man nicht im Voraus umfassend regeln kann. Bei der Zuordnung der Aufgaben und Verantwortlichkeiten sowie der Beschreibung der Abläufe bietet sich folgende logische Vorgehensweise an:

1. Die Aufgabenanalyse: Zunächst geht es darum, sich einen Überblick zu verschaffen. Welche Aufgaben fallen in welcher Regelmäßigkeit an? Welcher Aufwand zur Erledigung der Aufgaben steht dahinter? Sind die Aufgaben ausreichend beschrieben (Objekt, Verrichtung, Zeit)?

2. Die Aufgabensynthese: Hier geht es darum, die Aufgaben zu Stellen zusammenzufassen. Dabei ist vor allem darauf achten, dass die Arbeitsbelastung in etwa gleichmäßig verteilt ist.

3. Zuordnung der Stellen zu den Mitarbeitern: Im dritten Schritt geht es um die Zuordnung der Aufgaben zu den Mitarbeitern. Selbstverständlich wird man sich hierbei an den Fähigkeiten und Neigungen der Mitarbeiter orientieren – soweit es möglich ist.

4. Zuordnung von Kompetenzen und Verantwortung: Wer Verantwortung übernehmen soll, braucht die entsprechenden Kompetenzen. Dabei ist darauf zu achten, dass Aufgabe, Verantwortung und Kompetenz sich in Übereinstimmung miteinander befinden, also kongruent sind (AKV-Prinzip).

5. Festlegung der Arbeitsabläufe: Diese regeln die Zusammenarbeit und Arbeitsbeziehungen zwischen den einzelnen Stellen.

6. Von Zeit zu Zeit Überprüfung und ggf. Optimierung der Abläufe.

7. Um in der Abwesenheit der Stelleninhaber sicherzustellen, dass keine Reibungsverluste entstehen, sind klare Stellvertreterregelungen schriftlich zu fixieren.

So wichtig eine gute Organisation an dieser Stelle ist, sollte man es aber auch nicht übertreiben. Wer versucht, alles bis ins letzte Detail zu regeln, wird gnadenlos scheitern. Vieles lässt sich einfach nicht im Vorfeld regeln. Organisationen und Teams brauchen auch Spielräume und Flexibilitätsreserven. Ein Zuviel an Regelung und Reglementierung wird zu Lasten der Selbstverantwortung und Flexibilität der Mitarbeiter gehen. Viel wichtiger ist es, die permanente gegenseitige Information und Abstimmung der Mitarbeiter sicherzustellen. Gehen Sie es also mit Augenmaß an. Perfektionismus ist hier fehl am Platze.

3.2.1 Aufgabenanalyse, Aufgabensynthese und Zuordnung der Stellen

Ich möchte an dieser Stelle keine arbeitswirtschaftliche Abhandlung zu diesem Thema verfassen, sondern Anregungen geben, wie man in der Praxis möglichst schnell zu einem guten Ergebnis kommt. Die eigentliche Arbeitsaufgabe hat neben dem direkten Vorgesetzten den größten Einfluss auf die Zufriedenheit und die Motivation der Mitarbeiter. Daher halte ich auch bei diesem Punkt den Grundsatz „Betroffene zu Beteiligten machen" für unverzichtbar. Dies lässt sich am besten im Rahmen eines Teamworkshops bewerkstelligen. Verschaffen Sie sich dazu im ersten Schritt einen Überblick über alle wesentlichen Aufgaben, die im Team zu bewältigen sind, und versuchen Sie den dafür erforderlichen Kapazitätsbedarf so gut wie möglich zu quantifizieren. Diese Gelegenheit sollten Sie auch dazu nutzen, die Aufgaben hinsichtlich ihrer Notwendigkeit auf den Prüfstand zu stellen. Können Aufgaben eingestellt oder wenigstens reduziert werden? Werden noch alle Berichte und Statistiken gebraucht? Sind die Dokumentationspflichten noch zeitgemäß? Vor allem in kaufmännischen und verwaltenden Bereichen, wo die Aufgaben und Leistungserwartungen nicht immer eindeutig sind, lässt sich eines feststellen: Aufgaben kommen und gehen. Deshalb ist es wichtig, sich immer wieder die Frage nach der Notwenigkeit zu stellen. Manchmal werden Aufgaben aus einer bestimmten Situation oder Notwendigkeit heraus initiiert. Leider wird nicht selten vergessen, diese Leistung dann wieder „abzustellen" mit der Folge, dass sie sich im Laufe der Zeit verselbständigt und zu einem festen Bestandteil des Aufgabenspektrums entwickelt. Irgendwann fragt niemand mehr danach, ob man sie noch braucht oder nicht.

Nachdem Sie sich gemeinsam mit Ihren Mitarbeitern einen Überblick darüber verschafft haben, welche Aufgaben mit welchem Aufwand zu bearbeiten sind, geht es im zweiten Schritt bei der Aufgabensynthese darum, die Aufgaben zu Stellen zu bündeln. Dabei sollten Sie folgende Punkte beachten:

- Fassen Sie die Aufgaben, soweit es geht ganzheitlich zusammen. Je mehr Schnittstellen im jeweiligen Arbeitsprozess geschaffen werden, umso größer sind die Fehlermöglichkeiten. Außerdem: Mitarbeiter wollen ganzheitliche Aufgaben und Verantwortung. Das verleiht ihrer Arbeit Sinn und schafft Identifikation und Verantwortungsgefühl.

- Achten Sie darauf, dass die Aufgaben soweit wie möglich gleichmäßig verteilt sind. Deshalb ist die Einschätzung des jeweiligen Arbeitsaufwands unverzichtbar.

- Machen Sie sich klar, was Ihnen in erster Linie wichtig ist: Eine hohe Prozessorientierung oder eine hohe Kundenorientierung. Bei der Prozessorientierung werden die Aufgaben verrichtungsorientiert gebündelt. Bei der Kundenorientierung steht das Prinzip „One face to the customer" im Vordergrund, also *ein* Ansprechpartner für den Kunden, was allerdings höhere Anforderungen an Ihre Mitarbeiter hinsichtlich der Aufgabenvielfalt stellt. Dabei ist die Frage unverzichtbar, inwieweit die Mitarbeiter überhaupt (schon) in der Lage sind, diesen Anforderungen gerecht zu werden.

■ Die Aufgabenbündelung kann nur theoretisch unabhängig von Ihren Mitarbeitern erfolgen. In der Praxis wird man sich bei der Aufgabensynthese bereits die Mitarbeiter
vor Augen halten. Welche Qualifikationen und Erfahrungen bringen sie mit? Sind sie in
der Lage, sich in neue Aufgaben einzuarbeiten? Verfügen sie über die nötige Flexibilität
und Veränderungsbereitschaft? Was nützt ein perfektes Organisationskonzept, wenn
Sie nicht die Mitarbeiter dazu haben, die es auch umsetzen können.

Im dritten Schritt geht es dann um die Zuordnung der Mitarbeiter zu den Stellen. Wobei in
der Praxis die Schritte „Aufgabenbündelung" und „Stellenzuweisung" üblicherweise paral-
lel verlaufen. Wenn man über die einzelnen Aufgaben spricht, hat man in der Regel auch
bereits die entsprechenden Mitarbeiter im Hinterkopf. Ein lehrbuchmäßiges Vorgehen, also
eine Stellenbildung und -besetzung „auf der grünen Wiese" ist sicherlich die Ausnahme
und erfordet ein gänzlich anderes Vorgehen.

Wir sprechen hier von einer elementaren Führungsaufgabe. Für eine ausreichende und
effiziente Organisation zu sorgen, ist Chefsache. Da stellt sich natürlich die Frage, in welchem Maße die Mitarbeiter hier mitentscheiden dürfen. Das hängt in erster Linie vom Reifegrad Ihrer Mitarbeiter ab. Je höher der Reifegrad, umso stärker die Mitbestimmung. Als
Führungskraft sollten Sie auf jeden Fall einige Rahmenbedingungen vorgeben, ansonsten
sollten Sie Ihren Mitarbeitern an dieser Stelle soviel Mitbestimmungsrechte wie nur möglich einräumen. Schließlich müssen in erster Linie die Mitarbeiter mit der neuen Aufgabenzuordnung leben. Eingreifen sollten Sie nur, wenn Sie merken, dass sich Ihre Mitarbeiter
dabei schwer tun, wenn gegen elementare Zielsetzungen verstoßen wird oder wenn einzelne Mitarbeiter Regelungen anstreben, die in erster Linie deren eigenem Vorteil dienen.

Aus eigener Erfahrung weiß ich, dass sich Mitarbeiter mit der Änderung von Aufgaben,
Verantwortlichkeiten und Abläufen häufig sehr schwer tun. Mitarbeiter können oftmals
nicht wirklich einschätzen, was die Änderungen für sie persönlich bedeuten und ob bzw.
wie sie damit zurechtkommen. Außerdem: Ohne die Kompromissbereitschaft aller Beteiligten wird es zu keiner Konsenslösung kommen. Daher ist es wichtig, mit einer offenen Hal-
tung an das Thema heranzugehen und die neuen organisatorischen Regelungen nicht
gleich in Stein zu meißeln. Einigen Sie sich mit Ihren Mitarbeitern darauf, die neuen organisatorischen Regelungen in der vereinbarten Form umzusetzen, um in einigen Monaten
gemeinsam zu reflektieren, wie es funktioniert, und gegebenenfalls Änderungen vorzu
nehmen.

3.2.2   Mitarbeiter entsprechend ihrer Eignung und Neigung
einsetzen

Sie kennen das sicherlich auch: Wenn wir etwas gerne tun, wenn wir in etwas aufgehen,
dann muss uns niemand dazu drängen, es in Angriff zu nehmen. Wir würden nie auf die
Idee kommen, es ständig vor uns herzuschieben. Bei diesen Aufgaben knien wir uns rein,
sind kreativ und entwickeln immer neue Ideen. Wir tauchen in die Aufgabe vollkommen

ein und vergessen die Zeit. Manchmal tun wir dabei mehr als erforderlich. Das ist dann der Flow, den Csikszentmihalyi[57] beschrieben hat, dieses Glücksgefühl des völligen Aufgehens in einer Arbeit. Dagegen schieben wir Aufgaben, die wir nicht mögen, gerne solange vor uns her, bis es gar nicht mehr anders geht. Und wenn wir sie dann begonnen haben, dann sind wir über jede Ablenkung dankbar, die uns dazu legitimiert, uns wieder von der Aufgabe abzuwenden. Das kann ein Anruf, eine Frage eines Kollegen oder das Ploppen sein, das uns den Eingang einer neuen Mail ankündigt.

> „Soweit es möglich ist, sollten bei der Stellenbildung die Erkenntnisse aus der Verhaltensbiologie berücksichtigt werden. Mitarbeiter sind dann bereit, volle Leistung zu bringen, wenn Sie eine Aufgabe bekommen, in der sie aufgehen können und die ihnen Erfolgserlebnisse verschafft. Und Mitarbeiter brauchen Freiräume, innerhalb derer sie selbst entscheiden können. Enge Vorgaben, die ihnen jeglichen Spielraum nehmen, frustrieren nur. Für Menschen ist Selbstbestimmung das wichtigste Gut. Dem muss man auch bei der Aufgabenzuordnung und Stellenbildung soweit wie möglich Rechnung tragen. Dazu gehört selbstverständlich auch der passende Führungsstil. Selbstbestimmung und Führung durch Anweisung widersprechen sich. Nur ein ‚Lustleister' bringt eine Spitzenleistung."[58]

Natürlich vertrete auch ich die Ansicht, dass Mitarbeiter entsprechend ihrer Eignung und Neigung eingesetzt werden sollten. Keine Frage. Denn wer etwas gerne macht bzw. das machen darf, wo er seine Stärken zur Geltung bringen kann, der wird mit höchster Motivation zu Werke gehen und dementsprechend gute Ergebnisse erzielen. Leider ist das Leben kein Wunschkonzert – das Arbeitsleben erst recht nicht. Denn in Unternehmen gibt es nun mal reizvolle und attraktive Aufgaben, es gibt weniger reizvolle Aufgaben und es gibt Aufgaben, die keiner wirklich gern macht. Diese Aufgaben müssen aber genauso erledigt werden. Außerdem: Je kleiner ein Unternehmen bzw. ein Bereich ist, desto weniger Möglichkeiten gibt es, Mitarbeiter nach ihren Neigungen einzusetzen.

3.2.3   Klare Stellvertreterregelungen

Egal ob Urlaub, Krankheit oder Weiterbildung, Mitarbeiter fehlen immer wieder mal für mehrere Tage oder gar Wochen am Arbeitsplatz. Die Arbeit muss aber auch in deren Abwesenheit erledigt werden. Ist das nicht der Fall, kann das für das Unternehmen erhebliche Risiken nach sich ziehen: Liefertermine werden nicht eingehalten, Projekte nicht fristgerecht abgeschlossen, wichtige Unterlagen fehlen, Informationen gehen verloren, Fehler passieren. Fehlende Stellvertreterregelungen bedeuten vor allem fehlende Verantwortlichkeiten. Und wo sich niemand verantwortlich fühlt, kümmert sich auch niemand, wenn es mal „brennt". Deshalb sollte für jeden Mitarbeiter ein Stellvertreter benannt sein. Außerdem sollte klar geregelt werden, welche Aufgaben ein Stellvertreter im Einzelnen wahrzu-

---

[57] Csikszentmihaly. Mihaly; Csikszentmihaly, Isabella S: Die außergewöhnliche Erfahrung im Alltag. Die Psychologie des Flow-Erlebnisses. Klett-Cotta 1995.

[58] Cube, Felix von: Führen durch Fordern. Piper 2005.

nehmen hat und welche Kompetenzen und Befugnisse ihm eingeräumt sind. Grundsätzlich unterscheidet man zwischen einer Vollvertretung (der Stellvertreter tritt vollständig in die Pflichten und Rechte des zu Vertretenden ein) und einer reinen Abwesenheitsvertretung (Stellvertreter kümmert sich nur um die dringendsten Angelegenheiten). Zudem sollte verbindlich vereinbart werden, dass im Vertretungsfall ein Übergabegespräch stattfindet, in welchem der Stellvertreter die erforderlichen Informationen und Unterlagen erhält. Ebenso sollte nach der Rückkehr des Stelleninhabers ein Übergabegespräch Standard sein. Auch hier rate ich zum Prinzip der Schriftlichkeit. Die schriftliche Fixierung der Stellvertreterregelungen und die Benennung der Stellvertreter im Organigramm erhöhen die Verbindlichkeit ungemein. Im Extremfall, z. B. bei gravierenden Verstößen oder wenn dem Unternehmen ein Schaden entstanden ist, können Sie damit auch ein Organisationsverschulden widerlegen.

3.2.4   Effiziente und verlässliche Abläufe

Nachdem Sie die Aufgaben eindeutig verteilt und die Zuständigkeiten klar geregelt haben, geht es im nächsten Schritt darum, die Abläufe sauber und verbindlich zu beschreiben. Es geht also darum, die Zusammenarbeit zwischen den Mitarbeitern möglichst reibungsfrei zu regeln. Dabei sind folgende Fragen zu klären: „Wer arbeitet wem zu? Wie und wann soll die Zuarbeit genau erfolgen? Was braucht der Kollege genau und in welcher Form, damit er seine Arbeit möglichst effizient verrichten kann?" Das setzt eine intensive Abstimmung der Mitarbeiter untereinander voraus. Ihre Mitarbeiter stehen in einem internen Kunden-Lieferantenverhältnis zueinander. Da sollte dann der Grundsatz gelten, wie er auch bei einer echten Kunden-Lieferantenbeziehung gilt: Dem Kunden werden nur fehlerfreie Vorleistungen weitergegeben, ebenso nimmt man als Kunde nur fehlerfreie Vorleistungen von seinem Lieferanten an.

Eine sehr effiziente und einfache Methode, um Prozesse zu dokumentieren, sei am Beispiel der nachfolgenden Beschreibung des Prozesses „Abmahnung" dargestellt. Dabei wird für jeden Prozessschritt dargestellt, durch welchen Input – in der Regel ist das irgendein Dokument – er ausgelöst wird, welche(r) Prozessbeteiligte was zu tun hat und welcher Output (Dokument) aus diesem Prozessschritt hervorgeht. Die Methodik hilft dabei, den Prozess systematisch und detailliert zu beschreiben. Andererseits stellt sie ein einfaches Verfahren dar, um Prozesse übersichtlich zu dokumentieren. Natürlich macht es keinen Sinn, alle Prozesse auf einmal zu beschreiben. Fangen Sie zunächst mit den wichtigsten Kernprozessen an. Haben Ihre Mitarbeiter die Methodik einmal verinnerlicht, dann geht es sehr schnell. Der Vorteil dokumentierter Prozesse besteht vor allem darin, dass sie natürlich eine viel höhere Verbindlichkeit haben. Niemand kann sich mehr herausreden, er wüsste nicht, was er zu tun habe. Außerdem können Sie damit neue Mitarbeiter schnell auf den erforderlichen Stand bringen. Zudem haben Sie damit eine Basis, um notwendige Ablaufänderungen schnell und effizient nachzuvollziehen.

Tabelle 3.2   Beispiel Prozessbeschreibung „Abmahnung"

Lfd. Nr.	Prozessschritt	Prozessbeteiligte			I = Input O =Output (Dokumente)
		Kunde (Führungskraft)	Personal-betreuer	Sachbearbeiter Personal	
1.	Anzeige des Vorfalls	Zeigt den Verstoß des Mitarbeiters bei arbeitsvertraglichen Pflichtverletzungen an			I: ggf. Notiz bzw. Gesprächsproto-koll
2.	Recherche		Recher-chiert den Sachverhalt		O: Notiz
3.	Gespräch mit Mitarbeiter	Gespräch mit Mitarbeiter			O: Notiz
4.	Abmahnungs-schreiben			1.Erstellung Ab-mahnungsschrei-ben 2.Kopie des Ab-mahnungsschrei-bens an BR (Vor-sitzenden des Personalausschus-ses)	I: Notiz aus 1 und 2 O:Abmah-nungs-schreiben
5.	Aushändigung	Aushändigung Abmahnungsschreiben			I:Abmahnungs-schreiben aus 4
6.	Ablage und Terminierung			1. Ablage Abmah-nung 1 x in P-Akte 1x in Terminordner (Überprüfung der 2 Jahresfrist) Ab-mahnung aus Akte entfernen	I:Abmahnungs-schreiben aus 4

3.2.5   Verbesserungen kontinuierlich vorantreiben

„Für mich persönlich ist nie etwas gut genug. Ich möchte immer perfekt sein. Und wenn ich dann perfekt gesungen habe, glaube ich trotzdem, dass ich es vielleicht noch besser hätte machen können."

Luciano Pavarotti (1935-2007),
italienischer Tenor

Es gibt eine ganze Reihe von Methoden und Konzepten wie Kaizen, TQM, KVP oder Six Sigma, die alle nach Prozessverbesserung und Sicherung von Qualitätsstandards streben. Durch die Reihe sind es bewährte Methoden, die aber vor allem auf eines angewiesen sind: auf initiative und verantwortungsbewusste Mitarbeiter, die das Streben nach kontinuierlicher Verbesserung verinnerlicht haben. Die Effizienz eines Teams hängt sehr stark davon ab, wie es gelingt, diese „Grundhaltung der kontinuierlichen Verbesserung" bei den Mitarbeiter zu verankern. Es gibt Mitarbeiter, die nehmen lieber umständliche Arbeitsvorgänge und Vorgehensweisen in Kauf, als sich zu überlegen, wie man es besser machen könnte. Aktive und konsequente Führung bedeutet in diesem Zusammenhang, sicherzustellen, dass Ihre Mitarbeiter sich mit Reibungsverlusten und regelmäßig auftretenden Fehlern nicht einfach abfinden, sondern initiativ werden und nach Verbesserungsmöglichkeiten suchen. Wie oft haben Sie sich schon über die immer gleichen Fehler geärgert? Oder wie oft beklagen Mitarbeiter stets die gleichen Ärgernisse? Wenn die Zusammenarbeit zwischen einzelnen Mitarbeitern oder Abteilungen durch Reibungsverluste oder gar durch Konflikte geprägt ist, dann ist das immer ein Hinweis darauf, dass die Arbeitsprozesse einer Verbesserung bedürfen. Natürlich ist es immer leichter, Missstände zu beklagen und zu jammern statt aktiv zu werden. Wenn Mitarbeiter einmal das Prinzip der Lösungsorientierung (siehe Abbildung 2.4) verinnerlicht haben, kann man gar nicht mehr verhindern, dass sie sich vom Opfer (jammern und resignieren) zum Täter (zur Tat schreiten, aktiv werden) wandeln.

Verbesserungen kontinuierlich vorantreiben bedeutet aber auch, sich nicht mit einem einmal erreichten Zustand abzufinden, sondern immer wieder nach Verbesserungsmöglichkeiten Ausschau zu halten. Nichts ist so gut, als dass es nicht weiter verbessert werden könnte. Gleichzeitig ist es aber auch wichtig, einmal realisierte Verbesserungen abzusichern und zu vermeiden, dass man wieder auf das alte Niveau zurückfällt. Natürlich muss man immer Aufwand und Nutzen gegenüberstellen, aber an der Notwendigkeit, Verbesserungen kontinuierlich anzugehen, kommen Sie nicht vorbei. Philip Rosenthal hat es mit seinem Spruch auf den Punkt gebracht: „Wer aufgehört hat, besser zu werden, hat aufgehört, gut zu sein." Nutzen Sie Ihre regelmäßigen Teambesprechungen dazu, um Probleme zu klären und Verbesserungsmaßnahmen zu besprechen. Verbesserungen kontinuierlich anzugehen, ist in erster Linie eine Grundhaltung. Diese Grundhaltung zu pflegen und den Mitarbeitern einzuimpfen ist ein wesentlicher Bestandteil erfolgreicher Führung.

Das Wichtigste in Kürze

- Erfolgreiche Teams zeichnen sich durch eine klare Zuordnung von Aufgaben und Verantwortung aus.

- Achten Sie auf die Kongruenz von Aufgabe, Kompetenz und Verantwortung (AKV-Prinzip).

- Beteiligen Sie Ihre Mitarbeiter bei der Zuordnung der Aufgaben.

- Setzen Sie Ihre Mitarbeiter soweit wie möglich entsprechend ihrer Eignung und Neigung ein.

- Mit verbindlichen Stellvertreterregelungen stellen Sie sicher, dass die Verantwortung in Ihrem Team immer eindeutig zugewiesen ist.

- Prozessbeschreibungen sind die Voraussetzung für verbindliche und stabile Abläufe.

- Geben Sie sich mit einem erreichten Zustand nicht zufrieden, treiben Sie Verbesserungen kontinuierlich voran.

Literaturhinweise

[1] Csikszentmihaly, Mihaly; Csikszentmihaly, Isabella S: Die außergewöhnliche Erfahrung im Alltag. Die Psychologie des Flow-Erlebnisses. Klett-Cotta 1995.
[2] von Cube, Felix: Führen durch Fordern. Piper 2005.
[3] Doppler, Klaus/Lauterburg Christoph: Change Management. Den Unternehmenswandel gestalten. Campus 1994.
[4] Sprenger, Reinhard K.: Das Prinzip Selbstverantwortung. Campus 1996.
[5] Sprenger, Reinhard: Aufstand des Individuums. Campus 2001.

3.3   Mitarbeiter fördern und entwickeln

„Lernen ist wie Rudern gegen den Strom.
Wenn man damit aufhört, treibt man zurück."

Benjamin Britten

Viele Führungskräfte betrachten Führung hauptsächlich statisch und nur im Hier und Heute. Entweder man ist mit einem Mitarbeiter zufrieden oder eben nicht. Dass sich daran etwas ändern könnte, wissen zwar alle oder nehmen es zumindest an, aber nur selten stehen konkrete Handlungen oder gezielte Entwicklungsmaßnahmen dahinter. Aber es gilt: Wer die berufliche Entwicklung seiner Mitarbeiter aktiv fördert, erhöht damit sowohl die Zufriedenheit mit dem Führungsverhalten als auch die Zufriedenheit mit der Zusammenarbeit im Team[59] und hat als Dreingabe noch Mitarbeiter, die ihre Aufgaben besser bewältigen.

Außerdem gilt: Mitarbeiter entwickeln sich immer, irgendwie und irgendwohin. Mitarbeiterentwicklung fängt am ersten Tag an. Und entweder Sie sozialisieren den neuen Mitarbeiter oder er wird von anderen sozialisiert. Wenn Führungskräfte an Mitarbeiterförderung oder -entwicklung denken, dann denken sie in erster Linie an teure Seminare in noblen Hotels mit zweifelhaftem Nutzen. Aber Mitarbeiterförderung oder -entwicklung ist vielfältiger. Das alles kann Mitarbeiterförderung oder -entwicklung sein:

- Etwas zeigen, also eine Unterweisung durchführen

- Einarbeitung neuer Mitarbeiter

- Rückmeldungen zu Leistungs- und Sozialverhalten geben

- Probezeitgespräche in kurzen Abständen durchführen

- Mitarbeitergespräche durchführen

- Weitere und anspruchsvollere Aufgaben schrittweise übertragen

- Lernziele vereinbaren

- Feedback (und damit Orientierung) geben

- Qualitätszirkel einrichten

- Stellvertreterregelungen nicht nur zur Urlaubsvertretung

---

[59]   Kosel, Marijan: Kommunikation ist das „A & O" guter Führung. In: AsoK 2005. Zwischen Mitarbeiterförderung und Zufriedenheit mit dem Führungsverhalten wurde eine Korrelation von 0,69 und zwischen Mitarbeiterförderung und Zufriedenheit mit der Zusammenarbeit im Team von 0,38 festgestellt.

- Multiplikation von Seminarwissen

- Lerngruppen, -tandems einrichten, die sich gegenseitig etwas beibringen

- Mentoren oder Paten benennen

- Projektarbeiten vergeben – Lernen im Projekt

- Job Rotation

- Teilnahme an Workshops (Team-, Ziele-, Prozess-Workshops)

- Mitarbeiter aus der Fabrik zum Kunden bringen, Betriebsbesichtigungen beim Kunden

- Schulungen durch Lieferanten

- Messebesuche

- Den Vertriebsmann in die Fabrik holen

- Konkrete Fälle aus dem betrieblichen Alltag diskutieren und exemplarisch behandeln

- Und nicht zuletzt auch: klassische Seminare oder Schulungen

Ich werde an dieser Stelle nicht auf alle Fördermaßnahmen im Einzelnen eingehen. Sicherlich sind manche Fördermaßnahmen wirksamer als andere. Neben den konventionellen Fördermaßnahmen wie Seminaren, Schulungen oder Trainings halte ich vor allem die Verzahnung von Arbeit und Lernen als zukunftsweisend. Dabei stellt das „Lernen im Projekt" eine wesentliche und sehr wirksame Fördermaßnahme dar. Mitarbeiter lernen in Projekten, sei es als Projektleiter oder auch „nur" als Projektmitarbeiter neben dem „Blick über den Tellerrand" auch eine ganze Menge in puncto Methoden- und Sozialkompetenz: Moderation, methodisches und planvolles Vorgehen, Gesprächsführung, Führen ohne Macht, Umgang mit Konflikten, Arbeit im Team usw. Die Arbeit in der Linie ist Tagesgeschäft, ist Routine. Routine hat den Vorteil, dass man sich nicht mehr allzu sehr anstrengen muss, um die Arbeit zu bewältigen. Man macht es mehr oder weniger mit links. Der Nachteil ist: Man gewöhnt sich an die Mühelosigkeit der Arbeit, man wird nicht mehr herausgefordert, wird träge und verfettet geistig und lernt nichts mehr dazu. Meistens ohne es selbst zu merken. Projektarbeit ist eine hervorragende Möglichkeit des „learning on the job". Im Projekt bekommen die Mitarbeiter die Möglichkeit, unter Echtbedingungen dazuzulernen. Sie bekommen Einblick in neue, fachfremde Bereiche. Dadurch erweitern sie ihren Blick über den Tellerrand. Sie lernen neue Methoden, Ansätze und Denkweisen kennen und entdecken die Lust am Lernen neu. [60]

Setzten Sie sich bei der Geschäftsführung oder Ihren Vorgesetzten dafür ein, dass Ihre Mitarbeiter in Projekten mitarbeiten dürfen. Natürlich kann das zu Lasten des Tagesgeschäfts gehen. Langfristig werden Sie und vor allem Ihre Mitarbeiter aber auf jeden Fall davon profitieren. Wenn Ihre Mitarbeiter Projektleitungsaufgaben übernehmen sollen, ist es unerlässlich, sie über eine entsprechende Qualifizierung auf diese anspruchsvolle Aufgabe vor-

---

[60] Kosel, Marijan; Weißenrieder Jürgen: Projekte sicher managen, Wiley 2007.

zubereiten. Den Lerneffekt können Sie zusätzlich steigern, indem Sie sich von Ihren Mitarbeiter immer wieder über den Projektfortschritt berichten lassen, gemeinsam den Projektverlauf reflektieren und ihnen als Coach zur Seite stehen.

3.3.1 Fördergespräche führen

Das klassische Instrument der Mitarbeiterförderung und -entwicklung ist das Fördergespräch, das im Abschnitt 3.5.4.5 ausführlich dargestellt wird. Wo der Mitarbeiter steht und welche Entwicklungsmaßnahmen für ihn passend sind, ist Gegenstand dieses Gesprächs. Alle oben beispielhaft genannten Maßnahmen der Mitarbeiterentwicklung können dort besprochen werden. Dabei geht es nicht nur um fachliche, sondern auch um persönliche Weiterentwicklung, also um die Förderung der Sozialkompetenz. Was nützt Ihnen ein fachlich top ausgebildeter Mitarbeiter, wenn er sich regelmäßig selbst im Weg steht, weil er mit seinen Kollegen ständig aneckt oder nicht kritikfähig ist oder sich selbst überfordert und dann irgendwann ausbrennt? Teamfähigkeit, Eigenmotivation, Kritikfähigkeit, Durchsetzungsvermögen und Zielorientierung sind wichtige Schlüsselkompetenzen, die für den beruflichen Erfolg maßgeblich sind. Diese gilt es permanent weiterzuentwickeln. Wenn mit dem Mitarbeiter regelmäßig über seine Entwicklung gesprochen wird, dann kann sich lebenslanges Lernen als Grundhaltung verankern. Auch dies sehe ich als eine Führungsaufgabe an: Dem Mitarbeiter „den Virus des lebenslangen Lernens einzuimpfen". Nur so halten Sie Ihre Mitarbeiter bis zur Rente beschäftigungsfähig. Wichtig ist auch, darüber zu sprechen, dass der Mitarbeiter für seine Weiterentwicklung zu einem großen Teil selbst verantwortlich ist.

3.3.2 Konsequente Aufgabendelegation

> *„Der junge Alexander eroberte Indien. Er allein?*
> *Cäsar schlug die Gallier. Hatte er nicht wenigstens einen Koch dabei?"*

Berthold Brecht

Dieser Abschnitt könnte auch genauso gut im Kapitel „Zeitmanagement" angesiedelt sein. Delegation ist eines der Kernthemen der Führung. Dass Führungskräfte Routineaufgaben delegieren sollen bzw. müssen, damit sie die Arbeitsflut bewältigen können, scheint zu den Selbstverständlichkeiten des Führungsalltags zu gehören. Für manche ist es vielleicht sogar zu einer Art Statussymbol geworden, delegieren zu dürfen – denn das dürfen ja nur die wirklich wichtigen Leute. Daher rührt wohl auch der Spruch: „Wer delegiert, der regiert". Und dennoch tun sich viele Führungskräfte gerade mit diesem Thema schwer. „Delegieren – ja schon, aber ..." Nicht wenige Führungskräfte sind enttäuscht, wenn die Delegation von Aufgaben nicht so richtig klappt. Manche Aufgaben werden zurückdelegiert, andere Aufgaben werden nicht so erledigt, wie man es sich vorstellt und wieder andere Aufgaben werden vielleicht überhaupt nicht erledigt. Manchmal erlebe ich auch Führungskräfte, die damit kokettieren, dass sie schon gerne delegieren würden, aber leider ... , Sie wissen schon, ich habe schlechte Erfahrungen damit gemacht und deshalb bleiben die ganzen Routineaufgaben weiter an mir kleben." ... und „Sie wissen schon, ich habe so viel zu tun und deshalb habe ich logischer Weise keine Zeit für die wichtigen und strategischen Aufgaben. Es ist ja nicht, dass ich nicht will, aber es geht einfach nicht ...".

Beim Thema Delegation lassen sich immer wieder zwei typische Fehler feststellen:

1. Es wird falsch bzw. unsystematisch delegiert: Mal findet Delegation zwischen Tür und Angel statt: „Könnten Sie mal geschwind...?" Manchmal aber auch ohne einen klaren Auftrag, nach dem Motto „ich weiß nicht, was ich will, aber Sie wissen schon, was ich meine."

2. Es wird gar nicht bzw. zu wenig delegiert. Dabei werden stets die gleichen Argumente angeführt:

   – Bis ich das dem Mitarbeiter erklärt habe, habe ich es selber gemacht.
   – Ich stehe so unter Zeitdruck, dass ich keine Zeit mehr habe, es sauber zu delegieren.
   – Ich habe niemanden, der das kann.
   – Wenn etwas richtig gemacht werden soll, mache ich es besser selber.
   – Meine Mitarbeiter haben eigentlich keine Zeit für irgendwelche Sonderaufgaben.
   – ...

Alle Argumente sind in der jeweiligen Situation sicherlich nachvollziehbar, aber diese Situationen sind überwiegend vermeidbar. Es ist schon erstaunlich, wie nachlässig mit diesem Führungsinstrument zum Teil umgegangen wird. Denn schaut man sich an, welche Konsequenzen unzureichende Delegation nach sich zieht, dann wird deutlich, dass von der Fähigkeit, konsequent und systematisch zu delegieren, letztlich der Führungserfolg abhängt:

■ Wer als Führungskraft nicht ausreichend delegiert und alles selbst erledigt, gerät in die Delegationsfalle. Die Delegationsfalle hat einen ganz einfachen Wirkungsmechanismus. Weil die Führungskraft alles selbst erledigt, wissen die Mitarbeiter nicht Bescheid oder sind einfach nicht in der Lage, gewisse Aufgaben zu übernehmen. Führungskräfte bräuchten Zeit, um den Mitarbeitern die Aufgabe zu erklären bzw. sie soweit zu qualifizieren, um die Aufgabe in der erforderlichen Qualität und fristgerecht erledigen zu können. Diese Zeit hat die Führungskraft aber nicht, weil sie ja alles selbst erledigt. Und weil sie alles selbst erledigt, sind die Mitarbeiter nicht informiert. Ein richtiger Teufelskreis.

■ Die Folgewirkungen sind aber noch viel gravierender. Wir haben nun unsere Führungskraft, die wie ein Hamster im Laufrad ihre Runden dreht, während die Mitarbeiter Däumchen drehen. Eine Situation, in der eigentlich Führung gefragt ist, aber die Führungskraft hat ja keine Zeit für Führung. Sie ist mit Aufgaben beschäftigt, die eigentlich die Mitarbeiter erledigen könnten, nein müssten. Das sind dann diejenigen Führungskräfte, die in den Führungsseminaren sitzen und sagen „das ist ja alles gut und richtig, was Sie uns da erzählen, aber wann sollen wir das alles tun?".

■ Doch damit noch nicht genug. Leistungswillige, ambitionierte Mitarbeiter werden sich die Situation nicht lange anschauen und der Abteilung den Rücken kehren. Im schlimmsten Fall werden sie sogar das Unternehmen verlassen und sich einen anderen Arbeitgeber suchen, bei dem ihr Engagement und ihre Fähigkeiten mehr gefragt sind. Zurück bleiben die schwächeren Mitarbeiter oder diejenigen, die keine Möglichkeit haben, noch zu wechseln. Das hat dann nicht nur für die Abteilung, sondern für das gesamte Unternehmen ausgesprochen negative Auswirkungen.

Die oben aufgeführten Beispiele zeigen, dass der Hauptgrund für unzureichende Delegation in erster Linie darin liegt, dass man unter Zeitdruck steht. Man hat kaum Zeit, um dem Mitarbeiter die Aufgabe angemessen zu übertragen, im Extremfall fehlt sogar die Zeit, die Aufgabe überhaupt delegieren zu können. Dann ist man gezwungen, es selbst zu erledigen. Außerdem sind die Mitarbeiter häufig selbst unter Zeitdruck, so dass eine kurzfristige Aufgabenübertragung meist mit Stress und Ärger verbunden ist. Aus der Delegationsfalle kommt man nur, wenn man die delegierbaren Aufgaben rechtzeitig plant und dann systematisch delegiert.

Richtig delegieren

Um sich dauerhaft und wirksam von regelmäßigen Routineaufgaben zu entlasten, empfiehlt sich folgendes Vorgehen:

1. Nehmen Sie sich Zeit, um sich in einer ruhigen Stunde Gedanken über folgende Fragen zu machen:
   - Welche Aufgaben möchte ich in den nächsten sechs bis zwölf Monaten abgeben? Wenn das zwei bis fünf regelmäßig wiederkehrende Routineaufgaben sind, dann ist das schon ein Vorhaben, das es wert ist, gut geplant zu werden. Versuchen Sie an der Stelle ruhig über den Kreis der Gewohnheiten hinauszudenken. Das können also durchaus auch Aufgaben sein, an die Sie im ersten Moment noch gar nicht denken. Hilfreich ist an dieser Stelle, sich *alle* Aufgaben, die Sie selbst wahrnehmen, aufzuschreiben und sich dann die Frage zu stellen: „Warum sollte ich diese Aufgabe nicht delegieren? Was hindert mich eigentlich daran?" Doch Achtung: Im Vordergrund sollte es nicht darum gehen, sich von unliebsamen Aufgaben zu trennen und diese an die Mitarbeiter abzudrücken. Das darf nicht das Motiv sein.
   - Beschreiben Sie diese Aufgaben kurz auf einem Blatt. Was muss der Mitarbeiter konkret wissen? Was ist das originäre Ziel dieser Aufgabe? In welcher Reihenfolge sind die einzelnen Arbeitsschritte anzugehen? Welche sonstigen Informationen sind noch wichtig?
   - Im nächsten Schritt geht es um die Frage: An wen möchte bzw. kann ich diese Aufgaben mittelfristig, also im Laufe der nächsten sechs bis zwölf Monate übertragen? Dabei gilt es eines zu beachten: Wir neigen gerne dazu, denjenigen Mitarbeitern Aufgaben zu übertragen, die neue Aufgaben bereitwillig übernehmen. Um diejenigen Mitarbeiter, die schon das Gesicht verziehen, wenn sie uns um die Ecke kommen sehen und die mit irgendwelchen fadenscheinigen Begründungen versuchen, sich vor der Aufgabe zu drücken, machen wir gerne einen Bogen. Am Ende sind es immer dieselben, denen

Aufgaben übertragen werden und die dann irgendwann unter der Last zusammenbrechen, während die anderen Däumchen drehen. Also nicht nur die Frage „wer ist fachlich geeignet?" ist wichtig, sondern auch „wer hat noch Luft?". Ein weiterer wichtiger Aspekt: Passen Sie die Aufgaben dem Leistungspotenzial bzw. den Fähigkeiten der Mitarbeiter an. Die Delegation von Aufgaben ist eines der wichtigsten Instrumente der Personalentwicklung. Die Aufgabe sollte den Mitarbeiter nicht überfordern, aber auch nicht unterfordern. Ideal ist es, wenn der Mitarbeiter sich zwar enorm strecken muss, um die Aufgabe zu lösen, es aber letztlich doch schafft. Das ist zweifelsfrei die motivierendste Art der Personalentwicklung. Das ist Fördern durch Fordern.

– Was müsste der- oder diejenige noch lernen, um diese Aufgabe als Ergänzung und Bereicherung wahrnehmen zu können? Nicht immer wird der Mitarbeiter in der Lage sein, die Aufgabe „aus dem Stand heraus" übernehmen zu können. Welche Qualifizierungsmaßnahmen sind erforderlich? Welche Rahmenbedingungen müssen noch geschaffen werden? Das können Zugriffsrechte sein, die eingerichtet werden müssen, eine Einweisung in einem benachbarten Arbeitsbereich oder auch technische Voraussetzungen, die geschaffen werden müssen.

Hilfreich hierfür ist der nachfolgende Delegationsplan. Er verschafft Ihnen einen Überblick und dient als Kontrollinstrument.

Tabelle 3.3   Delegationsplan zur systematischen Aufgabendelegation

| | Welche Aufgaben werde ich delegieren? | An wen? | Bis spätestens wann? | Wann erfolgt die erste Zwischenkontrolle? | Welche Voraussetzungen muss ich noch schaffen | Priorität | | |
						A	B	C
1.								
2.								
3.								
4.								
5.								

2. Führen Sie dann ein Gespräch mit jedem einzelnen Mitarbeiter. Wichtig dabei ist, die Aufgaben in Ruhe, mit genügendem zeitlichen Vorlauf und mit ausreichenden Erläuterungen zu übergeben. Der Mitarbeiter muss merken, dass Ihnen die Aufgabe wichtig ist und dass die Verantwortung nun bei ihm liegt. Übergeben Sie ihm alle Unterlagen, die er dafür benötigt und treffen Sie klare Vereinbarungen: Bis wann soll die Aufgabe abgeschlossen sein? Wann möchten Sie welche Zwischeninformationen? Was darf der Mitarbeiter alleine entscheiden? Wann darf er auf Sie zukommen? Welche Kompetenzen bekommt er dafür verliehen?

3. Besprechen Sie regelmäßig den Fortschritt und übertragen Sie dann vollständig. Beim ersten Mal ist es wichtig, sowohl für Sie als auch für Ihren Mitarbeiter, dass beide die Gewissheit haben, dass die übertragene Aufgabe auch in Ihrem Sinne ausgeführt wird. Dazu ist es wichtig, immer wieder Zwischenstände zu besprechen. Wo steht der Mitarbeiter? Wie kommt er voran? Wo braucht er ggf. noch Unterstützung? Doch Vorsicht, manche Mitarbeiter neigen bei den ersten Anzeichen von Schwierigkeiten gerne zur Rückdelegation Dann haben Sie plötzlich wieder den „Affen auf der Schulter". Der Grat zwischen Unterstützung einfordern und Rückdelegation betreiben ist manchmal sehr schmal. Der Mitarbeiter sollte zu jedem Zeitpunkt merken, dass er nicht allein gelassen wird, die Verantwortung sollte aber stets bei ihm bleiben.

4. Nach Abschluss der Aufgabe rundet ein Reflexionsgespräch den Delegationsprozess ab. Was hat der Mitarbeiter an Erfahrungen gesammelt? Wo tut er sich noch schwer? Welche Unterstützung braucht er noch für das nächste Mal? Selbstverständlich sollte auch Ihr Feedback nicht fehlen: Wurde die Aufgabe so ausgeführt, wie Sie es erwartet haben? Worauf sollte er das nächste Mal noch stärker achten? An dieser Stelle sollte mit Lob und Zuversicht nicht gegeizt werden. Auch wenn Sie noch nicht rundum zufrieden waren, signalisieren Sie dem Mitarbeiter, dass Sie ihm dankbar für die Unterstützung sind und dass Sie sein Engagement und seine Fähigkeiten zu schätzen wissen.

Damit wird der Delegationsprozess transparent und nachvollziehbar. Aufgaben können geplant übernommen werden. Man kann gezielt überlegen, für welche Mitarbeiter welche Aufgaben eine Bereicherung und Ergänzung sein können. Dann wird es von den betreffenden Mitarbeitern auch als solches erlebt. Aufgaben, die auf dieser Basis delegiert werden, kommen auch an, werden gut erledigt und schaffen Erfolgserlebnisse für alle Beteiligten.

Der Lohn für konsequente und systematische Delegation

Eine „saubere" Aufgabendelegation kostet, wie wir gesehen haben, Zeit. Wertvolle Zeit. Es ist eine Investition. Die Amortisationsdauer dieser Investition ist nach meinen Erfahrungen aber gar nicht so groß. Außerdem zeigt der Ertrag sehr nachhaltige Wirkungen. Mit einer konsequenten und systematischen Delegation verschaffen Sie sich zunächst einmal den notwenigen Freiraum, um Ihrer Führungsaufgabe so nachkommen zu können, wie es erforderlich wäre. Damit gewinnen Sie zudem mehr Zeit, um sich um die strategisch wichtigen Aufgaben zu kümmern (siehe Eisenhower-Prinzip). Schließlich besteht Ihre Aufgabe in erster Linie darin, Ihren Verantwortungsbereich insgesamt schlagkräftiger zu gestalten. Ein Fußballtrainer würde schließlich auch nicht auf die Idee kommen, seine Fußballstiefel zu schnüren in der Hoffnung, damit die Mannschaft zu stärken. Von ihm wird erwartet, dass er jeden einzelnen Spieler und die Mannschaft von Tag zu Tag besser macht. Indem Sie konsequent und systematisch delegieren, steigern Sie die Motivation und das Selbstwertgefühl Ihrer Mitarbeiter. Sie schöpfen damit deren vorhandene Leistungspotenziale aus. Die Mitarbeiter erkennen im Laufe der Zeit, wozu sie sonst fähig sind. Sie erfahren, dass der Blick über den Tellerrand nicht nur dem Unternehmen nützt, sondern auch ihrer eigenen Entwicklung. Und zu guter Letzt: Sie verbessern damit nicht nur Ihre eigenen Ergebnisse, sondern auch die Ihres Bereiches. Dafür müssen Sie nicht einmal mehr, sondern unter Umständen sogar noch weniger arbeiten wie bisher.

Die tieferen Gründe mangelnder Delegation

Vielleicht denkt der eine oder andere Leser nun, *„das hört sich ja alles ganz gut und logisch an, aber irgendwie schaffe ich es doch nicht so richtig, konsequent zu delegieren".* Woran liegt das? Wie wir bereits wissen, hängt unser Verhalten von unseren Einstellungen und Glaubenssätzen ab. Deshalb will ich nun „eine Ebene tiefer steigen" und darauf schauen, welche Einstellungen und Glaubenssätze einer konsequenten Delegation eigentlich im Wege stehen. Ich möchte es bewusst als Fragen formulieren:

- Vertraue ich meinen Mitarbeitern überhaupt? Oder bin ich der Meinung, keiner kriegt die Aufgabe so gut hin wie ich?

- Kann ich mich bei meinen Mitarbeitern darauf verlassen, dass sie die Aufgabe sorgfältig und fristgerecht erledigen?

- Kann es sein, dass ich ganz konkrete Vorstellungen darüber habe, wie die Aufgaben anzugehen und zu bearbeiten sind, und dass die Mitarbeiter das in dieser Form ohnehin nie schaffen?

- Habe ich womöglich Angst, dass meine Mitarbeiter einen Wissensvorsprung vor mir haben, wenn ich Aufgaben abgebe?

- Habe ich Angst, dadurch an Kontrolle zu verlieren?

- Glaube ich etwa, dass ich nur Aufgaben delegieren kann, die ich selbst beherrsche?

- Habe ich Angst, vom Mitarbeiter abgewiesen zu werden, wenn ich wieder mit einer Zusatzaufgabe komme?

- Machen mir die Aufgaben, die ich eigentlich delegieren könnte, womöglich selbst Spaß?

Wie wir sehen, können die Gründe und Motive für unzureichende Delegation sehr vielfältig sein. Und letztlich liegt es immer an uns als Führungskraft, ob wir konsequent delegieren wollen oder nicht. Natürlich ist es häufig so, dass Mitarbeiter manche Aufgaben nicht so gut lösen werden, wie Sie selbst. Noch nicht. Aber mit zunehmender Übung werden sie es schaffen. Außerdem, muss denn jede Aufgabe in der Perfektion bearbeitet werden, die Ihnen vorschwebt? Kann es sein, dass Sie einen sehr hohen, vielleicht sogar überhöhten Perfektionsanspruch haben? War das unter Umständen sogar der Grund für Ihre Beförderung? Weil niemand so genau und gewissenhaft arbeitet wie Sie? Wenn ja, Sie nehmen nun eine andere Rolle ein. Von Ihnen wird nicht erwartet, dass Sie weiterhin der gewissenhafteste Arbeiter sind. Von Ihnen wird nun erwartet, dass der Laden läuft und Sie Ihre Mitarbeiter weiterentwickeln.

Ein gänzlich anderer Grund könnte fehlende Souveränität als Führungskraft sein. Führungskräfte, die sich ihrer Führungsposition noch nicht sicher sind und das Gefühl haben, sie müssten sich ständig bewähren oder gar unter Beweis stellen, dass sie der Führungsaufgabe gewachsen sind, tun sich mit konsequenter Delegation ebenfalls schwer. Wer in ständiger Sorge darum ist, dass er für irgendwelche Fehler verantwortlich gemacht wird, der wird sich um alles selbst kümmern. Oder wer als Führungskraft Angst hat, dass er durch eigene Mitarbeiter überflügelt werden könnte, der wird versuchen, mögliche Erfolge für sich selbst zu verbuchen und gar nicht auf die Idee kommen, Aufgaben zu delegieren.

Die Beispiele verdeutlichen, welche tieferen Gründe einer konsequenten Delegation im Weg stehen können. Wer sich bisher mit dem Delegieren schwer getan hat, sollte sich deshalb intensiv mit seinen Glaubenssätzen und Einstellungen auseinandersetzen. Wichtig ist es in diesem Zusammenhang, hinderliche Glaubenssätze zu identifizieren und durch neue, hilfreichere zu ersetzen. Hier einige Beispiele dazu:

Tabelle 3.4   Hinderliche und hilfreiche Glaubenssätze

Hinderliche Glaubenssätze	Hilfreiche Glaubenssätze
Meine Mitarbeiter bekommen das sowieso nicht in der Qualität hin, in der ich es selbst mache.	Ich bin schon mit 90% zufrieden. Außerdem lernen sie dazu und beim nächsten Mal wird's noch besser.
Wenn ich die Aufgabe an meinen Mitarbeiter abgebe, wird der einen Informationsvorsprung haben. Das kann ich mir bei dem wichtigen Thema nicht leisten.	Ich muss nicht in allen Themen der Experte sein. Ich muss vor allem den Überblick behalten.
Ich kann dem Mitarbeiter doch keine Aufgabe übertragen, die ich selbst noch nicht beherrsche. Ich weiß gar nicht, wie ich ihm die Aufgabe erklären soll. Geschweige denn, dass ich ihm sagen könnte, wie er vorgehen soll.	Ich kann dem Mitarbeiter offen sagen, dass ich auch (noch) nicht weiß, in welche Richtung es gehen soll und wie man es angehen könnte. Der Mitarbeiter soll sich eben in das Thema einarbeiten und wir tauschen uns regelmäßig dazu aus.
Mir graut schon davor, wenn ich den Mitarbeiter darum bitten soll, eine neue Aufgabe zu übernehmen. Mit dieser abweisenden Art komme ich nicht zurecht. Außerdem hat der Mitarbeiter selbst genug zu tun.	Der Mitarbeiter hat einen Arbeitsvertrag unterschrieben, in dem er sich dazu verpflichtet, seine volle Arbeitskraft dem Unternehmen zur Verfügung zu stellen. Als sein Vorgesetzter habe ich ein Direktionsrecht. Das kann ich einfach von ihm erwarten.

In Führungstrainings erlebe ich manchmal Führungskräfte, die scheinbar mit der Erwartung vor mir sitzen: Zeigen Sie mir den Zaubertrick oder den Dreh, mit dem sich richtiges Delegieren dauerhaft von selbst einstellt. Am besten, ohne dass ich an meinem Führungsverhalten irgendetwas verändern muss. An der Stelle muss ich dann leider passen. Es gibt keinen Trick. Richtiges und konsequentes Delegieren ist das Ergebnis von viel Selbstdisziplin und konsequentem Führen. Um das Thema Delegation kommt keine Führungskraft herum, wenn sie erfolgreich sein will. Außerdem: Eine gute Führungskraft erkennt man nicht daran, wie der Laden läuft, wenn sie da ist, sondern wie der Laden in ihrer Abwesenheit läuft.

Das Wichtigste in Kürze

- Mitarbeiterförderung stärkt nicht nur die Fach-, Methoden- und Sozialkompetenz der Mitarbeiter, sondern sie steigert auch deren Zufriedenheit und Motivation.

- Die Verantwortung für die Entwicklung der Mitarbeiter liegt auch bei den Mitarbeitern selbst. Selbstorganisiertes Lernen sollte daher ein wichtiger Bestandteil der Mitarbeiterentwicklung sein.

- Stecken Sie Ihre Mitarbeiter mit dem „Virus des lebenslangen Lernens" an, das hält sie auf Dauer fit und beschäftigungsfähig.

- Das jährliche Fördergespräch ist ein zentraler Bestandteil der Mitarbeiterförderung und -entwicklung.

- Mitarbeiterförderung und -entwicklung kann neben klassischen Seminaren über vielerlei Wege erfolgen: Feedbackgespräche, Lernen im Projekt, Übertragung neuer Aufgaben, Messe- und Kundenbesuche ...

- Zeitmangel und Perfektionismus sind die größten Delegationsverhinderer.

- Der sicherste Weg, der Delegationsfalle zu entrinnen, besteht in einer konsequenten Delegation.

- Ersetzen Sie hinderliche Glaubenssätze, die Ihrer Delegationsfähigkeit im Weg stehen, durch hilfreiche Glaubenssätze.

- Erstellen Sie einen Delegationsplan und übertragen Sie die Aufgaben, indem Sie rechtzeitig ein ausführliches Delegationsgespräch führen.

- Lassen Sie keine Rückdelegation zu und achten Sie auf „den Affen auf der Schulter".

Literaturhinweise

[1]   Kosel, Marijan; Weißenrieder Jürgen: Projekte sicher managen. Wiley 2007.

3.4 Mitarbeitergespräche führen – Leistung verbessern im Dialog mit dem Mitarbeiter

„Sobald ich merke, dass sich ein Spieler hängen lässt, nehme ich ihn mir sofort zur Brust."

Felix Magath,
Trainer VFL Wolfsburg

Wenn hier von „Mitarbeitergesprächen" die Rede ist, dann ist damit nicht das tagtägliche, meist zwischen Tür und Angel stattfindende Gespräch zwischen Führungskraft und Mitarbeiter zu operativen Sachthemen gemeint, sondern ein „formales" Gespräch. Merkmale eines formalen Gesprächs sind:

■ Es liegt ein konkreter Gesprächsanlass vor.

■ Es gibt ein konkretes, vorher benanntes Thema.

■ Das Gespräch findet in einer ungestörten Atmosphäre statt.

■ Es gibt ein klares Gesprächsziel.

■ Das Gespräch unterliegt klaren Regeln.

Wahrscheinlich werden Sie jetzt denken: „Was ist daran Besonderes?" Die Praxis zeigt jedoch: Erstens sind Mitarbeitergespräche keine Selbstverständlichkeit und zweitens tun sich viele Führungskräfte in der Durchführung noch reichlich schwer damit. Zudem: Schlecht geführte Mitarbeitergespräche bewirken oft genau das Gegenteil dessen, was sie eigentlich bewirken sollen. Die Bezeichnung „Mitarbeitergespräch" im weiteren Sinne ist ein Oberbegriff für eine Vielzahl unterschiedlichster Gesprächsarten, die sich vor allem durch den Anlass sowie die Zielsetzung unterscheiden:

■ Das *Zielvereinbarungsgespräch* dient der Vereinbarung von Arbeits- und Entwicklungszielen zwischen Führungskraft und Mitarbeiter.

■ Im *Arbeitsgespräch* geht es um die Klärung fachlicher Fragen, um die Abstimmung und Festlegung von Vorgehensweisen und die Zuweisung der anfallenden Aufgaben.

■ Beim *Delegationsgespräch* geht es um die Übertragung von Aufgaben an den Mitarbeiter. Dabei wird dem Mitarbeiter die Aufgabe ausführlich erklärt und die dafür erforderlichen Arbeits- und Hilfsmittel werden übergeben.

■ Beim *Fördergespräch* geht es darum, sinnvolle bzw. notwendige Entwicklungs- und Qualifizierungsmaßnahmen zu identifizieren und festzulegen.

- Beim *Beurteilungsgespräch* erhält der Mitarbeiter eine Rückmeldung zu seinem Arbeits- und Sozialverhalten. Hier ist zu unterscheiden zwischen Beurteilungsgesprächen mit und ohne Entgeltwirksamkeit.

- Das *Konfliktlösungsgespräch* dient dazu, entstandene Konflikte zwischen Mitarbeitern oder zwischen Mitarbeitern und Vorgesetzten zu lösen.

- Das *Problemlösungsgespräch* dient dazu, aufgetretene Probleme zu erörtern und nach Lösungen zu suchen. Das Problemlösungsgespräch wird nicht selten vom Mitarbeiter selbst initiiert. Es kann den Charakter eines Arbeits- oder eines Konfliktlösungsgesprächs haben. Häufig geht es aber auch um persönliche Probleme des Mitarbeiters.

- Im *Kritikgespräch* geht es darum, dem Mitarbeiter sein Fehlverhalten und die Erwartungen, die man an ihn hat, deutlich zu machen.

- Das *Disziplinargespräch* ist ein Kritikgespräch, das dazu dient, den Mitarbeiter zur Räson zu rufen. Dabei werden in der Regel auch weitergehende arbeitsrechtliche Maßnahmen angedroht.

- Das *Abmahnungsgespräch* ist eine formelle, arbeitsrechtliche Form des Disziplinargesprächs. Hier wird dem Mitarbeiter eine Abmahnung ausgesprochen. Eine Abmahnung ist ein warnender Hinweis an den Mitarbeiter, dass ein bestimmtes Fehlverhalten künftig zu unterbleiben hat und dass im Wiederholungsfalle arbeitsrechtliche Schritte bis hin zur Kündigung drohen.

- Das *Fehlzeitgespräch* wird bei hohen oder häufigen Fehlzeiten des Mitarbeiters geführt. Es kann einen fürsorglichen oder einen warnenden Charakter haben. Beim fürsorglichen Fehlzeitengespräch steht der Schutz des Mitarbeiters und die Suche nach adäquaten Einsatzmöglichkeiten im Vordergrund. Beim warnenden Fehlzeitengespräch werden dem Mitarbeiter die Auswirkungen seiner Fehlzeiten deutlich gemacht und ggf. arbeitsrechtliche Schritte angedroht.

- Das *Rückkehrgespräch* ist eine besondere Form des Fehlzeitgesprächs und wird mit dem Mitarbeiter nach der Rückkehr aus der Fehlzeit geführt. Es soll dem Mitarbeiter vor allem signalisieren, dass seine Abwesenheit registriert wurde, dass er schmerzlich vermisst wurde und dass man sich um seine Gesundheit sorgt.

- Das *Feedbackgespräch* kann in zweierlei Richtungen laufen: Entweder als Rückmeldung des Mitarbeiters an seinen Vorgesetzten, wie er dessen Führungsverhalten wahrnimmt oder als Rückmeldung des Vorgesetzten an den Mitarbeiter, wie er dessen Arbeits- und Sozialverhalten wahrnimmt.

- Das *Mitarbeiter-Jahresgespräch* wird in der Regel am Ende oder am Anfang eines Jahres geführt. Es verfolgt im wesentlichen zwei Zielsetzungen: Der Rückblick auf das vergangene Jahr und der Ausblick auf das folgende Jahr. In der Regel sind verschiedene Gesprächselemente in das Mitarbeiter-Jahresgespräch integriert, wie zum Beispiel das Beurteilungs-, das Zielvereinbarungs- oder auch das Fördergespräch.

In diesem Kapitel möchte ich vor allem auf das Kritikgespräch eingehen, bei dem es um das Fehlverhalten von Mitarbeitern geht. Kritikgespräche sind die schwierigsten Gespräche überhaupt. Hier geht es vor allem um das persönliche Arbeits- und/oder Sozialverhalten des Mitarbeiters. Beispiele für Fehlverhalten gibt es zahlreiche. Diese reichen von ständigem Zuspätkommen, über Pausen überziehen, den Betriebsfrieden störendem Sozialverhalten oder Unordnung am Arbeitsplatz bis hin zum Alkoholmissbrauch. Konsequente Führung bedeutet Fehlverhalten aktiv anzugehen. Das geht nur über ein direktes, persönliches Gespräch. Ich möchte an dieser Stelle besonders darauf hinweisen, dass es tatsächlich darum geht, den betreffenden Mitarbeiter direkt anzusprechen. Es reicht in der Regel nicht aus, z. B. in der Teambesprechung allgemein auf ein bestimmtes Fehlverhalten hinzuweisen. Das ist zwar angenehmer, weil man sich nicht mit einzelnen Mitarbeitern unter vier Augen auseinandersetzen muss, aber man erzielt nicht den gewünschten Effekt. Im Gegenteil: Die Mitarbeiter, die sich im Rahmen der Regeln bewegen, wundern sich, warum sie jetzt ermahnt werden und fühlen sich ungerecht behandelt. Die Mitarbeiter, die Sie eigentlich meinen, können sich weiter in der Anonymität bewegen und fühlen sich im Zweifelsfall nicht angesprochen. Es gibt jedenfalls keinen direkten Impuls, ihr Verhalten wirklich zu ändern. Es muss klar sein, wer gemeint ist und dieses Ziel erreicht man nur mit einem gezielten Gespräch.

Die speziellen Gesprächsarten wie Abmahnungs-, Fehlzeit- oder Rückkehrgespräch klammere ich an dieser Stelle bewusst aus, da hier arbeitsrechtliche Aspekte in einem hohen Maße zu berücksichtigen sind. Außerdem sind diese Gespräche durch eine bestimmte Methodik und einen gewissen Formalismus geprägt. Deswegen möchte ich hier auf die hierzu zahlreich vorhandene Literatur verweisen[61]. Außerdem ist aufgrund des formaljuristischen Charakters dieser Gespräche die Hinzuziehung des Personalbereichs erforderlich. Die anderen Gesprächsarten wie Zielvereinbarungs-, Beurteilungs- oder Mitarbeiter-Jahresgespräch werden in den jeweiligen Kapiteln behandelt.

3.4.1   Kritikgespräche in der betrieblichen Praxis

Wenn Führungskräfte sich über ihre Mitarbeiter beklagen, dann stelle ich immer die gleiche Frage: *„Haben Sie das Ihrem Mitarbeiter oder Ihrer Mitarbeiterin auch schon in dieser Deutlichkeit gesagt?"* In den allermeisten Fällen beginnt die Antwort mit einem „im Prinzip ja, vielleicht nur nicht in dieser Deutlichkeit." Hin und wieder kommt auch als Antwort, „Na klar, den habe ich gleich an Ort und Stelle in den Senkel gestellt". Und manchmal bekomme ich auch als Antwort: „Na ja, ich möchte meinen Mitarbeiter ja nicht demotivieren." Diese Beispiele zeigen sehr gut, es gibt verschiedene Möglichkeiten, um auf Fehlverhalten von Mitarbeitern zu reagieren:

1. Man kann es ignorieren.

2. Man kann es an Ort und Stelle und in Ruhe ansprechen.

---

[61]   Bitzer, Bernd: das Rückkehrgespräch: Integrationshilfe und Instrument der betrieblichen Gesundheitsvorsorge. Sauer 1999.

3. Man kann sich den Mitarbeiter an Ort und Stelle „zur Brust nehmen" oder gleich „in den Senkel" stellen.

4. Man kann es sich für das nächste Mitarbeiter-Jahresgespräch oder die nächste Leistungsbeurteilung vermerken.

5. Man kann den Mitarbeiter zu einem zeitnahen Gespräch (Mitarbeitergespräch) bitten.

Viele Führungskräfte tun sich äußerst schwer damit, Fehlverhalten von Mitarbeitern offen anzusprechen. Das ist auch irgendwie verständlich. Schließlich weiß man ja nie, wie der Mitarbeiter es auffasst, wie er spontan reagiert und sich zukünftig verhält. Außerdem, kann man erwachsenen Menschen vorschreiben, wie sie sich zu verhalten haben? Vor allem als jüngere Führungskraft ist es schon sehr heikel, wenn man ältere und altgediente Mitarbeiter auf ihr Fehlverhalten ansprechen soll. Und wann soll man den Mitarbeiter auf das Fehlverhalten ansprechen? Schon beim ersten Mal? Oder nur, wenn eindeutig erkennbar wird, dass dahinter ein festes Verhaltensmuster steckt? Vielleicht bemerkt der Mitarbeiter sein Fehlverhalten ja auch selbst und stellt es ab? Dann kann man sich das unangenehme Gespräch womöglich ersparen. Im Übrigen arbeitet der Mitarbeiter ja zuverlässig – zumindest kann man ihm nichts vorwerfen – da kann man dann auch mal ein Auge zudrücken. Oder? Während die Führungskraft mehr oder weniger verzweifelt nach Argumenten sucht, wie sie um das unangenehme Gespräch herumkommt, macht der Mitarbeiter weiter wie bisher. Und bei jedem unwidersprochenen Verstoß wird es für die Führungskraft immer schwerer, jetzt noch dagegen vorzugehen. Der Mitarbeiter denkt sich, solange der Chef nichts dagegen sagt, wird es schon o. k. sein. Wenn es ihn stört, wird er wohl etwas sagen. Womöglich ist sich der Mitarbeiter seines Fehlverhaltens aber auch gar nicht bewusst.

Noch schlimmer sind die Auswirkungen auf die anderen Mitarbeiter. Diese ärgern sich über das Fehlverhalten ihres Kollegen. Wenn nun die Führungskraft nichts dagegen unternimmt, dann kann das entweder als Signal verstanden werden, dass das Verhalten in Ordnung ist oder dass es der Führungskraft schlichtweg egal ist. Und so schleicht sich langsam aber sicher eine Kultur der Orientierungs- und Disziplinlosigkeit ein. Es ist nicht mehr klar, was richtig oder falsch ist. Die Mitarbeiter nehmen ihren Vorgesetzten irgendwann nicht mehr ernst. Führungskräfte, die Fehlverhalten einzelner Mitarbeiter nicht konsequent angehen, laufen Gefahr, Nachahmer zu produzieren und somit ihre Führungsautorität zu verlieren.

3.4.2   Wirkung und Nutzen gut geführter Kritikgespräche

Kritikgespräche verfolgen immer eine zentrale Zielsetzung, nämlich den Mitarbeiter zu einem bestimmten Verhalten zu bewegen. Damit ist übrigens nicht nur das Arbeits-, sondern auch das Sozialverhalten des Mitarbeiters gemeint. Nicht selten bekomme ich von Führungskräften zu hören, „wenn mir etwas nicht passt, dann sage ich das meinen Mitarbeitern an Ort und Stelle". Das ist in manchen Situationen auch absolut richtig. Wenn der Mitarbeiter ein offensichtliches Fehlverhalten an den Tag legt oder größerer Schaden entsteht, dann müssen Sie ihm das an Ort und Stelle sagen, dann können Sie nicht noch ein paar Tage warten. Oder wenn der Mitarbeiter das Fehlverhalten vor versammelter Mannschaft an den Tag legt und damit an Ihrer Autorität kratzt, dann müssen Sie ihn sich à la van Gaal vor versammelter Mannschaft „zur Brust nehmen". Damit machen Sie unmissverständlich klar, was Ihnen wichtig ist und was Sie von Ihren Mitarbeitern erwarten. Aber auch in diesem Fall gilt: Der Mitarbeiter darf sein Gesicht nicht verlieren. Wann bietet sich nun also ein formelles Kritikgespräch an? Sicherlich wird nach dem ersten Fehltritt in der Regel noch kein Kritikgespräch angebracht sein. Hier reicht es, wenn Sie den Mitarbeiter an Ort und Stelle auf das Fehlverhalten ansprechen und ihm deutlich machen, was Sie von ihm erwarten. Wenn Sie allerdings feststellen, dass hinter dem Fehlverhalten eine gewisse Routine oder ein Verhaltensmuster steckt, dann bedarf es eines tiefer gehenden Gespräches. Dieses können Sie nicht auf die Schnelle zwischen Tür und Angel führen. Ganz gleich, welche Gesprächsform Sie wählen, ein Grundsatz sollte immer gelten: Sie können jederzeit kritisieren, aber Sie sollten Ihre Mitarbeiter niemals bloßstellen. Wer seine Mitarbeiter bloßstellt, muss sich nicht wundern, wenn diese ihm die Gefolgschaft verweigern. Eine Bloßstellung ist eine massive Abbuchung vom Beziehungskonto des Mitarbeiters. „Wer Kritik übt, ohne jemanden bloßzustellen, schafft auf Dauer ein Klima, in dem die Wahrheit Gehör findet".[62]

Das formelle Kritikgespräch hat einen anderen Charakter als das Vor-Ort-Gespräch. Hier haben Sie die Möglichkeit in einer entspannten Atmosphäre dem Fehlverhalten auf den Grund zu gehen. Außerdem signalisieren Sie dem Mitarbeiter damit: „Mir ist das Thema sehr wichtig, deshalb nehme ich mir auch Zeit dafür." Das Mitarbeitergespräch hat durch seinen formellen Charakter eine viel höhere Verbindlichkeit als das „zwischen-Tür-und-Angel-Gespräch". Der Mitarbeiter erkennt die Bedeutung des Gesprächs schnell. Das erhöht seine Aufmerksamkeit und Präsenz im Gespräch. Gut geführte Kritikgespräche können aber noch viel mehr bewirken. In gut geführten Kritikgesprächen lernen Mitarbeiter die segensreiche Wirkung von Kritik zu schätzen. Natürlich tut Lob in erster Linie gut. Aber wirklich weiter bringt einen vor allem die Kritik. Durch konsequentes Führen von Kritikgesprächen wissen die Mitarbeiter sehr bald ganz genau, was Sie von ihnen erwarten. Damit schaffen Sie eine Kultur der Disziplin, an der sich auch neue Mitarbeiter sehr schnell ausrichten werden.

Tipp:

Führen Sie mit neuen Mitarbeitern gleich in den ersten Tagen ein „Erwartungsgespräch". Im Erwartungsgespräch haben Sie die Möglichkeit, ohne dass das Gespräch bereits durch ein Fehlverhalten des Mitarbeiters vorbelastet ist, deutlich zu machen, worauf es Ihnen ankommt. Das werden in der Regel solche Dinge sein wie z. B. Zuverlässigkeit, Pünktlichkeit, Loyalität, Verbindlichkeit, Offenheit aber auch Ordnung und Sauberkeit am Arbeitsplatz, genauso wie Freundlichkeit und Wertschätzung gegenüber Vorgesetzten und Kollegen. Dadurch ist der Mitarbeiter sensibilisiert und kann sich entsprechend darauf einstellen. Außerdem können Sie immer wieder darauf Bezug nehmen. Natürlich sollten Sie im Zuge des Erwartungsgesprächs auch dem Mitarbeiter Gelegenheit geben, seine Erwartungen an Sie zu äußern.

---

[62] Collins, Jim: Der Weg zu den Besten. Deutscher Taschenbuch Verlag 2007.

Wenn es zudem gelingt, mit dem Mitarbeiter in einen echten, tiefergehenden Kontakt zu treten, wo nicht nur Floskeln und Oberflächlichkeiten ausgetauscht werden, sondern wo offen über Bedürfnisse, Ängste und Sorgen gesprochen wird, dann hat das eine starke vertrauensbildende Wirkung. Dann arbeiten Sie ganz stark an der Beziehung zu Ihrem Mitarbeiter und nur dann wird es gelingen, die Ursachen für das Fehlverhalten des Mitarbeiters zu identifizieren und dauerhaft zu beseitigen. Hierzu passt die Aussage eines mir leider unbekannten Psychotherapeuten: „Bei schwierigen Menschen sollte man nicht auf die Probleme schauen, die sie machen, sondern auf die Probleme, die sie haben."

Hierzu ein Beispiel einer Führungskraft, die sich massiv über die Unzuverlässigkeit eines Mitarbeiters beklagte. Der Mitarbeiter fiel immer häufiger dadurch auf, dass er Termine nicht einhielt, Aufgaben sehr unzuverlässig und oft auch nur mangelhaft erledigte und morgens immer wieder zu spät zur Arbeit kam. Die Führungskraft wies den Mitarbeiter mehrere Male auf das Fehlverhalten hin. Der Mitarbeiter gelobte jedes Mal Besserung. Für kurze Zeit schienen die Gespräche auch zu wirken, aber nach einiger Zeit war alles wieder beim Alten. Der Mitarbeiter stand kurz vor der Kündigung. Erst als die Führungskraft eines Tages den Mitarbeiter zur Rede stellt, „sagen Sie mal, was ist mit Ihnen eigentlich los? Ich mache mir ernsthaft Sorgen um Sie", bricht es aus dem Mitarbeiter heraus. Seine Frau wolle sich von ihm trennen und die Pflege seines Vaters, der im selben Haus wohnt, würde ihn derart überfordern, dass er regelrechte Zukunftsängste verspüre, die zwischenzeitlich soweit gingen, dass er sich selbst bei einfachen Routinearbeiten überfordert fühle. Alle Anzeichen deuteten auf eine Depression hin. Nach längerem Gespräch ließ er sich davon überzeugen, sich einem Psychotherapeuten anzuvertrauen.

3.4.3 Grundsätze für die Gestaltung erfolgreicher Kritikgespräche

1. *Machen Sie sich zuerst klar, ob Sie mit einem A-, B- oder C-Mitarbeiter sprechen:* Das ist für die grundsätzliche Ausrichtung des Gesprächs wichtig. Bei einem A-Mitarbeiter geht es in erster Linie darum, ihm Anerkennung und Wertschätzung für seine bisherigen Leistungen auszusprechen. A-Mitarbeiter, die auf ein Fehlverhalten angesprochen werden, ohne dass die bisherigen Leistungen ausdrücklich gewürdigt wurden, können dies als schwerwiegende Kränkung empfinden. Die Botschaft an den A-Mitarbeiter im Mitarbeitergespräch lautet: „Du zählst zu meinen Leistungsträgern, ich schätze deine Arbeit und deine Art sehr. Dennoch kann ich auch bei dir dieses Fehlverhalten nicht durchgehen lassen." Welcher Mitarbeiter würde diese Rückmeldung nicht annehmen? Der Gesprächstil bei A-Mitarbeitern ist im Kritikgespräch freundlich und dennoch bestimmend. Der Mitarbeiter sollte Ihre Wertschätzung spüren und trotzdem merken, dass es Ihnen ernst ist.

Bei einem B-Mitarbeiter wird das Gespräch sicherlich etwas anders aussehen müssen. Hier brauchen Sie die „Verdienste" des Mitarbeiters nicht besonders zu betonen, da sonst die Gefahr besteht, dass die Kritik nicht deutlich genug ankommt. Ansonsten sollte auch hier die Wertschätzung für den Menschen zum Ausdruck kommen, bei aller Bestimmtheit und Verbindlichkeit im Gesprächston.

Bei C-Mitarbeitern sieht das Kritikgespräch in aller Regel deutlich anders aus. Da davon auszugehen ist, dass der Mitarbeiter in der Vergangenheit immer wieder kritische Rückmeldungen zu seinem Leistungsverhalten bekommen hat, sollte das Kritikgespräch vor allem durch klare Ansagen geprägt sein. Mit einem C-Mitarbeiter müssen Sie nicht darüber diskutieren, ob bzw. welche Maßnahmen er nun einleiten möchte, um sein Fehlverhalten abzustellen. Hier sollten Sie mit klaren Ansagen deutlich machen, was er zu tun hat. Natürlich sollten Sie das Kritikgespräch auch dazu nutzen, den Mitarbeiter aufzurütteln. Dabei können folgende oder auch ähnliche Fragen helfen:

– Sagen Sie mal, was ist mit Ihnen eigentlich los? Sie können doch viel mehr, als Sie zeigen.
– Wollen Sie eigentlich nicht mehr aus Ihrem Leben machen? Ich finde, Sie vergeuden Ihr Potenzial.
– Was bremst Sie eigentlich? Sie haben doch viel mehr drauf.
– Kann es sein, dass Sie Ihr Leben gerade nicht im Griff haben? Oder wie kommt es, dass Sie mir immer wieder Anlass zur Kritik geben.

Dabei ist es wichtig, dass Sie den Mitarbeiter spüren lassen, dass Sie ernstlich um ihn besorgt sind. Auch wenn Ihnen diese Fragen zu persönlich erscheinen, was haben Sie bei einem C-Mitarbeiter schon zu verlieren? Entweder es gelingt Ihnen, ihn aufzurütteln. Dann waren Sie als Führungskraft sehr erfolgreich. Oder Sie demotivieren ihn damit womöglich noch mehr, dann wird es nur dazu führen, dass er Ihnen noch mehr Gelegenheiten bietet, sich von ihm zu trennen. Auch das ist konsequente Führung.

2. *Keine Verlierer produzieren*: Kritikgespräche – und sei das Fehlverhalten noch so gravierend – dürfen nicht dazu führen, dass der Mitarbeiter sein Gesicht verliert. Mitarbeiter, die aus einem Kritikgespräch gedemütigt herausgehen, werden die Kränkungen, die sie im Gespräch erlitten haben, nicht so ohne weiteres ablegen können. Gekränkte Mitarbeiter sind keine guten Mitarbeiter. Sie werden immer nach Gelegenheiten Ausschau halten, wie sie sich revanchieren können. Natürlich ist zwischen Aufrütteln und Konfrontieren auf der einen Seite und Kränkung auf der anderen nur ein ganz schmaler Grat. Auch Kritikgespräche sollten stets von persönlicher Wertschätzung für den Menschen, der einem gegenüber sitzt, geprägt sein. Professionelle Gesprächsführung bedeutet: Konsequent in der Sache und fair im Umgang mit dem Mitarbeiter.

3. *Sie können das Verhalten verurteilen, aber niemals den Menschen*: Im Kritikgespräch geht es immer um das Verhalten der Mitarbeiter, aber nicht um den Menschen und seine Persönlichkeit selbst. Was Sie kritisieren können, ist also immer ein bestimmtes Verhalten, aber niemals der Mensch, denn Verhalten kann man ändern, den Menschen und seine Persönlichkeit nur in Ausnahmefällen. Wenn Sie zum Beispiel sagen „die Arbeit, die Sie abgeliefert haben, entspricht überhaupt nicht meinen Erwartungen" dann ist das eine andere Botschaft, als wenn Sie sagen „Sie sind unfähig". Im ersten Fall sprechen Sie das Verhalten des Mitarbeiters an. Dieses Verhalten ist jederzeit veränderbar, im Prinzip von einem Moment auf den anderen. Dagegen schreiben Sie dem Mitarbeiter mit dem Begriff „Sie sind ..." eine unveränderbare Eigenschaft zu. In diesem Fall urteilen Sie über den Menschen, um nicht zu sagen, Sie verurteilen ihn. Damit stecken Sie ihn in ei-

ne Schublade, aus der er nicht mehr oder nur sehr schwer wieder herauskommt. Noch ein paar Beispiele:

Tabelle 3.5   Der Unterschied zwischen Verhalten und Persönlichkeit

Verhalten	Charakter/Persönlichkeit
Im letzten Monat sind Sie sechs mal zu spät gekommen. Woran liegt es?	Sie sind unzuverlässig.
In letzter Zeit stelle ich immer wieder fest, dass Sie mit Ihren Kollegen in Streit geraten. Worum ging es? Woran liegt es?	Sie sind nicht teamfähig.
In den Unterlagen, die Sie ausgearbeitet haben, sind eine Menge Fehler. Können wir das einmal miteinander durchgehen?	Sie sind unfähig.
Sie haben mir mehrfach zugesagt, dass Sie mich anrufen. Ich habe vergeblich auf Ihren Anruf gewartet. Wie kriegen wir das in Zukunft hin?	Man kann sich auf Sie nicht verlassen.

Aus den Beispielen wird deutlich, dass jede Persönlichkeits- bzw. Eigenschaftszuweisung immer auch eine Bewertung des wahrgenommenen Verhaltens darstellt. Während der Mitarbeiter gegen die Verhaltensbeschreibung kaum Einwände vorbringen kann, so wird er gegen die Bewertung seiner Persönlichkeit tausend Argumente finden und sich wehren. Negative Eigenschafts- und Persönlichkeitszuschreibungen erzeugen immer Ablehnung und Widerstand. Welcher Mitarbeiter lässt sich schon gerne abstempeln oder in eine bestimmte Schublade stecken?

4. *Kein Mitarbeitergespräch ohne eine nachprüfbare Vereinbarung:* Wenn Sie ein Gespräch mit dem Mitarbeiter führen, dann verfolgen Sie damit immer einen bestimmten Zweck. Dies gilt erst recht bei Kritikgesprächen. Nicht wenige Führungskräfte gehen in ein Kritikgespräch ohne eine klare Vorstellung dessen, was sie eigentlich erreichen möchten. Klar, Sie möchten, dass der Mitarbeiter sein Fehlverhalten einstellt. Und weil das Gespräch ohnehin schon sehr unangenehm ist, sind sie am Ende des Gesprächs schon froh, wenn der Mitarbeiter mehr oder weniger halbherzig zusagt, sich zu bessern. Das sind dann die typischen Gespräche, bei denen am Ende nur sehr wenig herauskommt. „Nachprüfbare Vereinbarung" bedeutet, dass der Mitarbeiter eine klare Aussage darüber trifft, was er künftig konkret tun wird. Selbstverständlich können die Vereinbarungen auch so aussehen, dass sich auch der Vorgesetzte verpflichtet, gewisse Maßnahmen zu ergreifen. Ganz wichtig dabei ist es, gleich ein Überprüfungsgespräch zu fixieren: „Lassen Sie uns in zwei Wochen nochmals zusammenkommen und schauen, wie es funktioniert." Damit signalisieren Sie dem Mitarbeiter, dass Sie das Thema mit dem heutigen Gespräch noch nicht abgeschlossen haben und Ihr Augenmerk auch weiterhin auf ihn gerichtet ist.

5. *Reden Sie Klartext:* Manche Führungskräfte wären sicherlich ganz hervorragende Diplomaten geworden. Sie verstehen es, Kritik so geschickt zu tarnen, dass nicht einmal der Mitarbeiter sie erkennen kann. Dazu haben sie ganz feine Mechanismen und Methoden entwickelt. Entweder packen sie die Kritik nach der bewährten Sandwichmethode zwischen eine Vielzahl an positiven Rückmeldungen, so dass die eigentliche Kritik in der Dicke eines Salatblattes in einem XXL-Burger daherkommt. Oder sie spülen ihre Kritik solange weich, bis es auch für den sensibelsten Mitarbeiter kuschelig genug ist. Beliebte „Weichspüler", die dabei häufig verwendet werden, sind Wörter wie „eigentlich", „vielleicht", „eventuell" oder „ein bisschen", die sehr gerne in Kombination mit Konjunktiven verwendet werden. Das hört sich dann oft so an:

   – Vielleicht könnten Sie das eventuell versuchen zu ändern?
   – Ein bisschen mehr Engagement wäre vielleicht nicht schlecht.
   – Vielleicht könnten Sie manchmal ein wenig früher kommen?

   Eine weitere beliebte Methode stellt das nachträgliche Abschwächen von Kritik dar. Nachdem das Fehlverhalten angesprochen wurde, wird die Kritik schon im nächsten Satz wieder abgeschwächt. „Aber so schlimm ist das Ganze ja gar nicht. Eigentlich hätte ich es gar nicht ansprechen müssen." Ja was denn nun? Ist es wichtig und soll der Mitarbeiter sein Verhalten ändern oder nicht? Wenn nicht, dann braucht man es auch nicht anzusprechen.

   Aus Angst davor, mit der Kritik zu weit zu gehen, gehen solche Führungskräfte oft nicht weit genug. Das führt dann dazu, dass die Kritik beim Mitarbeiter nicht ankommt. Worin liegt die Ursache für dieses Verhalten? Ganz sicherlich hat es etwas mit fehlender Konfliktfähigkeit zu tun. Diese Führungskräfte haben mit ihrem Inneren Antreiber[63] zu kämpfen, der ihnen immer wieder zuredet „sei gefällig". Menschen mit einem starken Sei-gefällig-Antreiber wollen nicht unangenehm auffallen oder anecken. Sie tun alles, um ihren Mitmenschen zu gefallen. Für sie ist die Zuneigung ihrer Mitmenschen sehr wichtig, auch die ihrer Mitarbeiter. Deshalb sind sie in der Regel auch beliebte Chefs. Aber sie laufen Gefahr, dass sie irgendwann nicht mehr ernst genommen werden und die Mitarbeiter ihnen auf der Nase rumtanzen. Deshalb: Reden Sie Klartext. Die meisten Menschen vertragen das nicht nur sehr gut, viele wünschen es sich sogar. Denn nur wenn die Botschaft klar ist, kann man sich auch offen damit auseinandersetzen.

6. *Vorbereitung ist die halbe Miete:* Bereiten Sie sich auf das Gespräch gut vor. Ein Kritikgespräch ist eines der wichtigsten und zugleich schwierigsten Gespräche überhaupt. Die falsche Wortwahl, ein falscher Einstieg oder fehlende Fakten, auf die Sie zurückgreifen können, können ein Gespräch zum Scheitern bringen. Das Gespräch kann eskalieren, der Mitarbeiter kann sich verletzt fühlen und sich zurückziehen oder er fühlt sich ungerecht behandelt und schaltet den Betriebrat ein. Es gibt viele Möglichkeiten, wie ein Gespräch in die Hosen gehen kann. Auf folgende Fragen sollten Sie sich vorbereiten:

---

[63] Weingardt, Beate: Du bist gut genug. Wie Sie Ihre inneren Antreiber erkennen und gelassener werden können. Scm R. Brockhaus; Auflage: 5., Aufl. (14. Januar 2010).

–   Was ist das Problem? Auf welche Zahlen, Daten und Fakten kann ich zugreifen, um das Fehlverhalten zu beschreiben?
–   Welche (negativen) Auswirkungen hat das Fehlverhalten auf die Arbeit?
–   Was möchte ich eigentlich mit dem Gespräch erreichen? Was erwarte ich?
–   Was ist der Mitarbeiter eigentlich für ein „Typ" (Schweiger, Vielredner, Choleriker, Hochsensibler, ...) und worauf muss ich mich bei ihm einstellen?
–   Wie steige ich in das Gespräch ein?
–   Wie baue ich das Gespräch auf?
–   Welche Argumente möchte ich im Verlauf des Gesprächs nutzen?
–   Welche Argumente wird wohl der Mitarbeiter nutzen und wie gehe ich darauf ein?
–   Welche konkreten Vereinbarungen strebe ich an?

Nutzen Sie den in der Anlage beigefügten Gesprächsleitfaden. Scheuen Sie sich nicht, den ausgefüllten Leitfaden in das Gespräch mitzunehmen. Gerade bei sehr heiklen Gesprächen können Sie schnell unter Druck kommen. Dann kann Ihnen der Leitfaden als Orientierungshilfe wertvolle Dienste leisten. Auch wenn es eine Selbstverständlichkeit ist, möchte ich es nicht versäumen, explizit darauf hinzuweisen: Auf gar keinen Fall sollte im Gespräch vom Leitfaden abgelesen werden.

Eine ausgesprochen eingängige Methode, um Kritik angemessen zu äußern, stellt das WWW-Prinzip[64] dar. Die drei „W" stehen dabei für Wahrnehmung, Wirkung und Wunsch.

1. Schritt: Benennen Sie das problematische Verhalten, indem Sie Ihre **W**ahrnehmungen mitteilen. Beschreiben Sie das beobachtete Verhalten Ihres Gegenübers mit Daten, Fakten und Informationen so konkret wie möglich: „Mir ist aufgefallen, ..." oder „Mein Eindruck ist ..." oder „Ich habe festgestellt, ... oder „Im Vergleich zu dem, was wir vereinbart haben ...".

2. Schritt: Machen Sie deutlich, welche **W**irkung dieses Verhalten erzeugt und zwar im Blick auf menschliche, fachliche und organisatorische Aspekte: „Für das Team bedeutet das ..." oder „Die Wirkungen auf das Projekt sind ..." oder „Die Motivation der Kolleginnen wird dadurch ..." oder „Ich befürchte, das wird ...".

Machen Sie deutlich, welche **W**irkung dieses Verhalten auch für Sie persönlich hat: „Das bedeutet für mich als Leiter der Abteilung ..." oder „Für mich persönlich bedeutet das ..." oder „Ich fühle mich dabei ..." oder „Das löst bei mir aus ...".

3. Schritt: Benennen Sie Ihren eigenen **W**unsch bzw. Ihre Erwartung oder Ihre Forderung: „Ich wünsche mir von Ihnen ..." oder „Ich erwarte, dass Sie ..." oder „Meine Forderung an Sie ist ...".

Es gibt kein Fehlverhalten, das sich nicht auf der Basis dieser drei Schritte gezielt ansprechen ließe.

---

[64]   Gührs, Manfred; Nowak, Claus: Das konstruktive Gespräch: Ein Leitfaden für Beratung, Unterricht und Mitarbeiterführung mit Konzepten der Transaktionsanalyse. Limmer-Verlag 2006.

7. *Schauen Sie auf das „Thema hinter dem Thema":* Was Menschen denken und was sie sagen sind oftmals zwei verschiedene Paar Stiefel. Das merke ich immer wieder in Coachings, wenn Führungskräfte mit einem Anliegen auf mich zukommen. „Ich möchte mein Führungsverhalten verbessern" oder „ich möchte mir Klarheit verschaffen über meinen weiteren beruflichen Weg" lauten immer wieder die Formulierungen, mit denen ich in ein Coaching einsteige. Wenn ich das Anliegen dann weiter durch Fragen konkretisiere, stelle ich häufig fest, es sind ganz andere Fragen und Dinge, die die Menschen bewegen. Da stoße ich in aller Regel auf tiefer sitzende Bedürfnisse und Gefühle, Selbstzweifel, Ängste oder Unsicherheiten, die die Klienten beschäftigen. Da geht es dann um Themen wie Anerkennung, sich selbst oder anderen etwas beweisen zu wollen, Angst vor Kontrollverlust, Minderwertigkeitsgefühle oder Verlustängste. Ungefragt sprechen die wenigsten diese Themen von sich aus an. Und dennoch ist es das Thema hinter dem Thema, das die Menschen wirklich bewegt. Wenn Kritikgespräche etwas bewirken sollen, dann reicht es in der Regel nicht aus, nur ein wenig an der „Oberfläche zu kratzen". Da braucht es Tiefgang. Den erreichen Sie nur, wenn es Ihnen im Gespräch gelingt, in Kontakt zu Ihrem Mitarbeiter zu kommen. Das setzt einerseits Offenheit und Vertrauen voraus, andererseits stärkt es die Beziehung zu Ihrem Mitarbeiter.

8. *Formulieren Sie Ich- statt Du-Botschaften:* In Kritikgesprächen geht es darum, den Mitarbeiter zu einem anderen Verhalten zu bewegen. Dazu ist es erforderlich, ihm das bisherige Verhalten vor Augen zu führen und zu sagen, was man in Zukunft von ihm erwartet:

   – Deine Arbeitsmoral ist nicht akzeptabel!
   – Streng dich mehr an!
   – Du arbeitest nicht sauber genug!
   – Du bist unzuverlässig!
   – Das musst du anders machen!
   – Du musst dich verändern! ...

Wie würde es Ihnen gehen, wenn man Ihnen das so oder in ähnlicher Form sagen würde? Wahrscheinlich würden Sie merken, wie sich so langsam aber sicher Widerstand, Ablehnung, womöglich sogar Wut in Ihnen regt. Klar, solche Du-Botschaften erwecken das Gefühl von Tadel und Bevormundung. Sie treffen unser Selbstwertgefühl, weil sie uns die Schuld zuschieben, wir fühlen uns dann abgewertet und missachtet. Der Widerstand und die Ablehnung, die dadurch aufgebaut werden, senken die Verständnisbereitschaft auf Null ab. Du-Botschaften sind wie unerbetene Rat-„Schläge". Statt verstehen zu wollen, wie unser Gegenüber zu dieser Einschätzung kommt, verwenden wir alle verfügbaren Energien, um uns zu rechtfertigen oder unser Gegenüber davon zu überzeugen, dass er im Unrecht ist. Bei gesprächsgeübten Mitarbeitern wird dadurch gar der sportliche Ehrgeiz geweckt, seinen Chef mal so richtig vorzuführen. Das kann für Sie als Chef dann richtig unangenehm werden.

Besser ist es, die Probleme in Form von „Ich-Botschaften" anzusprechen:

   – Ich bin mit deiner Arbeitsleistung nicht zufrieden,
   – Ich wünsche mir, dass du dich noch mehr einbringst,

- Auf mich wirkt das sehr unfreundlich,
- Ich erwarte da mehr Zuverlässigkeit von dir ...

Ich-Botschaften sind zwar für den Gesprächspartner auch nicht angenehm, aber wir reden dann über unser Problem und greifen damit den Anderen nicht an. Bei Du-Botschaften wird der Mitarbeiter immer Gegenargumente finden, bei Ich-Botschaften kann er keine Gegenargumente finden, weil Sie darüber reden, wie es Ihnen damit geht. Das kann er Ihnen nicht widerlegen. Ich-Botschaften erhalten die Verständnisbereitschaft und tragen damit zu einem lösungsorientierten Gespräch bei.

Natürlich müssen Sie Du-Botschaften nun nicht für immer und ewig aus Ihren Gesprächsrepertoire streichen. Manchmal sind sie nicht nur angebracht, sondern nötig. Nämlich dann, wenn es z. B. darum geht, einem C-Mitarbeiter im wiederholten Gespräch unmissverständlich deutlich zu machen, dass Sie sein Verhalten nicht mehr tolerieren werden. Dann ist ein „Du musst dich verändern" sicherlich erfolgsversprechender als ein „ich würde mir wünschen, wenn du...".

9. *Sachlichkeit versus Emotionalität im Gespräch:* Bei Kritikgesprächen geht es in der Regel immer um persönliche, heikle und damit auch emotional besetzte Themen. Gerade deshalb ist eine sachliche Gesprächsführung außerordentlich wichtig. Gespräche können schnell eskalieren, wenn Sie als Führungskraft selbst sehr emotional auftreten. Mit einer professionellen und sachlichen Gesprächsgestaltung kann es gelingen, auch das heikelste Kritikgespräch erfolgreich zu bewältigen. Die von der Kommunikationspsychologie angebotenen Ansätze wie Ich-Botschaften, Führen durch Fragen, aktives Zuhören oder Feedback-Regeln sind allesamt hilfreiche Instrumente der Gesprächsführung. Außerdem ist es wichtig, bei der Anwendung dieser Instrumente die entsprechende Grundhaltung „Ich bin o. k. – Du bist o. k." einzunehmen. Doch Vorsicht: Man kann es auch übertreiben. Wenn Sie vor lauter Kommunikationspsychologie dann irgendwann wie ein Psychotherapeut daherkommen, wird Ihr Mitarbeiter Sie vermutlich nicht mehr wirklich ernst nehmen können. Bleiben Sie sich bei aller Anwendung der zur Verfügung stehenden kommunikationspsychologischen Erkenntnisse treu. Bleiben Sie authentisch. Authentizität ist nicht nur im Mitarbeitergespräch, sondern in der Mitarbeiterführung insgesamt eine der wichtigsten Erfolgsvoraussetzungen. In manchen Situationen kann daher ein wenig Emotionalität durchaus angebracht sein. Wenn Sie sich über etwas richtig ärgern, dann kann man das auch ab und zu zum Ausdruck bringen. Ihr Umfeld darf durchaus auch spüren, wie es Ihnen geht. Wenn Sie es nicht übertreiben, kann das Ihre Überzeugungskraft durchaus fördern. Die Mitarbeiter werden es Ihnen nachsehen, sofern die Beziehungsebene positiv besetzt ist.

3.4.4   Aufbau und Ablauf von Kritikgesprächen

Ein Kritikgespräch läuft nicht wie ein Computerprogramm ab. Dennoch ist es wichtig, das Gespräch gut zu strukturieren, wenn es darum geht, Kritik bzw. heikle Themen anzusprechen. Dabei hat sich folgender Gesprächsaufbau bewährt:

1. *Der Gesprächseinstieg:* In Seminaren oder Büchern zur Gesprächsführung wird häufig der Rat erteilt, für einen positiven Gesprächseinstieg zu sorgen. Man soll dann nach dem letzten Urlaub oder dem Befinden der Gattin oder anderen Belanglosigkeiten fragen. Davon halte ich gar nichts. Denn der Mitarbeiter weiß ja, dass er wegen eines Fehlverhaltens zum Gespräch eingeladen wurde, und er wird das Bemühen der Führungskraft um eine positive Gesprächsatmosphäre schnell als reine Technik entlarven. Außer dass es unnötig Zeit kostet, nehmen Sie dem Gespräch damit einen wesentlichen Teil seiner Ernsthaftigkeit und Glaubwürdigkeit. Schwierig wird es dann vor allem, rechtzeitig die Kurve zum eigentlichen Thema zu kriegen. Es ist gar nicht so leicht von einem belanglosem Thema auf ein heikles und schwieriges Thema überzuleiten. Besser ist es, gleich auf das eigentliche Thema zu sprechen zu kommen: „Herr Müller, es geht heute um ein wichtiges Thema, das mir sehr am Herzen liegt. Und zwar möchte ich heute über Ihr Arbeitszeitverhalten sprechen ..." Bei Kritikgesprächen gilt: *Je gravierender der Verstoß oder das Fehlverhalten umso direkter sollte der Gesprächseinstieg sein.* Natürlich gibt es auch Ausnahmen. Wenn Sie zum Beispiel wissen, dass die Ehefrau des Mitarbeiters eine schwere Operation hinter sich hat oder eines der Kinder schwer erkrankt ist, dann ist es absolut angebracht, sich nach dem Befinden zu erkundigen. Schließlich können solche Begebenheiten zum Fehlverhalten maßgeblich beigetragen haben. Oder wenn Sie wissen, dass es im Verantwortungsbereich des Mitarbeiter gerade gravierende Problem gibt, dann kann und sollte man schon nachfragen: „Habt Ihr die Maschine wieder zum Laufen gebracht?" Grundsätzlich gilt: Fragen Sie nur dann nach anderen Begebenheiten, wenn es Sie auch wirklich interessiert. Alles Andere würde schnell als manipulative Gesprächstechnik enttarnt werden und dann eine kontraproduktive Wirkung erzeugen.

2. *Beschreiben Sie das Fehlverhalten ohne es zu bewerten.* Jetzt geht es darum, dem Mitarbeiter Zahlen, Daten und Fakten (ZDF) zu präsentieren. Diese sollten Sie natürlich auch belegen können durch Statistiken, verwertbare Aussagen Dritter oder auch durch eigene Beobachtungen und Aufzeichnungen.

Beispiele:

– Im letzten Monat sind Sie an insgesamt sieben Tagen zu spät zur Arbeit erschienen.
– Ihre Qualitätskennzahlen haben sich in den letzten drei Monaten kontinuierlich verschlechtert.
– In den letzten zwei bis drei Monaten gab es immer wieder mal lautstarke Auseinandersetzungen mit Ihren Kollegen. Z. B. letzten Dienstag mit Herrn Maier und in der vorletzten Teambesprechung mit Frau Schulz ...
– Bei mir kommen immer häufiger Beschwerden von Kunden an. Beispielsweise letzte Woche ...

Wichtig dabei ist, dass Sie die Sachverhalte benennen ohne zu bewerten oder gar anzuklagen. Typische Bewertungen sind: „Sie sind unzuverlässig, weil Sie sieben mal zu spät gekommen sind" oder „Sie sind nicht teamfähig, weil Sie immer wieder in Streit mit Ihren Kollegen geraten". Ihren Wahrnehmungen wird der Mitarbeiter nicht widersprechen können, wenn Sie diese gut belegen können. Ihre Bewertungen wird er immer mit Gegenbeispielen widerlegen können. Bewertungen wirken anklagend und führen letztlich nur zu Widerstand und Rechtfertigungen. Auch hier zeigt sich wieder, wie wichtig es ist, über Verhalten und nicht über Persönlichkeitsmerkmale zu sprechen. Verhalten ist jederzeit von einem Moment auf den anderen veränderbar, Persönlichkeitsmerkmale dagegen nicht – zumindest nicht kurzfristig. Wenn jemand in bestimmten Situationen ein bestimmtes Verhalten zeigt, dann muss das nichts mit seinen Persönlichkeitsmerkmalen zu tun haben. Außerdem geht es auch gar nicht um die Frage, ob Ihr Mitarbeiter zuverlässig oder teamfähig *ist*, sondern immer um die Frage, welches Verhalten er im betrieblichen Umfeld an den Tag legt und welche Auswirkungen das auf seine Arbeit und seine Ergebnisse hat.

3. *Machen Sie dem Mitarbeiter klar, welche Auswirkungen sein Verhalten auf die Arbeit oder auf die Kollegen hat.* Nachdem Sie das Fehlverhalten bzw. Ihre Wahrnehmung dazu beschrieben haben, geht es nun darum darzustellen, welche Folgen das Verhalten des Mitarbeiters für das Unternehmen, für die Kollegen oder auch für Sie persönlich hat. Auch hierzu einige Beispiele:

- Durch das wiederholte Zuspätkommen mussten die Kollegen manchmal bis zu einer halben Stunde warten bzw. wir mussten einen Kollegen aus einem anderen Bereich abstellen.
- Die Nacharbeit, die wir aufgrund der fehlerhaften Teile durchführen mussten, hat uns rund 12.000 € gekostet.
- Das Klima in der Abteilung hat sich dadurch spürbar verschlechtert. ...

Wenn der Mitarbeiter erkennt, was er mit seinem Verhalten bewirkt, dann haben Sie Ihr Ziel schon fast erreicht. Dann kann er eigentlich gar nicht anders, als sich einzugestehen, dass sich bzw. er etwas verändern muss.

4. *Fragen Sie den Mitarbeiter, wie er die Sache sieht, fragen Sie nach Ursachen.* Der Mitarbeiter hat nun (hoffentlich) verstanden, worum es Ihnen geht und welche Folgen sein Handeln und Verhalten nach sich zieht. Nun ist es wichtig, dem Mitarbeiter den Ball zuzuspielen. Geben Sie ihm die Gelegenheit, seine Sicht der Dinge darzustellen. Fragen Sie ihn nach Ursachen für sein Verhalten. Natürlich wird sich an dieser Stelle nicht jeder Mitarbeiter gleich einsichtig zeigen. Erfahrungsgemäß werden nun Gründe angeführt, die der Mitarbeiter gar nicht zu verantworten hat: Die Bahn hat ständig Verspätung, die Arbeitsmittel sind veraltet und er hat es bereits mehrfach reklamiert, er fühlt sich ungerecht behandelt, weil alle unangenehmen Arbeiten bei ihm hängenbleiben usw., usw. Womöglich kann der Mitarbeiter tatsächlich nichts dafür. Hören Sie dabei aufmerksam zu. Vor allem: Hören Sie auf das, was ihn bewegt oder bedrückt. Achten Sie auf das Thema hinter dem Thema. Fehlt es ihm an Anerkennung, womöglich sogar an Anerkennung durch Sie selbst? Ist er mit seiner Arbeit gerade unzufrieden? Fühlt er sich über- oder vielleicht sogar unterfordert? Leidet er eventuell unter familiären Problemen? In der Regel sprechen Mitarbeiter solche persönlichen Themen nicht von sich aus an. Diese Themen müssen Sie erspüren und erfragen. Wenn Sie merken, dass es dem Mitarbeiter schwer fällt, über etwas zu sprechen, dann kann das ein Hinweis auf ein Thema hinter dem Thema sein. In dieser Phase des Gesprächs geht es vor allem darum, Fragen zu stellen. Mit Fragen können Sie den Mitarbeiter zur kritischen Selbstreflexion

anregen, konfrontieren oder auch ganz konkrete Anregungen geben. Stellen Sie Ihre Sicht der Dinge dar, aber beharren Sie nicht auf Ihrem Recht.

5. *Machen Sie deutlich, was Sie sich in Zukunft von dem Mitarbeiter wünschen.* Nachdem der Mitarbeiter seine Sicht der Dinge dargestellt hat, ist es wichtig, dass Sie nochmals klar machen, was Sie in Zukunft von dem Mitarbeiter erwarten. Fragen Sie den Mitarbeiter, ob er bereit ist, den Erwartungen nachzukommen und welche Maßnahmen er hierzu ergreifen wird. Fragen Sie, ob Sie ihn dabei in irgendeiner Weise unterstützen können. Bieten Sie Unterstützung an. Solange Sie merken, dass der Mitarbeiter sich selbstkritisch mit seinem Verhalten auseinandersetzt, sollten Sie die Verantwortung für die Suche nach Lösungen bei ihm belassen. Nur wenn Sie merken, dass er sich mit der Lösungsfindung schwer tut, sollten Sie eigene Maßnahmen und Lösungswege vorschlagen.

6. *Vereinbaren Sie konkrete Maßnahmen und Termine.* Nun kommt der wichtigste Schritt. Bei Kritikgesprächen gilt der Grundsatz: *Kein Kritikgespräch ohne konkrete Vereinbarung.* Natürlich kann es manchmal auch passieren, dass Sie (noch) zu keiner Einigung gekommen sind. Dann sollte die Vereinbarung in der Festsetzung eines Folgetermins bestehen. Stellen Sie sicher, dass die vereinbarten Maßnahmen möglichst konkret und überprüfbar sind. Wie ernst es dem Mitarbeiter damit ist, können Sie durch eine einfache Frage feststellen: *„Kann ich mich darauf verlassen, dass Sie sich an die Vereinbarungen halten?"* Aus der Art und Weise, wie der Mitarbeiter darauf antwortet, können Sie sehr sicher darauf schließen, wie wahrscheinlich es ist, dass er sein Verhalten ändert. Sollte die Antwort lauten: *„Ich versuche es mal"*, dann sollten Sie ihn in aller Deutlichkeit und einer gewissen Bestimmtheit darauf hinweisen, dass es mit einem „ich versuche es mal" nicht getan ist. Machen Sie an der Stelle unmissverständlich deutlich, dass Sie nicht mit sich verhandeln lassen.

Die Verbindlichkeit der Vereinbarungen können Sie auch dadurch steigern, indem Sie sie vor den Augen des Mitarbeiters schriftlich fixieren. Wenn Sie es für angebracht halten, können Sie ihn auch gleich unterschreiben lassen. Doch Vorsicht, der Mitarbeiter könnte es als Misstrauensbeweis auffassen. Bei einem schwerwiegenden Fehlverhalten kann es angebracht sein, bei leichteren Verstößen eher nicht. Außerdem empfiehlt es sich, gleich ein Überprüfungsgespräch zu vereinbaren. Dieses sollte in einem überschaubaren Zeitraum stattfinden. Je nach Art des Fehlverhaltens ist ein Abstand von zwei bis sechs Wochen angebracht.

7. *Bedanken Sie sich für die Offenheit und das konstruktive Gespräch.* Sorgen Sie für einen positiven Gesprächsabschluss. Bedanken Sie sich beim Mitarbeiter. Loben Sie seine selbstkritische Einstellung oder die offene Auseinandersetzung mit dem Thema oder auch für seine ruhige und konstruktive Gesprächsführung. Zeigen Sie ihm am Ende des Gesprächs, dass Sie ihn trotz aller Kritik als Mensch und Mitarbeiter wertschätzen.

Auch wenn das Gespräch nicht so lief, wie Sie es sich vorgestellt haben, so wird das Gespräch in der Regel seine Wirkung dennoch entfalten. Der Mitarbeiter weiß jetzt, dass sein Fehlverhalten nicht unbemerkt geblieben ist. Haben Sie Geduld. Erhöhen Sie den Kontakt zu dem Mitarbeiter in den nächsten Tagen und Wochen. Geben Sie dem Mitarbeiter interessante Aufgaben, zeigen Sie ihm Wertschätzung und beteiligen Sie in an Entscheidungen.

Doch Vorsicht, der Mitarbeiter sollte nicht den Eindruck gewinnen, dass Sie sich anbiedern. Womöglich folgert er daraus, dass Sie sich im Unrecht fühlen und etwas wieder gut machen wollen.

Ein schönes Erlebnis hatte ich erst neulich, als nach einem Vortrag bei der IHK ein junger Mann auf mich zukam und mir erzählte, dass er vor kurzem die Firma seines Vaters, ein Busunternehmen, übernommen hatte. Er bat um meinen Rat. Er wisse nicht, wie er das Gespräch mit einem älteren Mechaniker, der seit über 30 Jahren dem Unternehmen angehört, führen sollte. Er schätze diesen Mitarbeiter wegen seiner Zuverlässigkeit, seiner fachlichen Kompetenz und seiner außerordentlichen Erfahrungen sehr. An der Arbeit des Mitarbeiters selbst gäbe es nichts auszusetzen. Einziger Kritikpunkt sei das Thema Sauberkeit und Ordnung. Er hinterlasse regelmäßig Handabdrücke und Ölspuren an den instandgesetzten Bussen und auch sein Arbeitsplatz selbst würde nicht dem Bild entsprechen, das man sich von einer gut geführten Werksatt mache. Der junge Mann sagte, er selbst habe einen sehr hohen Anspruch, da ihm ein professioneller Auftritt seines Unternehmens außerordentlich wichtig sei. Andererseits wäre er sich nicht sicher, wie es der Mitarbeiter auffassen würde. Nun fragte er mich also, wie er den Mitarbeiter darauf ansprechen solle. Ich fragte ihn: „Warum sagen Sie es ihm nicht einfach so, wie Sie es mir soeben gesagt haben? Sagen Sie ihm, dass Sie seine Arbeit und seine Erfahrung sehr zu schätzen wissen, dass er für Sie ein wichtiger Mitarbeiter ist und dass es Ihnen schwer falle, ihn darauf anzusprechen, aber es Ihnen andererseits sehr wichtig wäre, dass das Unternehmen einen professionellen Eindruck hinterlässt. Führen Sie ein paar konkrete Beispiele auf, damit er versteht, worum es geht." Er bedankte sich für den Tipp und meinte: „Stimmt eigentlich, warum sage ich nicht einfach, was Sache ist."

Dieses Beispiel soll vor allem eines verdeutlichen: Wenn Sie nicht wissen, wie Sie Ihren Mitarbeiter auf ein heikles Thema ansprechen sollen, dann sagen Sie einfach, wie es Ihnen dabei geht.

3.4.5   Was tun, wenn die Gespräche nicht so verlaufen wie geplant?

Leider verlaufen Gespräche nicht immer in der idealtypischen Form wie oben dargestellt. Das kann an verschiedenen Gründen liegen. Der häufigste Grund liegt, wie könnte es anders sein, an den beteiligten Personen selbst, mit all ihren Eigenheiten, persönlichen Eigenschaften und individuellen „Macken". Mitarbeiter handeln und verhalten sich nicht immer logisch oder vernünftig bzw. rational – Führungskräfte im Übrigen auch nicht. Der Homo Oeconomicus, der immer vernünftig, rational und abgeklärt handelt, ist längst als Märchengestalt entlarvt. Emotionen, Gefühle, Ängste, und Gewohnheiten prägen unsere Art zu denken, zu entscheiden und zu handeln. Und so vielfältig und unterschiedlich Menschen auch sind, sie lassen sich doch bestimmten Kategorien zuordnen. Im Zusammenhang mit Kritikgesprächen gibt es vier häufig vorkommende Mitarbeitertypen, die eine Führungskraft vor schier unüberwindbare Herausforderungen stellen können, auf die man sich aber einstellen kann:

1. *Der Schweiger*: Da sitzt Ihnen ein Mitarbeiter gegenüber, der nur sehr einsilbig redet und von dem keine eigenen Gesprächsimpulse ausgehen. Sie wissen nicht, was von dem, was Sie gesagt haben, überhaupt angekommen ist, geschweige denn, was den Mitarbeiter überhaupt beschäftigt. Die Zielsetzung, die Gesprächsanteile in etwa gleichmäßig zu verteilen, sollten Sie schnell aufgeben. Mit einer Gesprächsverteilung von 20:80 können Sie da schon sehr zufrieden sein. Aber Vorsicht, bei Schweigern tappt man gerne in die Monologfalle. Was also tun mit einem Schweiger? Hier sind vor allem drei Dinge wichtig:

   – Zunächst einmal natürlich Fragen stellen. Stellen Sie möglichst viele offene Fragen. Geben Sie sich dabei aber nicht mit den voraussichtlich sehr knappen Antworten zufrieden. Haken Sie vor allem an den Stellen nach, wo Sie ein Thema hinter dem Thema vermuten.

   – Geben Sie dem Mitarbeiter bei der Beantwortung Ihrer Fragen Zeit. Viele Führungskräfte machen dabei den Fehler, die eigenen Fragen selbst zu beantworten, wenn die Antwort des Mitarbeiters zu lange dauert. Halten Sie die entstandene Stille aus. Wenn es sein muss auch eine Minute lang. Wenn dann immer noch keine Antwort kommt, fragen Sie, warum er sich mit der Antwort so schwer tut.

   – Thematisieren Sie das Verhalten im Gespräch. Das könnte sich dann in etwa so anhören: „Hören Sie, für mich ist es gerade sehr schwer, mit Ihnen hier ein richtiges Gespräch zu führen. Ich erlebe Sie als äußerst schweigsam. Ich habe das Gefühl, ich muss Ihnen jedes Wort aus der Nase ziehen. Mir ist es wichtig, zu verstehen, was in Ihnen vorgeht. Woran liegt es denn, dass Sie sich hier so schweigsam zeigen?" Sollte sich der Mitarbeiter hierauf immer noch nicht öffnen, so können Sie versuchen, noch stärker zu konfrontieren, indem Sie noch eine Ebene tiefer gehen: „Sagen Sie mal, was ist eigentlich los mit Ihnen? Das ist doch kein normales Verhalten. Kann ich Ihnen irgendwie helfen?"

   Sollte das alles nicht zum Erfolg führen, machen Sie klare Ansagen, sagen Sie ihm, was er zu tun hat und kontrollieren Sie die Einhaltung. Wenn er sich daran hält, sollte es für Sie o. k. sein. Tut er es nicht, dann empfehlen wir das im nächsten Abschnitt 3.4.6 beschriebene Vorgehen: „Wenn alles Reden nichts nützt."

2. *Der Vielredner*: Während das Gespräch bei schweigsamen Mitarbeitern sehr schwierig ist, ist es bei übergesprächigen Mitarbeitern äußerst anstrengend. Sie neigen gerne dazu, ihre Gesprächspartner zu unterbrechen. Oftmals hören Sie auch gar nicht zu, weil sie ständig am Überlegen sind, was sie noch sagen möchten. Man muss einerseits gut zuhören, andererseits muss man aufpassen, ob der Mitarbeiter noch beim Thema ist. Es ist oft schwer zu erkennen, gehört das Gesagte noch zum Thema oder schweift der Mitarbeiter mal wieder ab. Wann soll man ihn unterbrechen? Ist es nicht unhöflich ihn zu unterbrechen? Hier ein paar Tipps zum Umgang mit Vielrednern:

   – Sagen Sie dem Mitarbeiter zu Beginn des Gesprächs, wie Sie vorzugehen gedenken. Sagen Sie ihm, dass Sie am Anfang Ihre Sicht der Dinge darstellen werden und dass es wichtig ist, dass er gut zuhört und anschließend Gelegenheit bekommt, seine Sicht der Dinge darzulegen.

- Scheuen Sie sich nicht, den Mitarbeiter zu unterbrechen, wenn Sie merken, dass er vom Thema abschweift oder gar nicht auf Ihre Fragen eingeht. Sagen Sie ihm offen: „Das war keine Antwort auf meine Frage." Wenn Sie sich nicht sicher sind, fragen Sie: „Ich bin mir nicht sicher, aber können Sie mir sagen, wie das zum Thema gehört?"
- Wenn Sie ständig unterbrochen werden, bestehen Sie darauf, zu Ende reden zu dürfen.
- Thematisieren Sie das Gesprächsverhalten des Vielredners. „Hat Ihnen schon mal jemand gesagt, dass Sie Ihre Gesprächspartner ständig unterbrechen?" oder „... dass Sie gar nicht auf meine Fragen eingehen?" Oder: „Fällt Ihnen eigentlich auf, dass Sie ohne Punkt und Komma reden? Das ist auf Dauer sehr anstrengend."

3. *Der Choleriker*: Dieser Mitarbeiter ist schon auf hundertachtzig bevor das Gespräch überhaupt begonnen hat. Er wird schnell emotional und sein Tonfall schnell laut. Hier ist es wichtig, von Anfang an eine beruhigende Atmosphäre zu schaffen. Das bedeutet vor allem, selbst ruhig zu bleiben. Wenn Sie merken, dass er aufgrund aktueller Ereignisse gerade sehr angespannt ist, fragen Sie nach den Ursachen seiner Anspannung. „Ich merke gerade, dass Sie sehr angespannt sind, darf ich fragen, woran das liegt?" Allein die Tatsache, dass er merkt, dass Sie seine Verfassung wahrgenommen haben, wird ihn für seinen inneren Zustand sensibilisieren. Sie können ihm auch einen Kaffee anbieten. „Jetzt setzen Sie sich in aller Ruhe hin und atmen Sie erst mal tief durch. Darf ich Ihnen einen Kaffee anbieten?" Holen Sie ihn von dieser emotionalen Erregung runter. Helfen Sie ihm dabei, Dampf abzulassen. „Erzählen Sie mal, was ist denn eigentlich schief gelaufen?" Wenn er dann im Verlauf des Gesprächs immer wieder emotional wird, sprechen Sie es offen an: „Passiert Ihnen das in anderen Situationen auch, dass Sie so schnell in Rage kommen?" Sollte nach mehrmaliger Ermahnung keine Besserung erkennbar sein, sollten Sie nicht davor zurückschrecken, das Gespräch abzubrechen. Machen Sie dem Mitarbeiter klar, dass Sie dieses Verhalten nicht tolerieren. Lassen Sie den Mitarbeiter eine Nacht darüber schlafen und führen Sie das Gespräch am nächsten Tag fort. Wenn Mitarbeiter häufig gereizt oder cholerisch reagieren, ist das ein eindeutiger Hinweis darauf, dass der Mitarbeiter sich in einem seelischen Ungleichgewicht befindet. Dafür können Persönlichkeitsstörungen ebenso ursächlich sein wie private oder auch berufliche Belastungen. Wenn Sie das Problem mit dem Mitarbeiter dauerhaft lösen wollen, gilt es, diese Ursachen zu identifizieren und zu bearbeiten. Bei Persönlichkeitsstörungen sollten Sie in jedem Fall professionelle Hilfe in Form von Sozialberatung, Coaching oder auch Psychotherapie anregen.

4. *Der Übersensible*: Bei diesem Mitarbeiter müssen Sie sehr behutsam vorgehen. Der übersensible Mitarbeiter nimmt Kritik sehr persönlich. Wenn er kritisiert wird, dann grübelt er tagelang darüber und er leidet unter der Kritik. Hier bewegen Sie sich auf einem schmalen Grat. Einerseits müssen Sie die Kritik ausreichend klar und unmissverständlich formulieren, so dass der Mitarbeiter versteht, was in Zukunft von ihm erwartet wird. Andererseits braucht es sehr viel Diplomatie und Einfühlungsvermögen, um den Mitarbeiter nicht zu demontieren. Machen Sie ihm gleich zu Beginn des Gesprächs klar, dass Sie ihn als Mitarbeiter schätzen, dass es aber andererseits wichtig ist, dass Sie die

Dinge offen ansprechen können. Bei diesen Mitarbeitern ist es besonders wichtig, ihnen für das Fehlverhalten keine Schuld zuzuweisen, denn es war sicherlich nicht ihre Absicht. Suchen Sie die Schuld dafür woanders. Haben Sie als Vorgesetzter es vielleicht versäumt, ihn ausreichend zu informieren? Ist der Job nicht der geeignete? Hatte er vielleicht nicht die nötige Einweisung oder Unterstützung?

Einem guten Gesprächserfolg können selbstverständlich auch Sie selbst im Wege stehen. Wir sind nicht jeden Tag in gleich guter Verfassung. Wir sind einfach nicht immer gleich gut „drauf". Es gibt Tage, da geht einfach alles schief und jetzt kommt auch noch dieses lästige Kritikgespräch. In dieser schlechten Verfassung wird Ihnen nur schwerlich ein gutes Gespräch gelingen. Jetzt ist es wichtig, sich rechtzeitig in die richtige Verfassung bringen. Wie? Das müssen Sie selbst herausfinden. Bei den einen hilft eine Tasse Kaffee, bei den anderen ein gutes Gespräch oder etwas frische Luft schnappen oder einfach nur einige Minuten tief durchatmen. Wenn alles nicht hilft, verschieben Sie das Gespräch auf einen günstigeren Zeitpunkt[65].

3.4.6   Wenn alles Reden nichts nützt

So, Sie haben nun im Kritikgespräch alles richtig gemacht, der Mitarbeiter hat Besserung gelobt, Sie haben nachprüfbare Maßnahmen vereinbart und was passiert? Nichts! Der Mitarbeiter macht weiter wie bisher. Also noch ein Gespräch. Der Mitarbeiter macht immer noch weiter, also noch ein Gespräch. Manchmal treffe ich Führungskräfte, die auf die Eingangsfrage, „Haben Sie das dem Mitarbeiter schon gesagt?" antworten: „Ja, ich weiß schon gar nicht mehr, wie oft ich ihm das gesagt habe." „Und?", frage ich dann. „Ja, nichts und. Der Mitarbeiter macht weiter wie bisher." „Und was wollen Sie dagegen tun?", frage ich weiter. „Was kann man da schon dagegen tun?" Diese Führungskräfte haben resigniert. Das hat übrigens auch eine verheerende Signalwirkung auf die Kollegen. „Bei unserem Chef bzw. in unserem Unternehmen kann man sich das erlauben. Da passiert nichts." Hat sich diese Erkenntnis erst einmal im Unternehmen breit gemacht, dann haben Disziplinargespräche eine ähnliche Wirkung, wie wenn Sie jemanden mit einer Spielzeugpistole bedrohen. „Wenn das Ende nicht gefürchtet wird, ist es nichts wert."[66] Konsequente Führung sieht anders aus. In diesem Fall geht es darum, konsequent am Ball zu bleiben. Natürlich wird ein weiteres Gespräch in derselben Qualität nur wenig bewirken. Bei anhaltendem Fehlverhalten von Mitarbeitern ist es wichtig, konsequent die verschiedenen Eskalationsstufen zu durchlaufen.

---

[65]   Groth, Alexander; Plassmann, Thomas: Führungsstark nach allen Richtungen. Campus 2008.
[66]   Sprenger, Reinhard: Aufstand des Individuums. Campus 2001.

Abbildung 3.5   Konsequenter Umgang mit Fehlverhalten - die verschiedenen Eskalationsstufen

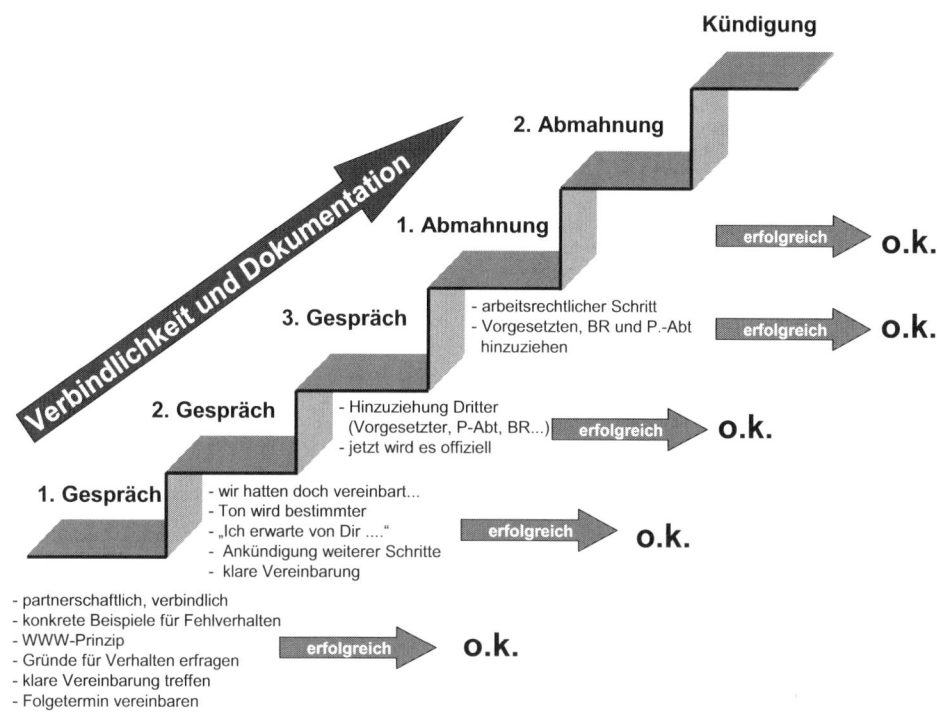

Die erste Eskalationsstufe ist das oben beschriebene Kritikgespräch. Dieses Gespräch findet in einer freundlichen aber verbindlichen Atmosphäre statt. In schätzungsweise 80 % der Fälle ist damit das Problem aus dem Wege geschafft. Verändert der Mitarbeiter sein Verhalten nicht in dem erforderlichen Maße, geht es auf die nächste Eskalationsstufe.

Das zweite Gespräch wird dann im Ton verbindlicher und nachdrücklicher. Der Einstieg in dieses Gespräch könnte wie folgt aussehen: „Wir hatten doch vereinbart, ... Ich stelle fest, dass du dich nicht daran gehalten hast. Woran hat es gelegen?" In diesem Gespräch geht es darum, dem Mitarbeiter nochmals deutlich zu machen, was Sie von ihm erwarten und ihm bewusst zu machen, dass Sie dabei nicht locker lassen werden. Auch hier gilt: In schätzungsweise 80 % der verbliebenen Fälle ist damit das Problem gelöst. Halten Sie das Gespräch für den Fall der Fälle schriftlich fest. Führt auch dieses Gespräch nicht zum gewünschten Erfolg, geht es wieder eine Stufe weiter.

Das dritte Gespräch findet unter Hinzuziehung weiterer Personen statt. Das können der nächst höhere Vorgesetzte oder die Personalabteilung oder auch beide sein. Bei Bedarf oder auf Wunsch des Mitarbeiters kann auch der Betriebsrat mit hinzugezogen werden. Jetzt wird es offiziell. Ein Abteilungsleiter hat in einem solchen Gespräch die Situation sehr treffend angesprochen, indem er zu seinem Mitarbeiter sagte: „Ja, lieber Sepp, ich hatte immer gehofft, wir könnten das Problem unter uns lösen. Jetzt ist die Personalabteilung mit eingeschaltet. Jetzt habe ich es nicht mehr in der Hand, was passiert. Jetzt liegt es eigentlich nur noch an dir." In diesem Gespräch wird dem Mitarbeiter in aller Deutlichkeit klar gemacht, dass solch ein Verhalten im Unternehmen nicht geduldet werden kann und für den Wiederholungsfall weitergehende arbeitsrechtliche Schritte angekündigt. Aus meiner Erfahrung haben Sie damit 98 % aller Problemfälle gelöst.

Sollte auch dieses Gespräch wider Erwarten keine Besserung bringen, sind in der Folge die formaljuristischen Schritte der Abmahnung und wenn auch das nicht nützt, die Kündigung auszusprechen. Da Sie als Führungskraft nicht selbst abmahnen oder kündigen dürfen, ist es wichtig, den Personalbereich so früh wie möglich in diesen Prozess mit einzuschalten. Wichtig dabei ist, diesen Eskalationsprozess sauber zu dokumentieren. Bei einer zu erwartenden Kündigungsschutzklage des Mitarbeiters erhöhen Sie Ihre Erfolgsaussichten vor dem Arbeitsgericht immens. Wenn Sie dem Mitarbeiter nachweislich so viele Gelegenheiten gegeben haben, sein Fehlverhalten einzustellen, wird in der Regel kein Arbeitsrichter der Kündigung widersprechen. Im Übrigen gilt: Konsequente Trennungspolitik ist genauso wichtig wie eine gute Personalauswahl. Außerdem setzten Sie damit auch ein klares Signal in Richtung der anderen Mitarbeiter: „Fehlverhalten wird bei uns nicht geduldet."

Das Wichtigste in Kürze:

- Konsequente Führung bedeutet, Fehlverhalten konsequent anzugehen.

- Ein Kritikgespräch hat eine deutlich höhere Wirkung als ein Gespräch zwischen Tür und Angel.

- Mit einem Erwartungsgespräch können Sie neuen Mitarbeitern von Anfang an deutlich machen, was Sie von ihnen erwarten.

- Kritikgespräche sind in der Sache konsequent und im Ton fair.

- Bereiten Sie sich auf Kritikgespräche mit Hilfe des Gesprächsleitfadens gut vor.

- Strukturieren Sie das Gespräch: Gesprächseinstieg – Beschreibung des Fehlverhaltens – Auswirkungen auf die Arbeit – Sicht des Mitarbeiters – Vereinbarungen treffen – Überprüfungstermin festlegen

- Reden Sie Klartext ohne zu verletzen.

- Gibt es ein Thema hinter dem Thema?

- Sie können das Verhalten kritisieren, aber nicht die Person/den Menschen.

- Das WWW-Prinzip (Wahrnehmung, Wirkung, Wunsch) stellt sicher, dass Kritik sachlich geäußert wird.

- Ich-Botschaften, aktives Zuhören, Führen durch Fragen, Feedbackregeln sind wichtige Instrumente der Gesprächsführung – nehmen Sie dazu die passende Grundhaltung ein (ich bin o. k. – Du bist o.k.).

- Stellen Sie sich auf den Mitarbeiter ein (Vielredner, Schweiger, Choleriker, Übersensible).

- Das Ergebnis eines Kritikgesprächs sollte immer eine überprüfbare Vereinbarung sein.

- Bleiben Sie Sie selbst – Authentizität ist ein wichtiger Erfolgsfaktor.

- Gehen Sie konsequent die vorgesehenen Eskalationsstufen.

Literaturhinweise

[1]   Bitzer, Bernd: Das Rückkehrgespräch: Integrationshilfe und Instrument der betrieblichen Gesundheitsvorsorge. Sauer 1999.
[2]   Collins, Jim: Der Weg zu den Besten. Deutscher Taschenbuch Verlag 2007.
[3]   Groth, Alexander; Plassmann, Thomas: Führungsstark nach allen Richtungen. Campus 2008.
[4]   Gührs, Manfred; Nowak, Claus: Das konstruktive Gespräch: Ein Leitfaden für Beratung, Unterricht und Mitarbeiterführung mit Konzepten der Transaktionsanalyse. Limmer-Verlag 2006.
[5]   Sprenger, Reinhard: Aufstand des Individuums. Campus 2001.
[6]   Weingardt, Beate: Du bist gut genug. Wie Sie Ihre inneren Antreiber erkennen und gelassener werden können. Scm R. Brockhaus; Auflage: 5., Aufl. (14. Januar 2010).

3.5   Das Mitarbeiter-Jahresgespräch

"Mitarbeitergespräche sollte man wie TÜV-Termine betrachten. Es besteht zwar die Möglichkeit der Beanstandung, wichtiger ist jedoch die beruhigte Weiterfahrt für die nächsten Jahre."

Hermann Lahm,
dt. Dichter, * 1948

3.5.1   Das Mitarbeiter-Jahresgespräch in der betrieblichen Praxis

„Wir brauchen kein Mitarbeiter-Jahresgespräch (MJG), wir sprechen tagtäglich mit unseren Mitarbeitern." Dieser Einwand begegnet mir häufig, wenn es darum geht, formale Mitarbeiter-Jahresgespräche einzuführen. Natürlich reden Führungskräfte tagtäglich mit ihren Mitarbeitern, aber Gespräche über die Qualität der Zusammenarbeit oder die gegenseitigen Erwartungen finden oftmals nicht in ausreichendem Maße statt. Das MJG hat eine gänzlich andere Qualität als die Alltagskommunikation. Die Alltagskommunikation ist in der Regel durch Zeitmangel und Sachzwänge geprägt und findet nicht selten zwischen „Tür und Angel" statt. Dabei stehen vor allem die im Moment brennenden Themen im Vordergrund. In der Alltagshektik wird auf die Wortwahl eher weniger Wert gelegt, Informationen kommen unvollständig an und manchmal können auch die Emotionen hochkochen. Solche Kommunikationsdefizite können zu Missverständnissen, Konflikten und Frustrationen führen.

Auch die Aussage eines geschätzten Geschäftsführers, „Ich möchte kein formales Mitarbeitergespräch, sondern ich möchte, dass die Führungskräfte mit ihren Mitarbeitern sprechen.", beinhaltet einen wichtigen Aspekt, der bei MJG immer wieder festzustellen ist. Sicher hat dieser Geschäftsführer das Bild eines ritualisierten und sinnentleerten Mitarbeitergesprächs vor Augen, wo beide Seiten nach dem Motto „the same procedure as every year" das Gespräch so zügig wie möglich durchziehen möchten. Hauptsache man kann mittels beiderseitiger Unterschrift den Vollzug des Gesprächs an die Personalabteilung vermelden. Den Vogel abgeschossen hat dabei eine Führungskraft, mit dem wohl kürzesten „Gespräch", das je stattgefunden hat: „Haben Sie was? Nein? Ich auch nicht. Dann sind wir ja durch." Das hätte man sich dann gerade auch noch sparen können. Solange beiden Seiten der Nutzen des MJG verborgen bleibt, solange werden sie nicht bereit sein, den erforderlichen Vorbereitungs- und Durchführungsaufwand zu investieren. Und solange sie nicht bereit sind, den erforderlichen Aufwand zu betreiben, solange wird ihnen der Nutzen verborgen bleiben. Da beißt sich die Katze in den Schwanz. Diesen Kreislauf können Sie nur durchbrechen, indem Sie mit Überzeugung dran gehen und die nötige Zeit investieren.

3.5.2   Wesen und Ziele des Mitarbeiter-Jahresgesprächs

Das Mitarbeiter-Jahresgespräch dient dazu, mit dem Mitarbeiter gemeinsam das vergangene Jahr zu reflektieren und einen Ausblick auf das nächste Jahr zu werfen. Dabei geht es aber nicht nur um Zielkontrolle und Zielvereinbarung, Leistungsbewertung und Personalentwicklung. Ein gut geführtes Mitarbeiter-Jahresgespräch dient vor allem auch der Beziehungspflege zwischen Führungskraft und Mitarbeiter und damit auch der Mitarbeitermotivation. Bei einem gut geführten Gespräch nehmen sich Mitarbeiter und Führungskraft ausreichend Zeit, um in Ruhe und in einer ruhigen Atmosphäre, mit einem bewussten Abstand zum Tagesgeschehen über grundsätzliche und wichtige Themen zu sprechen. Man kann es auch so sehen: Beim Mitarbeitergespräch gehen Mitarbeiter und Führungskraft quasi gemeinsam vom Spielfeld runter, setzen sich auf die „Tribüne" und schauen sich in aller Ruhe das „Spiel" von oben an, um gemeinsam zu überlegen, wie der Mitarbeiter sein „Spiel" weiter verbessern kann. Das Mitarbeitergespräch ist also kein Ersatz, sondern eine wichtige Ergänzung zur Alltagskommunikation. Es hilft dem Mitarbeiter, die Anweisungen des „Trainers" während des Spiels besser zu verstehen und umzusetzen. Das MJG hat vor allem eine präventive Wirkung. Fehlt es, so kann es dazu führen, dass die unbearbeiteten Probleme über Jahre vorneweg geschoben werden und sich irgendwann zu einem „mächtigen Berg" auftürmen. Durch das Mitarbeitergespräch wird der „Sand im Getriebe des Alltags" von Zeit zu Zeit entfernt und damit für ein reibungsloseres Miteinander gesorgt.[67]

Das MJG ist vor allem ein partnerschaftliches Gespräch, das durch gegenseitige Wertschätzung geprägt sein sollte. Das bedeutet: Die Gesprächspartner begegnen sich „auf gleicher Augenhöhe". (Ein konkreter Tipp hierzu am Rande: Setzen Sie sich im 90°-Winkel zum Mitarbeiter, nicht gegenüber. Damit unterstreichen Sie auch das partnerschaftliche Grundprinzip des Jahresgesprächs.) Es lebt von einer möglichst offenen Gesprächsführung. Wichtig ist dabei die Fähigkeit der Führungskraft, Gespräche richtig zu führen, indem sie eine Atmosphäre schafft, in der Vertrauen entsteht, gegenseitiges Feedback angenommen werden kann und Perspektiven eröffnet werden. Das Mitarbeitergespräch ist in erster Linie ein Dialog. Das bedeutet, dass die Gesprächsanteile in etwa gleichmäßig verteilt sein sollten. Es wird seinen Nutzen aber nur dann voll entfalten, wenn Sie als Führungskraft mit Überzeugung voll dahinterstehen. Mitarbeitergespräche, die nur formal oder gar alibimäßig „durchgezogen" werden, sind kontraproduktiv und demotivieren die Mitarbeiter nur. Daher ist es für Sie als Führungskraft wichtig, sich der Bedeutung des Mitarbeitergesprächs bewusst zu werden und die Prioritäten entsprechend zu setzen. Die Qualität und der Nutzen des Mitarbeitergesprächs hängen stärker von Ihrer inneren Einstellung dazu als von Ihrer Gesprächsführungskompetenz ab.

---

[67]   Nagel, Reinhart u.a.: Das Mitarbeitergespräch als Führungsinstrument. Stuttgart, Klett-Cotta 1999.

3.5.3   Gestaltung und Ablauf des Mitarbeiter-Jahresgesprächs

Das MJG sollte mindestens einmal jährlich geführt werden. Üblicherweise wird das im Rahmen der jährlichen Leistungsbeurteilung sein. Ergänzend hierzu bieten sich unterjährige Gespräche an. Vereinbaren Sie mit Ihren Mitarbeitern die Gesprächstermine rechtzeitig, d.h. etwa zwei bis drei Wochen vorher. Wählen Sie die Termine so, dass ein produktives Gespräch in einer ruhigen und ungestörten Atmosphäre geführt werden kann und nehmen Sie sich ausreichend Zeit für das Gespräch. Es ist besser, zu viel Zeit einzuplanen, als zu wenig. Das Gespräch sollte auf gar keinen Fall unter Zeitdruck geführt werden. Und ganz wichtig: Achten Sie vor allem auf einen positiven Gesprächsabschluss. Der Mitarbeiter sollte mit einem guten Gefühl und Zuversicht aus dem Gespräch gehen.

Das Mitarbeiter-Jahresgespräch ist in fünf aufeinander aufbauende Bestandteile gegliedert:

1. Der Rückblick auf das vergangene Jahr

2. Die Leistungsbeurteilung/das Leistungs-Feedback

3. Der Ausblick auf das kommende Jahr

4. Die Vereinbarung von Zielen

5. Das Mitarbeiter-Feedback (Feedback des Mitarbeiters an die Führungskraft)

Zur Vorbereitung und zielgerichteten Durchführung des Mitarbeitergesprächs soll Ihnen der in der Anlage beigefügte Gesprächsleitfaden dienen. Betrachten Sie den Gesprächsleitfaden als Angebot, um das Gespräch zu strukturieren. Sie können den Leitfaden gerne an Ihre Bedürfnisse und Rahmenbedingungen anpassen. Bitten Sie den Mitarbeiter sich ebenfalls anhand des Leitfadens auf das Gespräch vorzubereiten. Damit nehmen Sie ihn in die Mitverantwortung für das Gespräch. Bei Punkt 2, „Leistungsfeedback/Leistungsbeurteilung" ist eine wichtige Unterscheidung vorzunehmen. Wenn es in Ihrem Unternehmen ein formelles Leistungsbeurteilungsverfahren mit Entgeltwirksamkeit gibt, so werden Sie nicht umhin kommen, dieses auch entsprechend anzuwenden. Für diesen Fall erhalten Sie weiter unten konkrete Anregungen zur Vorbereitung und Durchführung des Beurteilungsgesprächs. Ich empfehle auf jeden Fall, das Beurteilungsgespräch in das Mitarbeiter-Jahresgespräch zu integrieren. Damit wird gerade bei kritischen Leistungsbeurteilungen vermieden, dass sich das Gespräch allzu sehr auf die Leistungskritik fokussiert.

Sollte es in Ihrem Unternehmen kein entgeltwirksames oder auch sonstiges Beurteilungssystem geben, so rate ich zu einem jährlichen *Leistungsfeedback*. Führen heißt in erster Linie Feedback geben. Wenn die Mitarbeiter nicht wissen, wo sie leistungsmäßig stehen, dann haben sie auch keinen Anlass, an ihrem Arbeitsverhalten irgendetwas zu verändern. Das Leistungsfeedback unterscheidet sich grundlegend von der Leistungsbeurteilung. Beim Leistungsfeedback geben Sie Ihren Mitarbeitern eine Rückmeldung, wie sie deren Arbeits- und Sozialverhalten wahrgenommen haben, wo Sie zufrieden sind und wo Ihre Erwartungen eventuell noch nicht erfüllt werden. Der Mitarbeiter hat die Möglichkeit seine Sicht der

Dinge darzustellen. Der entscheidende Punkt ist: Sie müssen sich nicht auf eine Bewertung festlegen und Sie müssen den Mitarbeiter auch nicht mit anderen Mitarbeitern vergleichen. Das Leistungsfeedback hat einen stark entwicklungsorientierten Charakter. Demgegenüber dient die Leistungsbeurteilung (leider) in erster Linie der Ermittlung des Leistungsentgelts. Im Beurteilungsgespräch mit Entgeltwirksamkeit hat der Mitarbeiter *keine* Möglichkeit, noch auf das Beurteilungsergebnis Einfluss zu nehmen – es sei denn, Ihnen wäre ein grober Fehler unterlaufen, indem Sie wichtige Leistungen des Mitarbeiters nicht berücksichtigt hätten. Dies kann aber nur den absoluten Ausnahmefall darstellen.

3.5.4   Die Elemente des Mitarbeiter-Jahresgesprächs

3.5.4.1   Rückblick auf das vergangene Jahr

Der Rückblick auf das vergangene Jahr hilft Ihnen, einen sachlichen Einstieg in das Gespräch zu finden. Hier ist vor allem der Mitarbeiter gefragt, seine Sicht der Dinge darzulegen. Hier können Sie den Mitarbeiter fragen, welches aus seiner Sicht die herausragenden Ereignisse waren, wo er seine Beträge zum Erfolg sieht, wie er die Zielerreichung bewertet oder mit welchen Ergebnissen er besonders zufrieden war. Insbesondere die Antworten auf die Frage „Womit ist der Mitarbeiter zufrieden bzw. nicht zufrieden?" sind wichtige Hinweise für Sie als Führungskraft. An dieser Stelle ist es wichtig, nicht zu versuchen, die kritischen Rückmeldungen des Mitarbeiters zu widerlegen oder zu entkräften, sondern zu fragen, welche konkreten Erwartungen er an Sie hat. Beim Rückblick auf das abgelaufene Jahr geht es gar nicht darum, wer die „richtige" Einschätzung hat, sondern vor allem darum, die jeweiligen Sichtweisen deutlich zu machen und das gegenseitige Verständnis für einander zu schärfen.

3.5.4.2   Das Leistungsfeedback

Das Leistungsfeedback ist der Kern des Jahresgesprächs. Mitarbeiter müssen und wollen wissen, wo sie aus der Sicht ihres Vorgesetzten leistungsmäßig stehen. Auch wenn es in Ihrem Unternehmen kein formales bzw. entgeltwirksames Leistungsbeurteilungssystem gibt, so sollten Sie Ihren Mitarbeitern dennoch – oder gerade deshalb – von Zeit zu Zeit eine Rückmeldung zu ihrem Leistungs- und Sozialverhalten geben. Die Auswirkungen fehlenden Leistungsfeedbacks sind mit dem nachfolgenden Zitat, sehr gut getroffen: „Fehlende Kritik unterstützt schlechte Eigenschaften, fehlendes Lob schwächt positive Eigenschaften ab."[68] Beim Leistungsfeedback müssen Sie keine Beurteilung des Leistungs- oder Sozialverhaltens vornehmen, sondern einfach nur Ihre Wahrnehmungen an den Mitarbeiter zurückmelden und ihm deutlich machen, welche Wirkung sein Verhalten auf andere hat. Hier können Sie den Mitarbeiter fragen, wo er selbst seine Stärken und Schwächen sieht. Das hat den Vorteil, dass er damit seine Reflexionsfähigkeit schult. Außerdem werden die meisten Mitarbeiter von sich aus ihre Schwächen benennen, so dass der unangenehme Part, kriti-

---

[68]   Gesehen im Haus Lämmerbuckel mit der Bitte an die Gäste, Feedback zu geben. Verfasser unbekannt.

sche Rückmeldungen zu geben und schlüssige Begründungen dafür liefern zu müssen, für Sie weitgehend entfällt. Hat der Mitarbeiter die eigenen Schwächen für Sie zutreffend beschrieben, so besteht der nächste Schritt darin, gemeinsam nach geeigneten Maßnahmen zu suchen. Auch hierbei sollten Sie die Verantwortung dort belassen, wo sie hingehört, nämlich beim Mitarbeiter. Fragen Sie ihn, welche Maßnahmen er zu ergreifen gedenkt. Selbstverständlich sollten Sie ihn durch kritische Fragen und konkrete Anregungen dabei unterstützen. Doch Vorsicht: Mitarbeiter neigen beim Beschreiben von Schwächen und Defiziten gerne dazu, die Ursachen dafür rein auf der Sachebene zu suchen. „Mir fehlt noch die Erfahrung" oder „ich brauche eine Schulung" oder „ich brauche mehr Zeit" lauten nicht selten die Begründungen. Meist liegen die Ursachen jedoch in hinderlichen Verhaltensmustern des Mitarbeiters selbst begründet. Hinderliche Verhaltensmuster können zum Beispiel sein: Perfektionismus, die Neigung, unangenehme oder schwierige Aufgaben gerne vor sich herzuschieben, ein starkes Harmoniestreben oder ganz einfach fehlende Disziplin. Wenn Sie eindeutige Wahrnehmungen dazu haben, dann sollten Sie diese dem Mitarbeiter zurückspiegeln. Solange der Mitarbeiter nicht erkennt oder sich nicht eingesteht, dass seine Schwierigkeiten an seinen hinderlichen Verhaltensmustern liegen, solange wird er nicht in der Lage sein, sie nachhaltig zu beseitigen. Allerdings wird er nur bereit sein, offen über hinderliche Verhaltensweisen und deren Ursachen zu sprechen, wenn ein gewisses Vertrauensverhältnis zu Ihnen besteht. Andererseits: Wenn es Ihnen gelingt, hierüber in ein offenes und vorwurfsfreies Gespräch zu kommen, dann kann das eine immens positive Auswirkung auf die Beziehung zu Ihrem Mitarbeiter haben.

Wenn Sie wichtige Wahrnehmungen zum Arbeitsverhalten Ihres Mitarbeiters gemacht haben, sollten Sie diese natürlich nicht bis zum nächsten Jahresgespräch zurückhalten. Geben Sie Ihren Mitarbeitern möglichst zeitnahe Rückmeldungen, positive wie negative, damit diese auch verstehen, worum es Ihnen geht. Damit vermeiden Sie, dass die Mitarbeiter im Jahresgespräch von kritischen Rückmeldungen „wie vom Blitz getroffen" werden. Sie wissen dann, wovon Sie sprechen. Dieses Beispiel macht deutlich, wie wichtig eine stimmige Verknüpfung von Alltagskommunikation und Jahresgespräch ist.

3.5.4.3   Die Leistungsbeurteilung

Leistungsbeurteilungen mit Entgeltwirksamkeit verfolgen im Wesentlichen drei Ziele: Erstens dienen sie natürlich der Entgeltfindung, um zu einer möglichst leistungsgerechten Entlohnung zu gelangen. Zweitens dienen sie der Mitarbeitermotivation. Gute Mitarbeiter sollen für ihre guten Leistungen belohnt werden, um sich auch künftig zu engagieren. Weniger gute Mitarbeiter sollen angespornt werden, sich mehr anzustrengen und an sich zu arbeiten. Und drittens soll der Mitarbeiter erkennen, wo er leistungsmäßig steht, wo er seine Stärken hat und wo er sich noch verbessern kann. Die Leistungsbeurteilung ist also auch ein Personalentwicklungsinstrument, vorausgesetzt, es wird richtig eingesetzt.

Leider wird in der Praxis der erste Aspekt häufig total überbetont. Beurteilungsgespräche haben aufgrund ihrer Entgeltwirksamkeit einen gänzlich anderen Charakter, als das Leistungsfeedback. Das Interesse am Geld verdrängt bei vielen Mitarbeitern das Interesse an einer ehrlichen Leistungsrückmeldung. Damit fehlt die Offenheit, sich über Verbesserungsmöglichkeiten zu unterhalten, stattdessen schielt man nur noch auf das Geld. Das führt dann häufig zu solchen Fehlentwicklungen:

■ Führungskräfte scheuen sich, ihre Mitarbeiter schlechter als im Vorjahr zu beurteilen. Man will ja dem Mitarbeiter „kein Geld wegnehmen". Rücknahmen stellen eine absolute Ausnahme dar und werden von manchen Führungskräften und Mitarbeitern als der letzte Schritt vor einer Kündigung wahrgenommen. Das sind sie natürlich nicht.

■ Konfliktscheue Führungskräfte vergeben Gefälligkeitsbeurteilungen. Damit wird die Chance zu einer echten Weiterentwicklung der Mitarbeiter vertan. Wer der Überzeugung ist, dass seine Arbeit gut ist, wird kaum einen Grund haben, an sich zu arbeiten. Außerdem wird dadurch das Ungerechtigkeitsempfinden bei den Mitarbeitern geschürt, denn selbstverständlich vergleichen sich diese untereinander. Wenn ein C-Mitarbeiter nahezu die gleiche Leistungszulage erhält, wie ein A-Mitarbeiter, dann verfehlt die Leistungsbeurteilung nicht nur ihre motivierende Wirkung, sondern sie wird demotivierend.

■ Führungskräfte stehen nicht hinter der Beurteilung oder schieben andere Gründe vor, um eine schwächere Beurteilung zu legitimieren. „Ich hätte Sie ja gerne anders beurteilt, aber die Personalabteilung (oder das Beurteilungssystem) lässt es nicht zu." Solche Aussagen tragen sicherlich nicht zur Motivation des Mitarbeiters bei, da sie seine Überzeugung bestätigen, dass er ohnehin unterbezahlt ist.

■ Das Geld steht im Vordergrund. Es wird mehr darüber gesprochen, wo die Kreuzchen für wie viel Punkte, Prozente oder Euros gesetzt wurden, anstatt über Arbeitsverhalten, Leistungserwartungen und Möglichkeiten zur Leistungsverbesserung zu sprechen. Auch damit wird die Chance zur echten Weiterentwicklung der Mitarbeiter vertan.

■ Ein Beurteilungsgespräch findet gar nicht erst statt. Der Mitarbeiter interessiert sich lediglich dafür, wie viel Geld er künftig bekommt. Das Gespräch reduziert sich dann auf die Frage: „Wo muss ich unterschreiben?" Beide sind zufrieden. Eine schöne Symbiose zwischen schwacher Führungskraft und demotiviertem Mitarbeiter. Beide haben keine Lust an einem Gespräch, geschweige denn, sich über Verbesserungsmöglichkeiten Gedanken zu machen. Und wieder ist die Chance zur echten Weiterentwicklung des Mitarbeiters vertan.

Diese Beispiele zeigen, dass Beurteilungssysteme häufig nur bedient werden. Man will es ohne großen Aufwand und unangenehme Gespräche vom Tisch haben. Damit berauben sich Führungskräfte eines wichtigen, wenn nicht gar des wichtigsten Führungsinstruments überhaupt. Als Führungskraft sind Sie daher gut beraten, den monetären Aspekt der Leistungsbeurteilung in den Hintergrund zu stellen und immer wieder deutlich zu machen, dass es vor allem darum geht, dass der Mitarbeiter versteht, wo er leistungsmäßig steht, welche Erwartungen Sie an ihn haben und wo er sich noch verbessern kann.

Hinweise zur Vorbereitung des Leistungsbeurteilungsgespächs

Leistungsbeurteilungen sollten so fair und objektiv wie nur möglich sein, wenn sie motivierend sein sollen. Dennoch: Wenn Menschen Menschen beurteilen, dann ist das immer subjektiv. Insbesondere, wenn das Arbeitsergebnis nicht mengenmäßig erfasst werden kann oder auch Verhaltensmerkmale mitbewertet werden sollen, ist eine vollkommen objektive Beurteilung nicht möglich. Selbst wenn mit den gängigen, auf Punktbewertungen basierenden Beurteilungssystemen, eine gewisse Objektivität vorgegaukelt wird, bleiben Beurteilungen immer subjektiv. Die nachfolgenden Hilfestellungen sollen Ihnen dazu dienen, den Grad der Objektivität so weit wie möglich zu erhöhen. Bei der Leistungsbeurteilung geht es ausschließlich darum, Aussagen über die Leistung und das Leistungsverhalten und nicht etwa über das Wohlverhalten der Mitarbeiter zu treffen. Es geht also nicht darum, die Persönlichkeit bzw. den Charakter zu beurteilen, sondern ausschließlich um eine möglichst objektive Bewertung der Arbeitsergebnisse und des Arbeitsverhaltens. Voraussetzung für ein gutes Beurteilungsgespräch ist, dass Sie Ihr „Urteil" auch gut abgewogen und auf ein gutes Fundament gestützt haben. Hierzu sind folgende Punkte zu berücksichtigen:

■ Stützen Sie Ihre Beurteilung auf mehrere Wahrnehmungen. Machen Sie sich im Laufe des Beurteilungszeitraums Notizen zu wichtigen Wahrnehmungen. Je konkreter die Beispiele sind, die Sie anführen können, umso besser wird der Mitarbeiter verstehen, was Sie meinen. Aber warten Sie bei wichtigen Punkten mit Ihrer Rückmeldung nicht bis zum Jahresgespräch, sondern geben Sie diese möglichst zeitnah an den Mitarbeiter. Manchmal fragen mich Führungskräfte, ob das unterjährige Notizenmachen nicht dem Charakter von Stasiakten gleicht. Aus meiner Sicht überhaupt nicht, denn die Notizen sollten ja nicht nur negative, sondern auch positive Ereignisse festhalten. Außerdem, wenn Sie dem Mitarbeiter Fehlverhalten zeitnah rückmelden, dann weiß er, was in Ihren Notizen festgehalten ist. Im Übrigen dienen diese vor allem dazu, zu einer möglichst objektiven Beurteilung zu gelangen. Das kann nur im Interesse des Mitarbeiters liegen. Selbstverständlich macht es auch einen Unterschied, in welcher Form Sie Ihre unterjährigen Wahrnehmungen festhalten. Handschriftliche Notizen auf einem Blatt Papier haben sicherlich eine andere Wirkung als ein am Computer erstelltes mehrseitiges Dossier.

■ Orientieren Sie sich bei der Beurteilung an den vorgegebenen Beurteilungskriterien und nicht an Ihren persönlichen Werturteilen und Vorstellungen. Mitarbeiter, die „anders" wie Sie selbst sind oder „anders" denken, müssen deshalb nicht von vornherein schlechtere Leistungen bringen. Bewertet werden nur das Arbeits- und Sozialverhalten sowie die erzielten Arbeitsergebnisse des Mitarbeiters, nicht aber der Charakter oder die Persönlichkeit des Mitarbeiters.

■ Bewerten Sie die Beurteilungskriterien einzeln. Versuchen Sie zwischen den Kriterien deutlich zu differenzieren. Wo hat der Mitarbeiter Stärken und wo Schwächen? Bringen Sie dies auch in den einzelnen Kriterien zum Ausdruck.

■ Bei jeder Bewertung eines Kriteriums unterhalb der „erwarteten Leistung" sollten Sie sich notieren, welcher Leistungs- bzw. Verhaltensaspekt konkret zu dieser Beurteilung geführt hat. Überlegen Sie sich an dieser Stelle gleich, was Sie in diesem Punkt von Ihrem Mitarbeiter ganz konkret in der Zukunft erwarten.

■ Legen Sie einen situationsgerechten Maßstab an. An Mitarbeiter mit höherer Eingruppierung sind auch höhere Anforderungen zu stellen. Niedriger eingruppierte Mitarbeiter müssen nicht von vornherein eine schlechtere Leistungsbeurteilung erhalten. Vergleichen Sie Mitarbeiter mit gleichen oder ähnlichen Anforderungen. Sind die Beurteilungen im Quervergleich plausibel?

■ Fragen Sie sich, ob Sie ein eher milder oder ein eher strenger Beurteiler sind. Als milder Beurteiler sollten Sie den Bewertungsmaßstab bewusst höher anlegen, als strenger bewusst niedriger.

■ Versuchen Sie die allzu menschlichen, an dieser Stelle aber absolut unangebrachten Effekte so weit wie möglich auszuschließen. Dazu gehören vor allem:

  – Der Sympathie- und Antipathieeffekt: Sympathischen Menschen schreiben wir eher positive und unsympathischen Menschen eher negative Merkmale zu.
  – Der Attraktivitätseffekt: Attraktive Menschen werden im allgemeinen besser beurteilt als weniger attraktive.
  – Der Überstrahlungs- oder Halo-Effekt: Wir lassen uns bei der Beurteilung von einem hervorstechenden Merkmal leiten. Ist ein Mitarbeiter zum Beispiel sehr zuverlässig und wir schätzen diese Eigenschaft besonders, so besteht die Gefahr, dass wir diese positive Eigenschaft auch auf andere Leistungskriterien übertragen und damit zu einem insgesamt zu positiven Bild kommen. Dieser Effekt kann natürlich auch bei negativen Eigenschaften zum Tragen kommen.
  – Kategorisieren und einfrieren: Wir neigen häufig dazu, Menschen aufgrund des ersten Eindrucks oder aufgrund bestimmter Ereignisse in Schubladen zu stecken. Egal, welches Arbeitsverhalten ein Mitarbeiter an den Tag legt, wir nehmen bevorzugt diejenigen Verhaltensweisen wahr, die sich mit unserem „Schubladendenken" decken.

■ Gründen Sie Ihre Beurteilung nur auf Tatsachen und eigenen Beobachtungen und nicht auf den Gerüchten oder Meinungen anderer. Beurteilen Sie nur Ereignisse, die in den Beurteilungszeitraum fallen. Wärmen Sie keine „alten Kamellen" auf. Stellen Sie andererseits sicher, dass Vorkommnisse (positive wie negative) aus der jüngsten Vergangenheit aufgrund ihres „frischen Eindrucks" nicht zu stark in die Beurteilung eingehen.

■ Überlegen Sie sich, welche der identifizierten Schwächen tatsächlich über Personalentwicklungsmaßnahmen beseitigt werden können. Wenn der Mitarbeiter überfordert ist, ist es besser, sich über eine Neuzuordnung von Aufgaben Gedanken zu machen.

■ Vor allem: Bereiten Sie sich auf die Beurteilung gut vor. Das sind Sie auch Ihren Mitarbeitern schuldig.

Hinweise zur Durchführung des Beurteilungsgesprächs

Nochmals zur Erinnerung: Auch das Beurteilungsgespräch ist ein partnerschaftliches Gespräch zweier erwachsener Menschen, die sich auf gleicher Augenhöhe begegnen. Es geht nicht um eine „Ver-Urteilung" des Mitarbeiters, sondern darum, dem Mitarbeiter zurückzumelden, wie Sie sein Arbeitsverhalten wahrgenommen und bewertet haben und welche Erwartungen an sein Leistungs- und Sozialverhalten bestehen. Sehr hilfreich ist es, dem Mitarbeiter beim Gesprächseinstieg zu erklären, wie Sie vorzugehen gedenken. Machen Sie deutlich, dass das Ihre ganz persönliche Einschätzung seiner Leistung ist („So sehe ich dich"). Bei der Durchsprache der Leistungsbeurteilung sind folgende Aspekte wichtig:

■ Betonen Sie am Anfang des Gesprächs, dass es Ihnen ein wichtiges Anliegen ist, Ihrem Mitarbeiter sein Leistungsverhalten und die Erwartungen, die Sie an ihn haben zurückzuspiegeln. Leider beginnen immer noch viele Beurteilungsgespräche mit dem Satz „Ich muss sie jetzt mal wieder beurteilen," oder „Lassen Sie es uns schnell hinter uns bringen". Beide Sätze zeigen deutlich, wie wenig sich der Vorgesetzte mit der Leistungsbeurteilung bzw. dem Beurteilungssystem identifiziert.

■ Machen Sie Ihrem Mitarbeiter deutlich, dass Sie voll und ganz hinter der Beurteilung stehen! Es ist *Ihre* Beurteilung. Aussagen wie „ich hätte dich ja ganz anders beurteilt, aber ..." entwerten die Beurteilung und führen beim Mitarbeiter nur zur Demotivation.

■ Stellen Sie am Anfang heraus, welchen Vorteil das Beurteilungsgespräch für den Mitarbeiter bringt. Einige Argumente bzw. Formulierungen könnten sein:
   – „Es ist wichtig für dich zu wissen, wo du stehst"
   – „Ich möchte offen über deine Stärken und Schwächen – so wie ich sie sehe – reden"
   – Es ist wichtig für dich zu wissen, was von dir erwartet wird und wie du dich weiter verbessern kannst"
   – „Wir können gemeinsam überlegen, welche Entwicklungsmaßnahmen für dich hilfreich sein können"

■ Stellen Sie Ihr Gesprächsverhalten auf den Mitarbeiter ein. Bei einem A-Mitarbeiter kann und sollte das Gesprächsklima lockerer und freundlicher sein, als bei einem C-Mitarbeiter. Gerade bei sehr problematischen Mitarbeitern sollte der Ton deutlich bestimmter und absolut verbindlich sein. Bei C-Mitarbeitern geht es dann auch weniger um einen Dialog, als vielmehr um eine klare Ansage – natürlich nur, wenn Sie dem Mitarbeiter auch unterjährig immer wieder deutlich zu verstehen geben haben, dass Sie sein Arbeitsverhalten nicht dulden können.

■ Bei der Beurteilung gilt: Positive Rückmeldungen sind (mindestens) genau so wichtig wie Hinweise auf Fehler und Schwächen. Dabei ist das Sandwich-Prinzip sehr hilfreich, beginnen Sie mit Positivem und enden Sie mit Positivem, dazwischen sprechen Sie über die Themen, bei denen Verbesserungen notwendig sind.

■ Formulieren Sie „Ich-Botschaften". Aussagen, in der Ich-Form vorgebracht, werden nicht zur verletzenden bzw. anklagenden Kritik am Mitarbeiter, wie es oft bei „Du-Botschaften" (z. B. „Du arbeitest nicht sauber genug") der Fall ist. Die Ich-Botschaft vermeidet eine unfruchtbare Konfrontationssituation und trägt der Tatsache Rechnung, dass zuerst der Sprecher ein Problem hat, nicht der Angesprochene. Beispiele:

- „Ich erwarte von dir, dass du pünktlich kommst" – statt: „Du kommst immer zu spät"
- „Ich stelle fest, dass dein Arbeitsplatz sehr unordentlich ist" – statt: „Du bist unordentlich"

■ Sie sollten nur über Ihre eigenen Wahrnehmungen sprechen und nicht darüber, was Sie von anderen über den Mitarbeiter gehört haben. Gerüchte und Andeutungen von Dritten haben bei einer Leistungsbeurteilung nichts zu suchen. Verzichten Sie auf alle zweifelhaften Informationsquellen.

■ Sprechen Sie nur über das Leistungsverhalten des jeweiligen Mitarbeiters. Manchmal versuchen Mitarbeiter von ihrem eigenen Fehlverhalten abzulenken, indem Sie auf das Verhalten eines Kollegen hinweisen („Aber der Kurt kommt noch viel öfters zu spät"). Lassen Sie sich nicht darauf ein. Verweisen Sie darauf, dass es jetzt um seine Beurteilung und nicht um die seiner Kollegen geht.

■ Sprechen Sie nicht von Punkten, die Sie bei der Leistungsbeurteilung vergeben, sondern davon, wie sehr die Erwartungen erfüllt, bzw. nicht erfüllt wurden. Sie lösen sonst nur eine „Feilscherei" um Punkte, Prozente oder Euros aus.

■ Stellen Sie so oft wie möglich offene Fragen (z. B.: „Was ist bei Dir jetzt angekommen?" oder „Wie siehst Du das?"). Damit bringen Sie den Mitarbeiter ins Gespräch, denn schließlich sollte das Beurteilungsgespräch ein Dialog und kein Monolog sein. Dabei ist es wichtig, sich die Argumente des Mitarbeiters gut anzuhören. Häufig liefern die Mitarbeiter selbst gute Argumente, die Sie im weiteren Verlauf des Gesprächs gut verwenden können.

■ Fragen Sie den Mitarbeiter, was *er* denn selbst vorschlagen kann, um seine Schwächen zu beseitigen. Lassen Sie ihm dabei unbedingt Zeit.

■ Um aus Sackgassen („Festbeißen" oder Endlosdiskussionen) herauszukommen, ist es hilfreich, sich „Wegkommer" einzuprägen. Wegkommer können besonders positive Beurteilungspunkte oder Fördermaßnahmen sein. Hierbei kann Ihnen ein „Sprung" zum Förderplan helfen, den Blick wieder in die Zukunft zu richten. („Was können wir dagegen unternehmen?")

■ Wenn der Mitarbeiter mit Ihrer Bewertung nicht einverstanden ist, sollten Sie ihn nach sachlichen Begründungen und Beispielen für seine Einwände fragen. Gestehen Sie offen ein, wenn die Argumente des Mitarbeiters zutreffender sind als Ihre. Vermeiden Sie Streitgespräche und arbeiten Sie auf ein möglichst einvernehmliches Gesprächsende hin.

■ Nachdem Sie die Leistungsbeurteilung erläutert haben, geht es darum, gemeinsam mit dem Mitarbeiter Möglichkeiten und Maßnahmen zu besprechen, wie er seine Beurteilung im nächsten Jahr verbessern kann. Bieten Sie ihm Hilfestellung an. Die vereinbarten Entwicklungsmaßnahmen werden im „Förderplan" dokumentiert.

■ Auch im Beurteilungsgespräch geht es um Beziehungspflege. Dabei ist es wichtig, auch mal nach der beruflichen Befindlichkeit bzw. Zufriedenheit des Mitarbeiters zu fragen. Wenn Sie den Eindruck haben, dass der Mitarbeiter berufliche Ambitionen hat, fragen Sie Ihn, welche Perspektiven er sich wünscht, welche Aufgaben ihn reizen würden, etc.

■ Signalisieren Sie Ihrem Mitarbeiter, dass Sie ihn bei seiner fachlichen und beruflichen Entwicklung unterstützen. Aber es sollten keine Versprechungen gemacht werden, die nicht eingehalten werden können. Der positive Gesprächsabschluss sollte gut geplant sein. Insbesondere bei sehr kritischen oder als sehr negativ empfundenen Beurteilungen ist dieser Punkt in der Vorbereitung zu bedenken. Das Auseinandergehen muss positiv und zukunftsorientiert sein.

■ Falls ein Gespräch so negativ verläuft, dass es ein Mitarbeiter von sich aus abbricht, sollte unbedingt noch am gleichen Tag der Kontakt von der Führungskraft wieder aufgenommen werden. Behalten Sie in den Tagen nach dem Gespräch Augen und Ohren für diesen Mitarbeiter besonders offen. Es ist besser, ihn einmal mehr anzusprechen.

■ Bei guten Mitarbeitern kann die Gelegenheit genutzt werden, um echte Anerkennung oder Dank für herausragende Stärken oder Leistungen auszusprechen. Beispiel: „Dafür möchte ich Ihnen bei dieser Gelegenheit besonders danken." Das sollte aber von ganzem Herzen kommen. Der Mitarbeiter merkt, wenn Sie etwas vorspielen.

■ Bei Mitarbeitern, mit deren Leistung Sie nicht zufrieden sind, ist es angeraten, unterjährige Überprüfungsgespräche zu vereinbaren. Dem Mitarbeiter muss klar sein, dass Sie sein Verhalten bei den festgestellten Schwächen im Auge behalten werden.

3.5.4.4   Ausblick auf das nächste Jahr und Vereinbarung von Zielen

Ich spreche bei diesem Punkt ganz bewusst nicht von „Zielvereinbarungen", sondern von „Vereinbarung von Zielen". Das ist ein wesentlicher Unterschied. Bei Zielvereinbarungen wird eine ganz bestimmte Methodik, ein gewisser Formalismus zugrunde gelegt. Dabei wird der Messbarkeit von Zielen eine herausragende Bedeutung beigemessen. Insbesondere wenn Zielvereinbarungen entgeltrelevant sind, also wenn an die Zielerreichung ein Bonus geknüpft ist, kommt man nicht umhin, sie mittels Kennzahlen messbar zu machen. Bei der Vereinbarung von Zielen kann man dagegen getrost etwas lockerer an die Sache herangehen. Da geht es auch gar nicht darum, am Ende des Jahres auf zwei Stellen nach dem Komma den Zielerreichungsgrad zu ermitteln, sondern es geht vor allem um drei Fragen:

■ „Worauf sollte sich der Mitarbeiter besonders konzentrieren?"

■ „Was soll er bis Ende nächsten Jahres erreicht bzw. umgesetzt haben?"

■ „Welche Maßnahmen sollte er in die Wege leiten?"

Natürlich ist es wichtig, sich mit dem Mitarbeiter detailliert und umfassend darüber auszutauschen, welche Erwartungen und Vorstellungen man konkret hat. Bei der Beantwortung dieser Fragen geht es in erster Linie darum, den Mitarbeiter auf die künftigen Aufgaben vorzubereiten und mit ihm abzustimmen, worauf er seine Arbeitsschwerpunkte legen und welche Ergebnisse er dabei erzielen sollte. Aber es ist nicht erforderlich, die Ziele unter allen Umständen messbar zu machen. Da es für den Mitarbeiter nicht entgeltwirksam ist, muss er auch nicht seine ganze Energie dafür einsetzen, den Zielerreichungsgrad möglichst hoch darzustellen, sondern er kann sich voll und ganz auf die Zielerreichung konzentrieren.

Der regelmäßige Austausch über Ziele, Erwartungen und Prioritäten verschafft dem Mitarbeiter Klarheit, worauf es Ihnen ankommt und worauf er sich konzentrieren sollte. Sicherlich können sich Prioritäten und Ziele von Zeit zu Zeit verschieben. Gerade deshalb ist es wichtig, sich nicht nur einmal jährlich darüber abzustimmen. Ziele erhalten erst dann das nötige Gewicht, wenn deren Zielerreichung regelmäßig beleuchtet wird. Setzen Sie sich unterjährig regelmäßig mit dem Mitarbeiter zusammen. Wo steht er in Bezug auf die vereinbarten Ziele? Ist er auf dem richtigen Wege? Wo haben sich ggf. Rahmenbedingungen geändert? Wo braucht der Mitarbeiter Unterstützung? Der regelmäßige Austausch signalisiert dem Mitarbeiter, dass es Ihnen wichtig ist, damit wird es auch für ihn wichtig. Ein elementarer Bestandteil bei der Vereinbarung von Zielen ist die Fixierung von konkreten Maßnahmen, die der Zielerreichung dienen. Sprechen Sie mit dem Mitarbeiter die verschiedenen Alternativen durch, aber die Verantwortung für die abschließende Auswahl der Maßnahmen sollte dem Mitarbeiter selbst überlassen werden.

3.5.4.5   Der Förder- und Entwicklungsplan - das Fördergespräch

„Mitarbeiter fordern und fördern" ist für gute Führungskräfte nicht nur ein gut klingendes Schlagwort, sondern die kompakte Beschreibung ihres Führungsverständnisses. Dahinter verbergen sich wieder die beiden Hauptaspekte der Führung, „Leistungs- und Aufgabenorientierung" auf der einen Seite und „Mitarbeiterorientierung" auf der anderen. Gute Führungskräfte wissen, „Stillstand ist Rückschritt" – gute Mitarbeiter übrigens auch. Deshalb ist ihnen die kontinuierliche Entwicklung ihrer Mitarbeiter eine Herzensangelegenheit. Beim Fördergespräch geht es vor allem um folgende Fragen:

- Wo tut sich der Mitarbeiter bei der Erledigung seiner Aufgaben noch schwer?

- Welche Schwächen/Begrenzungen – auch im Verhaltensbereich – beobachten Sie immer wieder?

- Wo fehlen dem Mitarbeiter noch bestimmte Kenntnisse oder Erfahrungen?

- Wenn der Mitarbeiter neue Aufgaben übernehmen soll, welche Unterstützung braucht er dann noch?

Die mit dem Mitarbeiter gemeinsam identifizierten Maßnahmen werden im Förderplan festgehalten. Wenn von Förder- und Entwicklungsmaßnahmen die Rede ist, dann sind damit aber nicht nur externe Seminare und Trainings gemeint, sondern alle Maßnahmen, die der fachlichen und persönlichen Weiterentwicklung des Mitarbeiters dienen. Dazu gehören beispielsweise: Projekteinsätze, Teilnahme an Workshops, Training on the job, Arbeitseinweisungen, Job-Rotationen, Coachings oder auch Betriebsdurchläufe. Neben der fachlichen Entwicklung sollte es vor allem auch um die persönliche Entwicklung gehen. Im

Vordergrund stehen hierbei verhaltensbezogene Themen, wie z. B. die Weiterentwicklung der Teamfähigkeit, der Konfliktfähigkeit, der Kommunikationsfähigkeit oder bei Führungskräften auch der Führungskompetenz. Neben der Vereinbarung von Entwicklungsmaßnahmen kann das Fördergespräch auch dazu dienen, dem Mitarbeiter mögliche Perspektiven aufzuzeigen. Motivationsfördernd ist sicherlich auch die Frage, welche Vorstellungen der Mitarbeiter bezüglich seiner weiteren beruflichen Entwicklung selbst hat. Geeignete Fördermaßnahmen lassen sich am besten aus bestehenden Schwächen und Defiziten des Mitarbeiters ableiten. Bei der Leistungsbeurteilung bzw. beim Leistungsfeedback werden Sie immer wieder auf Hinweise für erforderliche Entwicklungsmaßnahmen stoßen. Anregungen können und sollten aber auch vom Mitarbeiter selbst kommen. Er sollte sich die obigen Fragen selbst stellen und sich überlegen, welche Fördermaßnahmen aus seiner Sicht sinnvoll wären.

3.5.4.6   Rückmeldungen des Mitarbeiters zum Führungsverhalten - das Mitarbeiterfeedback

Eine offene und vertrauensvolle Beziehung zwischen Führungskraft und Mitarbeiter setzt voraus, dass auch der Mitarbeiter seinem Vorgesetzten ein Feedback bezüglich seines Führungsverhaltens – auch ein kritisches – geben darf, ohne befürchten zu müssen, dass es irgendwann als „Bumerang" zurückkommt. Es gibt verschiedene Möglichkeiten, ein Feedback einzuholen. Natürlich können Sie den Mitarbeiter am Ende des Jahresgesprächs mit der Frage überrumpeln, „wie zufrieden sind Sie mit mir als Führungskraft". Aber wundern Sie sich nicht, wenn Sie nur ein kurzes „ja das passt schon" ernten. Das hilft Ihnen natürlich nicht wirklich weiter. Wenn Sie ein fundiertes und vor allem differenziertes Feedback möchten, dann ist es wichtig, den Mitarbeiter mit konkreten Fragen auf die für Sie wichtigen Führungsaspekte zu lenken. Denn es kann ja durchaus sein, dass Ihr Mitarbeiter Ihren wertschätzenden Umgang zu würdigen weiß, aber mit Ihrer Informationspolitik alles andere als zufrieden ist. Ich empfehle deshalb einen *Feedbackbogen* einzusetzen. Der in der Anlage im Gesprächsleitfaden enthaltene Feedbackbogen deckt die wesentlichen Aspekte von Führung ab. Bitte übernehmen Sie den Feedbackbogen nicht ungefiltert, sondern passen Sie ihn an Ihre Bedürfnisse an. Streichen Sie die Fragen, die für Sie unpassend sind und ersetzen Sie sie durch passende. An dieser Stelle ist vor allem wichtig, dass der Mitarbeiter ausreichend Zeit hat, um sich auf das Feedback vorzubereiten. Deshalb sollte dem Mitarbeiter der Feedbackbogen rechtzeitig ausgehändigt werden und um ein Feedback gebeten werden. Der ausgefüllte Fragebogen sollte beim Mitarbeiter verbleiben und vor allem dazu dienen, das Gespräch in Gang zu bringen. Als Führungskraft können Sie von einem offenen Feedback nur profitieren, schließlich erhalten Sie konkrete Hinweise, wie Sie Ihr Führungsverhalten noch verbessern können. Für ein erfolgreiches Feedbackgespräch sollten folgende Punkte beachtet werden:

- Ermuntern Sie den Mitarbeiter vorher, auch kritisches Feedback zu geben.

- Nehmen Sie ihm die Angst vor negativen Konsequenzen.

- Hören Sie aktiv zu und unterbrechen Sie nur, wenn Sie etwas nicht verstanden haben.

- Nehmen Sie die Rückmeldungen Ihrer Mitarbeiter ernst.

- Rechtfertigen Sie sich nicht („wenn Sie in meiner Situation wären, ...).

- Aussagen wie „das sehen Sie aber ganz falsch" sind ausgesprochene Gesprächskiller.

- Geben Sie eine Rückmeldung, was bei Ihnen angekommen ist. Sagen Sie Ihrem Mitarbeiter, wo Sie etwas zu verändern gedenken und vor allem: Tun Sie es dann auch. Ansonsten werden das Feedback und Sie selbst auch unglaubwürdig.

- Sagen Sie aber auch deutlich, wo Sie sich nicht verändern wollen oder können.

- Fordern Sie Ihren Mitarbeiter auf, künftig auch unaufgefordert Rückmeldungen zu geben.

- Bedanken Sie sich am Schluss für das Feedback.

Auch wenn Sie im oder nach dem Gespräch das Gefühl haben, dass der Mitarbeiter noch nicht wirklich offen ist, ist es wichtig, seine Bereitschaft zu honorieren, überhaupt Feedback zu geben. Wenn er noch nicht offen genug ist, dann hat das seine Ursachen. Offenheit erfordert Vertrauen und Vertrauen muss sich entwickeln. Wenn noch kein ausgeprägtes Vertrauensverhältnis besteht, woher soll der Mitarbeiter wissen, wie Sie Kritik aufnehmen? Kann er sicher sein, dass Sie es ihm nicht übel nehmen? Für Sie ist es auf jeden Fall ein Zeichen, dass es weiterer Beziehungsarbeit und Vertrauenspflege bedarf. Spannend ist sicherlich die Frage, die Sie sich stellen sollten: „Was habe ich in der Vergangenheit dazu beigetragen, dass der Mitarbeiter noch kein ausreichendes Vertrauen zu mir hat?" Mit dem Feedbackgespräch haben Sie auf jeden Fall einen wichtigen Impuls zur Stärkung des gegenseitigen Vertrauens gesetzt. Entscheidend ist, dass der Mitarbeiter merkt, dass es Ihnen ernst ist und dass Sie sich die Rückmeldungen zu Herzen nehmen. Wenn Sie nach einem kritischen Feedback weitermachen wie bisher, wird der Mitarbeiter den Sinn des Feedbacks sicherlich infrage stellen. Deshalb sagen Sie nur Dinge zu, die Sie auch wirklich verändern möchten. Vor allem, denken Sie daran: Egal wie das Feedback ausfällt, Sie können nur davon profitieren, denn „Lob tut Ihnen gut und Kritik bringt Sie weiter". Neben dem Vier-Augen-Feedback, das Sie im Jahresgespräch einholen, gibt es noch die Möglichkeit, Feedback des gesamten Teams einzuholen. Bewährte Herangehensweisen dazu werden im unter 3.8 noch ausführlich beschrieben.

3.5.4.7   Am Ende des Gesprächs

Am Ende des Gesprächs empfehlen wir wenigstens ein unterjähriges Überprüfungsgespräch zu vereinbaren. Dieses soll dazu dienen, Bilanz zu ziehen und bei Bedarf weitere Maßnahmen einzuleiten. Zu einem positiven Gesprächsabschluss gehört auch, sich für das konstruktive Gespräch zu bedanken und den Mitarbeiter zu fragen, wie er es empfunden hat und was seine Erwartungen für die künftigen Gespräche sind. Die wesentlichen Ergebnisse werden im Gesprächsleitfaden schriftlich festgehalten. Damit haben Sie das Gespräch dokumentiert und können im Folgejahr darauf Bezug nehmen.

3.5.5   Einführung von Mitarbeiter-Jahresgesprächen

Wenn Sie bisher keine MJG geführt haben, diese nun aber in Ihrem Verantwortungsbereich einführen möchten, dann ist es ratsam, sich gut zu überlegen, wie Sie das angehen möchten. Das Beispiel, wie es einer von mir sehr geschätzten Führungskraft jüngst erging, möge Ihnen dabei zur Veranschaulichung dienen:

Die Führungskraft hatte sich also entschlossen, das MJG einzuführen, was in der bestehenden Unternehmenskultur (öffentliche Verwaltung) schon so etwas wie einer „kleinen Revolution" gleichkam. In einer Teambesprechung verkündete die Führungskraft, fast schon etwas feierlich, dass im neuen Jahr nun (endlich) das Mitarbeiter-Jahresgespräch eingeführt wird. Anstatt, wie von der Führungskraft erwartet, „in Jubel" auszubrechen, reagierten die Mitarbeiter eher misstrauisch und widerspenstig. Jeder Versuch, den Mitarbeitern klar zu machen, dass das doch in ihrem Sinne sein müsste, führte nur zu einem weiter wachsenden Widerstand und Misstrauen. Mit einem „Ich will das so und wir machen das. Basta!" war dann zwar ein abschließendes Machtwort gesprochen, aber die Einführung des MJG stand damit von Anfang an unter keinem guten Stern.

Wie hätte die Führungskraft das vielleicht geschickter einfädeln können? Sicherlich wäre hier eine bessere Taktik gewesen, den „Ball flach zu halten". Will heißen, die Führungskraft hätte auch einfach nur sagen können, *„Ich möchte mir dieses Jahr für jeden Mitarbeiter zwei Stunden Zeit für ein persönliches Gespräch nehmen, um mich einfach mit jedem von Ihnen in aller Ruhe auszutauschen. Dabei interessiert mich, wie Sie das letzte Jahr so empfunden haben, was aus Ihrer Sicht gut lief und was weniger gut lief und welche Erwartungen Sie an mich als Führungskraft haben. Natürlich möchte auch ich Ihnen nicht vorenthalten, was mich so bewegt. Meine Sekretärin wird in den nächsten Tagen auf Sie zukommen, um einen Termin zu vereinbaren. Ich möchte Sie bitten, sich auf das Gespräch vorzubereiten. Hierzu möchte ich Ihnen einen Gesprächsleitfaden an die Hand geben, der Ihnen zur Orientierung dienen soll."* Mit Sicherheit hätten die Mitarbeiter das Gespräch deutlich positiver aufgenommen.

Dieses Beispiel zeigt, dass es wichtig ist, solche Führungsinstrumente nicht allzu formalistisch einzuführen. Formalismen sind unpersönlich, sie schaffen in erster Linie Distanz, Kühle und Misstrauen. Was wir als Führungskräfte aber vor allem brauchen, sind Beziehung, Menschlichkeit und Vertrauen. Die Führungsinstrumente sollen lediglich Hilfsmittel sein, die Ihnen zeigen, wie es gehen könnte. Instrumente sind immer nur Krucken, die wir solange brauchen, bis wir ohne sie gehen können. Halten Sie sich nicht allzu sklavisch an die vorgeschlagenen Vorgehensweisen. Übertriebener Formalismus kann solche Führungsinstrumente schnell ad absurdum führen. Mitarbeitergespräche geraten dann schnell zur Farce. Zum Beispiel: Nicht alle Fragen und Aspekte in dem Gesprächsleitfaden sind bei allen Mitarbeitern sinnvoll. Sie sollten die Instrumente so anpassen, wie sie für Sie zweckmäßig sind. Dabei können Sie ruhig auf Ihren gesunden Menschenverstand vertrauen.

Das Wichtigste in Kürze

- Setzen Sie sich mit Ihren Mitarbeitern wenigstens einmal im Jahr auf die Tribüne und schauen Sie sich das „Spiel" von oben an.

- MJG haben eine präventive Wirkung. Sie dienen dazu, von Zeit zu Zeit den "Sand im Getriebe des Alltags" zu entfernen.

- Das MJG ist vor allem auch ein Führungsinstrument, das der Beziehungspflege zwischen Führungskraft und Mitarbeiter dient.

- Das MJG wird nur dann seinen Nutzen entfalten, wenn Sie den dafür erforderlichen Vorbereitungs- und Durchführungsaufwand betreiben.

- Bestandteile des MJG sind: Rückblick auf das Vorjahr, Leistungsbeurteilung bzw. Leistungs-Feedback, Vereinbarung von Zielen, Förderplan, Mitarbeiter-Feedback.

- Der Gesprächsleitfaden dient der Vorbereitung und strukturierten Durchführung des MJG.

- Verlieren Sie die vereinbarten Ziele unterjährig nicht aus den Augen. Werfen Sie immer wieder einen Blick auf den Stand der Zielerreichung.

- Schaffen Sie eine hohe Verbindlichkeit, indem Sie die im Gespräch getroffenen Vereinbarungen (z. B. Fördermaßnahmen oder Zusagen) umsetzen bzw. deren Umsetzung konsequent einfordern.

- Zuviel Formalismus bei der Einführung des MJG schadet nur. Im Vordergrund sollte immer das persönliche Gespräch und die Beziehungspflege stehen.

Literaturhinweise

[1] Nagel, Reinhart u. a.: Das Mitarbeitergespräch als Führungsinstrument. Stuttgart, Klett-Cotta 1999.
[2] Kosel, Marijan; Weißenrieder, Jürgen: Betriebliche Leistungsbeurteilung. Beurteilungssysteme richtig gestalten und einführen. In: Personalführung 7/2010.
[3] Sprenger, Reinhard K.: Aufstand des Individuums. Campus 2001.
[4] Sprenger, Reinhard K.: Vertrauen führt. Campus 2002.

3.6   Regelmäßige Teambesprechungen

„Lieber Gott, hilf mir mein großes Maul zu halten,
wenigstens so lange bis ich genau weiß, worüber ich rede."

Tafel in einem Sitzungssaal

Es gibt wohl kaum ein Führungsthema bei dem die Meinungen so stark auseinander gehen wie beim Thema „regelmäßige Teambesprechungen". Während es für die einen das Führungsinstrument schlechthin darstellt, ist es für die anderen der Zeitfresser Nummer Eins. Natürlich kennen wir die Witze, die zu überflüssigen, Nerven zermürbenden Besprechungen kursieren:

Sind Sie einsam?

Sind Sie es leid, alleine zu arbeiten?

Hassen Sie es, Entscheidungen zu treffen?

Gehen Sie zu einer Besprechung!

Sie können dort Leute treffen, die ...

... Flipcharts kreieren,

... sich wichtig fühlen,

... Ihre Kollegen beeindrucken wollen,

... Kaffee trinken.

Und all dies während der Arbeitszeit.

Besprechungen:
Die praktische Alternative zur Arbeit!!!

Das erklärt auch zum Teil die Antworten auf die Frage: „Was glauben Sie, wie viel Prozent der Zeit, die Sie in Besprechungen verbringen, ist unproduktive, verlorene Zeit?" In meinen Trainings stelle ich meinen Teilnehmern regelmäßig diese Frage. Die Antworten, die ich darauf erhalte, überraschen mich schon längst nicht mehr. Die durchschnittliche Einschätzung liegt bei etwa 50 Prozent, wobei die einzelnen Werte zwischen 20 und 80 Prozent schwanken. Kein Wunder also, dass der Nutzen regelmäßiger Teambesprechungen sehr gering eingestuft wird. Dabei begegnen mir immer wieder folgende Aussagen:

■ „Wenn wir was zu besprechen haben, dann machen wir das zeitnah und nur mit denjenigen, die es betrifft."

■ „Wir reden doch schon genug miteinander, wozu brauchen wir dann noch regelmäßige Teambesprechungen!"

- „Regelmäßige Teambesprechungen? Das ist für uns viel zu unflexibel. Wenn wir was zu bereden haben, dann setzen wir uns kurz zusammen und machen einen Knopf dran. Wir können doch nicht jedes Mal bis zur nächsten Teambesprechung warten."

- „Das endet doch bestimmt in nicht mehr endenden Besprechungen, die alle Beteiligten nur als Last empfinden!"

All diese Aussagen bringen eine grundsätzliche Ablehnung gegenüber regelmäßigen Teambesprechungen zum Ausdruck. Woran liegt es eigentlich, wenn Mitarbeiter ihren Teambesprechungen so wenig schmeichelhafte Bezeichnungen wie „Abnickrunde", „Gebetsstunde", „Morgenappell" oder auch „Märchenstunde" zukommen lassen? Fragt man nach den Ursachen, dann erhält man von Führungskräften wie von Mitarbeitern sehr unterschiedliche, teilweise auch widersprüchliche Antworten. Mitarbeiter beklagen häufig, dass sie keine Möglichkeit haben, sich einzubringen oder dass sie Informationen erhalten, die für sie nicht wichtig sind, die sie schon kennen oder die sie selbst nachlesen könnten. Gleichzeitig reklamieren dieselben Mitarbeiter aber auch, dass sie wichtige Informationen nicht erhalten würden, bei Entscheidungen nicht einbezogen werden oder z. B. nicht wüssten, was die Kollegen machen. Dagegen beklagen Führungskräfte häufig, dass sich die Mitarbeiter nicht einbringen, dass sie einen uninteressierten oder gar gelangweilten Eindruck machen oder dass es einfach keine wichtigen Themen zu besprechen gibt – scheinbar.[69] Für mich ist das ein deutlicher Hinweis darauf, dass da einiges schief läuft.

3.6.1   Der Nutzen regelmäßiger Teambesprechungen

Je schnelllebiger und komplexer die Arbeitswelt wird, umso wichtiger werden der Austausch von Informationen, das gemeinsame Vorbereiten und Treffen von Entscheidungen oder die Abstimmung von Vorgehensweisen. Regelmäßige Teambesprechungen – gut geführte Teambesprechungen – sind für mich ein unverzichtbares Führungsinstrument. Sie sind quasi das „Nervensystem des Teams"[70]. Die Antwort auf die Frage „wichtiges Führungsinstrument oder Zeitdieb?" hängt letztlich von der Durchführung, der Qualität der Besprechungen und dem Nutzen für die Besprechungsteilnehmer ab. Man muss sie nur so gestalten, dass sie diesem Anspruch auch gerecht werden können. Natürlich ist es auch wichtig, das richtige Maß zu finden. Zu viele Besprechungen sind immer auch ein Zeichen für eine schlechte Organisation. Aber um ein Mindestmaß, eine „Grundversorgung" an Information und Kommunikation im Team sicherzustellen, sind regelmäßige Teambesprechungen unerlässlich. Der unbestreitbare Nutzen regelmäßiger Teambesprechungen ist im Übrigen empirisch nachgewiesen:

---

[69] Weißenrieder, Jürgen/Kosel, Marijan: Nachhaltiges Personalmanagement. Acht Instrumente zur praktischen Umsetzung. Gabler 2005.
[70] In Anlehnung an Doppler, Klaus/Lauterburg, Christoph: Change Management: Den Unternehmenswandel gestalten, Franfurt/Main, Campus Verlag 1994

Die Auswertung von über 500 Mitarbeiter-Feedbacks an denen sich knapp 4000 Mitarbeiter beteiligten, ergab eine für mich wenig überraschende Erkenntnis: Eine gute Kommunikation ist das A & O guter Führung.[71] Eindeutig ist auch, dass ein kommunikativer und auf einem partnerschaftlichen Führungsverständnis basierender Führungsstil die Zufriedenheit und damit die Motivation der Mitarbeiter sowie die Qualität der Zusammenarbeit im Team steigert. Gute Führungskräfte sind in der Lage, auch in einem schwierigen betrieblichen Umfeld ihr „eigenes, leistungsförderndes Betriebsklima" zu schaffen. Hier die wesentlichen Ergebnisse im Einzelnen:

- Führungskräfte, die regelmäßige Teamgespräche durchführen, weisen signifikant bessere Feedback-Ergebnisse in Bezug auf ihr Führungsverhalten auf, als Führungskräfte ohne regelmäßige Teambesprechungen. Regelmäßige Teambesprechungen tragen maßgeblich zu einem besseren gegenseitigen Verständnis der Mitarbeiter untereinander und zu einem besseren Arbeitsklima bei.

- Die Korrelation zwischen regelmäßigen Teambesprechungen und der Zufriedenheit mit dem Führungsverhalten bzw. der Zufriedenheit mit der Zusammenarbeit im Team erreicht mit 0,83 bzw. 0,55 die höchsten Werte. Nach meinen Erfahrungen weisen regelmäßige Besprechungen die stärksten teambildenden Effekte auf, stärker als jedes Teamtraining oder jeder Teamevent – vorausgesetzt sie werden richtig und konsequent geführt.

- Klar nachgewiesen werden konnte auch, dass in den Bereichen mit einer ausgeprägten Regelkommunikation die Einschätzungen der Mitarbeiter und die Selbsteinschätzung der Führungskraft in Bezug auf das Führungsverhalten eine hohe Übereinstimmung aufweisen. Das bedeutet, eine rege Kommunikation trägt dazu bei, das eigene Führungsverhalten und die eigene Wirkung auf die Mitarbeiter besser einschätzen zu können.

- Und zu guter Letzt: Mitarbeiter aus Teams mit regelmäßigen Teambesprechungen identifizieren sich deutlich stärker mit ihrem Unternehmen. Sie sind signifikant zufriedener und damit auch engagierter als Mitarbeiter in Teams ohne regelmäßige Besprechungen.

Dabei wurde in dieser Untersuchung noch gar nicht danach unterschieden, in welcher Qualität die Teambesprechungen durchgeführt wurden. Würde man die schlecht geführten Teambesprechungen herausrechnen, so wären die Ergebnisse mit Sicherheit noch eindeutiger. Ein weiterer wichtiger Effekt, den ich selbst immer wieder feststelle, ist die „gruppendynamische Entstehung von wichtigen Besprechungsthemen". Sie haben es sicherlich auch schon erlebt, man kommt zur Teambesprechung, hat eigentlich keine wichtigen Themen zu besprechen, man ist scheinbar schnell mit der Tagesordnung durch, da kommt plötzlich – häufig ausgelöst durch eine unbedarfte Frage – ein Thema auf, dessen Bedeutung man bisher nicht erkannt hatte und das womöglich zu ernsthaften Problemen oder Reibungsverlusten geführt hätte, wenn es nicht frühzeitig besprochen worden wäre. Regelmäßige Teambesprechungen haben also vor allem auch eine vorbeugende Wirkung. So können Probleme schon im Ansatz gelöst werden und werden nicht wie bei einer Planierraupe vorneweg geschoben, bis sie sich zu einem mächtigen Berg auftürmen. Unter evolutions-

---

[71]   Kosel, Marijan: Kommunikation ist das „A & O" guter Führung. In: Asok 2005

biologischer Sicht haben regelmäßige Teambesprechungen aber noch eine ganz andere Bedeutung. Menschen sind soziale Wesen und haben ein ausgesprochenes Bedürfnis nach sozialen Bindungen und der Zugehörigkeit zu Gruppen. Diese Bindungen entstehen aber nicht von allein. Ein Zugehörigkeits- bzw. Bindungsgefühl stellt sich nur bei gemeinsamem Handeln ein. Mit regelmäßigen Teambesprechungen wird das gemeinsame Handeln und damit das Zusammengehörigkeitsgefühl gepflegt. Das hat eine ähnliche Wirkung wie beispielsweise das regelmäßige gemeinsame Essen in der Familie, zu dem Familientherapeuten immer wieder eindringlich raten. Dieses dient ja schließlich auch nicht nur der Nahrungsaufnahme, sondern vor allem der Bindung und dem Austausch von Informationen. Regelmäßige Teambesprechungen leisten also einen wichtigen Beitrag zur Bindung im Team. Dadurch entsteht ein leistungsförderndes „Wir-Gefühl". So gesehen gibt es keine Alternative dazu. Worauf kommt es nun besonders an? Wie sollten Teambesprechungen konkret gestaltet werden, wenn sie ihren vollen Nutzen entfalten sollen? Hier kann man unterscheiden zwischen den Organisationsaspekten und der Durchführungsgestaltung.

3.6.2 Organisatorische Rahmenbedingungen regelmäßiger Teambesprechungen

Bei den organisatorischen Rahmenbedingungen geht es um folgende Aspekte:

- Fixe Termine oder bedarfsorientierte (Ad hoc-)Teambesprechungen?

- Zeitliche Abstände zwischen den Besprechungen

- Dauer der Teambesprechung

- Ort bzw. Räumlichkeiten

(1) Fixe Termine („Jour fixe") oder bedarfsorientierte Teambesprechungen?

Der Gedanke, Teambesprechungen bedarfsorientiert und flexibel durchzuführen, ist verlockend. Man beraumt kurzfristig eine Sitzung an, wenn ein Problem konkret ansteht. Schließlich will man seine Zeit ja nicht vergeuden. Das Problem dabei ist nur, dass die notwendigen Besprechungen dann zu 99 Prozent nicht oder zu spät stattfinden. In der Hektik des Alltags wird der Bedarf gerne übersehen. Die Besprechung findet erst statt, wenn das Kind bereits in den Brunnen gefallen ist. Außerdem haben in der Regel gerade in diesen Situationen diejenigen keine Zeit, die man unbedingt dazu bräuchte. Der „Fluss des operativen Geschehens" reißt den guten Willen, sich situativ auszutauschen, einfach mit sich. Und wenn es dann doch mal klappen sollte, dann fehlt die Zeit, sich auf die Sitzung vorzubereiten und dem Thema, das so dringend und wichtig ist, die notwendige Sorgfalt zukommen zu lassen. Der Vorteil geplanter, fixer Besprechungstermine besteht gerade darin, dass sich die Besprechungsteilnehmer darauf einstellen können und auch die Gelegenheit haben, ihre eigenen Themen einzubringen. Themen, die bereits gären oder sich als Problem am Horizont andeuten, werden dort proaktiv eingebracht. Sie köcheln nicht so lange vor sich hin, bis sie explosiven Charakter annehmen. Fixe Termine verleihen der Teambesprechung außerdem einen rituellen Charakter, den es einfach braucht, um den nötigen Stellenwert zu bekommen. Dieser rituelle Charakter ist es auch, der den Mitarbeitern den Eindruck vermittelt, dass es zu der Teilnahme an der Besprechung keine Alternative gibt. Mich versetzen Fragen wie „müssen eigentlich alle Mitarbeiter an der Teambesprechung teilnehmen?" immer wieder in Erstaunen. Mitarbeiter können sehr erfinderisch sein, wenn sie sich vor der Teambesprechung drücken wollen. Da müssen dann wichtige Kundentermine, Probleme mit einer Maschine oder Anlage oder auch ein Arztbesuch herhalten. Aber mal ganz ehrlich: Können Sie sich vorstellen, dass sich bei den Mannschaftsbesprechungen der Deutschen Nationalmannschaft Thomas Müller oder Bastian Schweinsteiger entschuldigen lassen, weil sie gerade etwas besseres zu tun haben? Nein? Ich auch nicht. Lassen Sie es nicht einreißen, dass sich einzelne Mitarbeiter immer wieder aus der Teambesprechung ausklinken. Das verhindert diesen wichtigen teambildenden Effekt und das Entstehen eines „Wir-Gefühls". Außerdem entwertet es die Besprechung und untergräbt letztlich Ihre Führungsautorität. Fordern Sie die Teilnahme aller Mitarbeiter unmissverständlich ein.

(2) Regelmäßigkeit der Besprechungen: Wöchentlich, zweiwöchentlich oder monatlich?

In welchem zeitlichen Abstand regelmäßige Teambesprechungen stattfinden sollten, hängt von verschiedenen Einflussgrößen ab. Von der Aufgabenkomplexität, von der Planbarkeit der Ereignisse, von der Dynamik des Umfelds und nicht zuletzt auch von der Größe des Teams. Auf der Ebene des Managementteams und auf der Bereichsebene halte ich wöchentliche, in bestimmten Situationen auch zweiwöchentliche Abstände für angebracht. Auf der untersten Ebene, der Teamebene reichen nach meinen Erfahrungen zweiwöchentliche in bestimmten Konstellationen auch monatliche Zeitabstände. Allerdings sehe ich bei einem monatlichen Abstand folgende Risiken, die den Nutzen regelmäßiger Teambesprechungen erheblich reduzieren können:

- Die Aktualität der Informationen ist stark eingeschränkt.

- Sollte einmal eine Sitzung ausfallen, beträgt der zeitliche Abstand zwischen zwei Terminen bereits zwei Monate (!).

- Die Kontinuität leidet darunter. Gerade, wenn es darum geht, eine Teamkultur zu entwickeln, sind kürzere zeitliche Abstände zwischen den Sitzungen anzustreben. Grundsätzlich gilt: Lieber öfter und dafür kürzer.

(3) Wie lange sollten Teambesprechungen eigentlich dauern?

Die Dauer regelmäßiger Teambesprechungen hängt von vielerlei Faktoren ab. Von der Anzahl der Teilnehmer, den Aufgabenstellungen, den Abständen zwischen den Besprechungen usw. Zur Orientierung kann man sagen: Teambesprechungen sollten zwischen einer halben und maximal zwei Stunden dauern. Aus eigener Erfahrung weiß ich, dass überlange Besprechungen die Effizienz und die Stimmung von Besprechungen stark beeinträchtigen. Sitzungsmarathons zermürben und senken die Bereitschaft, regelmäßig daran teilzunehmen. Beschränken Sie die Dauer Ihrer Teambesprechungen auf maximal zwei Stunden. In Verbindung mit einer realistischen Tagesordnung ist diese Zeit in der Regel ausreichend, um alle anstehenden Themen zu besprechen.

(4) Welche Räumlichkeiten und Rahmenbedingungen sind zu beachten?

Zu einer erfolgreichen Besprechung gehören natürlich angemessene Rahmenbedingungen. Eines halte ich jedoch für absolut unverzichtbar: Sorgen Sie vor allem dafür, dass in jedem Besprechungsraum ein Flipchart zur Verfügung steht. In kleinen Besprechungsräumen sind kleine Flipchartblöcke, die an die Wand gehängt werden, absolut ausreichend. Wie oft habe ich Besprechungen erlebt, bei denen es keine Möglichkeit gab, Besprechungspunkte für alle sichtbar zu visualisieren. Insbesondere bei komplexen Themen trägt dies dazu bei, die Besprechungsdauer erheblich zu verkürzen und gleichzeitig bessere Ergebnisse zu erzielen.

■ Sorgen Sie für eine störungsfreie Atmosphäre. Unterbrechungen durch Handys, Piepser und Checker sind nervtötend und beeinträchtigen die Besprechungseffizienz erheblich. Ebenso wird es als störend empfunden, wenn Besprechungsteilnehmer ständig zu irgendwelchen „wichtigen" Gesprächen hinausgerufen werden. Von wenigen Ausnahmen abgesehen, ist es immer möglich, Anrufer zu vertrösten.

■ Stellen Sie sicher, dass die Besprechungen pünktlich beginnen. In manchen Unternehmen hat es sich zur (Un-)Kultur entwickelt, das „akademische Viertelstündchen" später zu beginnen. Auch dabei geht viel Zeit verloren. Wenn acht Besprechungsteilnehmer eine Viertelstunde warten müssen, dann bedeutet das immerhin den Verlust eines viertel Manntages. In Geld gerechnet kommen da schnell mehrere Hundert Euro zusammen.

■ Nicht zu vergessen: Sie sollten solche Dinge wie Raumklima, Beleuchtung, bequeme Sitzgelegenheiten sowie Verpflegung und Getränke im Auge behalten. Auch wenn sie noch so banal erscheinen mögen, so tragen sie doch wesentlich zu einer angenehmen Besprechungsatmosphäre bei.

■ Natürlich spielt auch die Tageszeit der Besprechung keine unwesentliche Rolle. Direkt nach dem Mittagessen, am späten Abend oder am Freitagnachmittag sind sicherlich nicht die besten Zeiten. Legen Sie Ihre Zeiten gemeinsam mit Ihren Mitarbeitern fest.

3.6.3   Die Qualität und Effizienz von Besprechungen

Eigentlich ist es schon ein wenig erstaunlich, dass sich immer noch so viele Führungskräfte mit der Qualität ihrer Besprechungen schwer tun. Dabei bedarf es nur weniger Grundsätze, die es zu beachten gilt. Für Besprechungen sollten folgende Mindeststandards gelten:

(1) Die Besprechungsteilnehmer erhalten vorab eine Tagesordnung

■ Stellen Sie Ihren Mitarbeitern die Tagesordnung vorab zur Verfügung. Bei Bedarf können auch die zur Vorbereitung auf ein Thema erforderlichen Unterlagen mitgeliefert werden. Der Nutzen einer Tagesordnung ist nicht zu unterschätzen:

■ Die Besprechungsteilnehmer haben die Möglichkeit, sich auf die einzelnen Besprechungspunkte vorzubereiten.

■ Die Tagesordnung strukturiert die Besprechung und sorgt damit für Klarheit bei den
  Besprechungsteilnehmern. Sie ordnet den Verlauf und erhöht die Besprechungsdisziplin.

■ Drohende Zeitüberschreitungen können rechtzeitig erkannt und damit auch vermieden
  werden.

■ Der Moderator hat bei abweichenden Diskussionen die Möglichkeit, immer wieder auf
  die Tagesordnung zu verweisen.

■ Letztlich trägt die Tagesordnung wesentlich zu einer effizienten und zielgerichteten
  Gesprächsführung bei und spart damit wertvolle Zeit.

Die Tagesordnung sollte neben den Besprechungspunkten die jeweiligen Themenverant-
wortlichen, den Zeitbedarf sowie die Zielsetzungen der einzelnen Besprechungspunkte
beinhalten. Die Angabe der Zielsetzung ist für die Besprechungsteilnehmer ein wichtiger
Hinweis darauf, was von ihnen erwartet wird. Während bei einer reinen Information lediglich die Aufmerksamkeit der Teilnehmer gefordert ist, ist bei einem Entscheidungspunkt
eine gewisse Vorbereitung erforderlich. Nachstehend das Beispiel einer Tagesordnung, die
auch zur Einladung der Besprechungsteilnehmer verwendet werden kann:

Tabelle 3.6   Beispiel einer Tagesordnung

Tagesordnung

Thema: Teambesprechung

TeilnehmerInnen: Frau Maier, Herr Huber, Herr Maier...

Gäste: Frau Hinz

Termin: 15.07.2011, 14:00 – 17:00 Uhr

Ort: Großes Besprechungszimmer, 2.OG

Moderation: Herr Huber

	Tagesordnungspunkt	Verantwortlich	Zeitbedarf	Ziel-setzung*)
1.	Durchsprache letztes Protokoll	Moderator	15 Min	I, E
2.	Aktuelle Informationen	Herr Müller	20 Min	I
3.	Umsetzung Richtlinie xy	Frau Maier	30 Min	M
4.	Technische Probleme Leitwarte	Herr Huber	15 Min	I
5.	Durchführung Ziele-Workshop	Frau Hinz	30 Min	E

*) I = Information, M= Meinungsfindung, E = Entscheidung

Tipp:

Fordern Sie Ihre Mitarbeiter immer wieder dazu auf, eigene Themen für die Teambesprechung zu benennen. Lassen Sie die Themen vom Moderator in einer Tagesordnung zusammenstellen. Der Zeitbedarf für das jeweilige Thema ist vom jeweiligen Einreicher des Themas einzuschätzen. Damit nehmen Sie Ihre Mitarbeiter in die Mitverantwortung für die Teambesprechung.

(2) Besprechungen werden grundsätzlich moderiert

Die Qualität von Besprechungen steht und fällt mit der Moderation. Aber: Ein guter Moderator fällt in der Regel nicht vom Himmel und Übung macht den Meister. Der Moderator stellt sicher, dass ...

 allen die Zielsetzung der Besprechung klar ist,

- man sich auf eine strukturierte Vorgehensweise einigt,

- methodisch vorgegangen wird,

- man gemeinsam am Thema bleibt (roter Faden),

- die Zeiten eingehalten werden,

- jeder zu Wort kommt und alle Meinungen gehört werden,

- die Besprechung sachlich bleibt,

- Zwischenergebnisse und Endergebnisse zusammengefasst werden,

- die Ergebnisse protokolliert werden.

Der Moderator kann das aber nur, wenn er von der Gruppe als solcher akzeptiert und respektiert wird. Dazu ist es wichtig, dass er eine fragende und nicht eine „Aussagen- oder Antwortgebende-Haltung" einnimmt. Das ist übrigens einer der Hauptfehler von moderierenden Führungskräften, die dem Irrtum unterliegen, sie müssten auf alle Fragen auch selbst die passenden Antworten finden. Das führt dann zu den oft beklagten Situationen, in denen die Führungskraft Monologe hält, während sich die Mitarbeiter langweilen.

Tipp:

Lassen Sie jedes Teammitglied in den „Genuss" der Moderation kommen, indem Sie die Moderationsaufgabe rotierend vergeben. Dadurch geben Sie Ihren Mitarbeitern die Gelegenheit, Moderation regelmäßig in der Praxis zu üben. Außerdem steigert es die Disziplin der Besprechungsteilnehmer ungemein, da jedem bewusst ist, dass er, wenn er als Moderator an der Reihe ist, auf die Disziplin der anderen angewiesen ist. Werfen Sie Ihre Mitarbeiter aber nicht ins kalte Wasser. Mitarbeiter ohne jegliche Moderationserfahrung sollten vorher eine ausreichende Schulung erfahren.

(3) Die wesentlichen Besprechungsergebnisse werden in einem Protokoll festgehalten

Auch wenn die Wenigsten gerne Protokolle schreiben, dieser Punkt wird in der betrieblichen Praxis noch am häufigsten erfüllt, wenngleich hin und wieder bemängelt wird, dass die Protokolle nicht gelesen werden. Dabei erfüllt das Protokoll sehr wichtige Funktionen:

- Das Protokoll schafft Klarheit: Besprechungen sind oftmals komplex und für manche auch verwirrend. Ein Protokoll zwingt dazu, Besprechungsergebnisse auf den Punkt zu bringen. Für den Moderator bietet das Protokoll einen Ansatz, Zwischenergebnisse zusammenzufassen und auf den Punkt zu bringen. Mit der Frage „Was halten wir fürs Protokoll fest?" führt er die Diskussion zu einem eindeutigen Ergebnis hin und beseitigt damit mögliche Missverständnisse. Ich habe schon oft erlebt, wie ein scheinbar klares Ergebnis dann doch nicht so klar war („das habe ich aber anders verstanden") und der Punkt nochmals diskutiert werden musste. Das erscheint zwar manchmal etwas nervig zu sein, aber es erhöht die Verbindlichkeit und Identifikation mit Besprechungsergebnissen ungemein.

■ Das Protokoll dokumentiert Besprechungsergebnisse: Wer weiß noch Tage oder Wochen später, was in Besprechungen alles entschieden und vereinbart wurde? Das Protokoll dient als gemeinsames schriftliches Gedächtnis, auf das man sich bei Meinungsverschiedenheiten verlassen und notfalls auch berufen kann. Das spart auf Dauer viel Zeit, weil man ein und denselben Punkt nicht ständig von Neuem diskutieren muss.

■ Das Protokoll erleichtert die Weitergabe der Besprechungsergebnisse an Dritte: Nicht anwesende Teammitglieder können so ohne große Informationsverluste die wesentlichen Besprechungsergebnisse nachlesen. Für die nachfolgenden Führungsebenen dient das Protokoll als Grundlage für deren eigene Teambesprechungen. Damit wird ein möglichst einheitlicher Informationsstand in der Abteilung bzw. im Unternehmen sicher gestellt. Außerdem können andere Bereiche, die von den getroffen Entscheidungen betroffen sind, damit schnell informiert werden. Wenngleich es zu bedenken gilt: Protokolle können auf Dauer nicht die persönliche Information ersetzen.

■ Das Protokoll schafft Verbindlichkeit: Die Verbindlichkeit ist, wenn es schwarz auf weiß geschrieben steht, immer höher als das gesprochene Wort. Beim gesprochenen Wort hat man stets noch die Möglichkeit, sich herauszureden: „So haben wir das nicht besprochen.", „Daran kann ich mich nicht erinnern.", „Das haben Sie falsch verstanden." ...

Tipp:

Machen Sie es sich zur Gewohnheit, jede Besprechung mit der Durchsprache des letzten Protokolls zu beginnen. Damit signalisieren Sie Ihren Mitarbeitern, dass Ihnen die in den Besprechungen getroffenen Vereinbarungen wichtig sind. Sie haben damit außerdem die Möglichkeit, bei nicht erledigten Punkten nachzuhaken und ggf. neue Erledigungstermine zu vereinbaren. Spätestens beim dritten Mal wird auch der verantwortungs- und arbeitsscheuste Mitarbeiter merken, dass er aus seiner Verantwortung nicht mehr herauskommt. Einigen Sie sich darauf, lediglich ein *Ergebnisprotokoll* zu erstellen. Das spart Zeit und erhöht die Bereitschaft, sich als Protokollant zur Verfügung zu stellen. Auch hier bietet es sich an, die Protokollerstellung rollierend im Team zu verteilen. Dazu kann eine einfache Vorlage zur Verfügung gestellt werden. Bei schöner Handschrift ist es auch denkbar, die Protokollvorlage handschriftlich auszufüllen und direkt nach der Besprechung zu vervielfältigen und zu verteilen – oder tippen Sie es direkt ins Notebook, quasi als Simultanprotokoll. Wenn Sie es dann noch per Beamer an die Wand werfen, können es die Teilnehmer direkt mitverfolgen. Wie Sie es machen, ist sicherlich auch eine Frage des Geschmacks und des persönlichen Stils.

Aus dem Protokoll sollten auf jeden Fall folgende Punkte ersichtlich sein:

■ Welche Entscheidungen wurden getroffen?

■ Wer erledigt was bis wann?

■ Welche Punkte sind noch offen/ungeklärt?

■ Wie sieht die weitere Vorgehensweise aus (ggf. mit Folgeterminen)?

Das Protokoll sollte möglichst zeitnah verteilt werden. Innerhalb von zwei Tagen müsste das sicherlich möglich sein.

Tabelle 3.7   Beispiel für ein Ergebnisprotokoll

Ergebnisprotokoll: Teambesprechung vom 15.07.2010
Teilnehmer: .....

	Thema	Ergebnis	Verant-wortlich	Bis wann?
1.	Umsetzung Richtlinie xy	Erarbeitung eines Umsetzungskon-zepts unter Berücksichtigung fol-gender Prämissen:	Frau Maier	TB am 15.10.10
2.	Ziele-Workshop	Überarbeitung Workshopdesign	Frau Hinz	29.07.10
3.	...			

(4) Geben Sie Ihrer Teambesprechung eine klare Struktur

Eine effiziente Besprechungskultur zeichnet sich durch einen strukturierten Besprechungs-ablauf aus. Spätestens nach der dritten Besprechung wissen dann alle Teilnehmer wie die Besprechung im Allgemeinen abläuft. Das spart aufwändige Abstimmungsprozesse und beseitigt Unklarheiten. So könnte der Ablauf einer Besprechung beispielsweise aussehen:

Ablauf einer Besprechung:

1. Motivierende **Begrüßung**, ggf. Fehlende entschuldigen.

2. **Thema nochmals** benennen (Es geht heute um ...), Hintergründe kurz aufgreifen (Be-sprechungsteilnehmer dort abholen, wo sie stehen). Frage stellen: Ist allen klar, worum es geht?

3. **Organisatorische Punkte** klären/erwähnen: Zeitrahmen, Handys ausschalten, ...

4. **Tagesordnung vorstellen** (erster Punkt ist die Durchsprache des letzten Protokolls), Hinweis auf das Ende der Besprechung.

5. Tagesordnung vollständig? Frage nach **aktuellen und/oder wichtigen Ereignissen**, ausreichend Zeit für einzelne Punkte, Reihenfolge o. k.?

6. **Durchsprache letztes Protokoll**.

7. Abarbeitung der einzelnen Tagesordnungspunkte.

8. Nach jedem einzelnen Punkt **Maßnahmen, Verantwortliche und Termine festlegen**; **Formulierung für das Protokoll** festlegen; Einverständnis aller einholen.

9. Am Schluss: **Maßnahmenplan nochmals durchgehen** (Wer hat was bis wann zu tun?), weiteres Vorgehen festlegen, nächste/n Termin/e vereinbaren.

10. Bei Bedarf: **Besprechung reflektieren** (Wie ist es gelaufen? Was war gut, was nicht? Wie sind wir mit dem Ergebnis zufrieden? Was müssen wir ändern?

3.6.4   Was tun, wenn die Situation bereits verfahren ist?

Sie sollten nicht resignieren, wenn die Situation in Ihrem Team womöglich schon komplett verfahren ist. Sie wissen ja *„wem das Wasser bis zum Hals steht, kann es sich nicht leisten, den Kopf hängen zu lassen*[72]*"*. Dazu fällt mir ein gutes Beispiel aus meiner Beratungspraxis ein: *Ein Abteilungsleiter eines Produktionsbereichs eines Automobilzulieferers wandte sich verzweifelt an mich. Er wisse nicht mehr, was er tun solle. Die wöchentliche Abteilungsbesprechung mit seinen Meistern sei dermaßen frustrierend, dass er sich überlege, sie einzustellen. Nachdem er mir den Sachverhalt detailliert geschildert hatte, bat ich ihn, mir einen eigenen Eindruck davon verschaffen zu dürfen. Also setzte ich mich unauffällig in die hinteren Reihen. Natürlich hatte ich Bedenken, die Meister würden sich wegen meiner Anwesenheit anders verhalten als sonst. Doch weit gefehlt, die Besprechung lief ab, wie es mir der Abteilungsleiter geschildert hatte. Wahrscheinlich konnten sich die Meister gar nicht mehr vorstellen, wie es anders hätte ablaufen können. Der Abteilungsleiter saß vorne hinter einem Tisch, die Meister saßen wie in der Schule ihm gegenüber in drei Reihen, ebenfalls hinter Tischen. Die Stimmung war von Anfang an sehr gedrückt, fast schon feindlich. Der Abteilungsleiter begann dann aus dem Werkleiterprotokoll die aktuellen Informationen vorzulesen. Kaum dass er begonnen hatte, läutete das Handy eines Meisters. Dieser nahm das Gespräch ungeniert an. Nach ein paar kurzen Sätzen verließ er den Raum und telefonierte, für alle anderen gut hörbar vor der Türe weiter. Inzwischen gesellte sich ein weiterer Meister, der sich verspätet hatte, zur Besprechungsrunde hinzu. Irgendwann erschien dann der vor der Türe telefonierende Meister wieder und „pflanzte" sich gut hörbar wieder auf seinen Platz. In der hintersten Reihe führten zwei Meister ein sehr angeregtes und wohl amüsantes Gespräch – zumindest war das aus ihrem breiten Grinsen zu schließen. Der Abteilungsleiter ließ sich davon nicht beirren und betete seinen Text herunter, ohne auch nur in die Runde zu schauen. So zog sich das Ganze eine gute Stunde hin. Es war offensichtlich, hier wurde allen Anwesenden eine Stunde wertvolle Arbeitszeit gestohlen – von dem Ärger und der negativen Auswirkungen auf das Teamklima ganz zu schweigen. Hier bestand akuter Handlungsbedarf.*

---

[72] Zitat aus einer Abizeitung, Verfasser unbekannt

Das ist sicherlich ein extremes Beispiel, aber es zeigt, was passieren kann, wenn es keine Besprechungskultur gibt. Die Verantwortung hierfür liegt selbstverständlich zuallererst bei der Führungskraft. Natürlich sollte es in einem guten Team so sein, dass sich jedes Teammitglied dafür verantwortlich fühlt. Aber auch das muss den Mitarbeitern erst einmal vermittelt werden. Außerdem, wenn Mitarbeiter (Mit-)Verantwortung für die Qualität ihrer Teambesprechung übernehmen sollen, dann muss man ihnen auch die dazu Gelegenheit geben. Doch wie geht man das an? Wie bringt man seine Mitarbeiter dazu, sich auf eine neue Besprechungskultur einzulassen? Zuallererst ist es wichtig, diesen Missstand offen, aber vorwurfsfrei anzusprechen. Nutzen Sie dazu beispielsweise eine Teambesprechung ausschließlich für dieses Thema. Diese Besprechung könnte in etwa folgendermaßen ablaufen:

1. Bringen Sie Ihre persönliche Betroffenheit zum Ausdruck: „Mich beschäftigt schon lange die Frage, was wir tun können, um unsere Teambesprechung für uns alle positiver zu gestalten. Wenn ich ehrlich bin, belastet mich unser regelmäßiges Treffen inzwischen sehr."

2. Gestehen Sie auch offen Ihren Anteil an der Situation ein: „Ich bin mir durchaus bewusst, dass es natürlich auch an mir liegt, dass die Besprechungen so verlaufen."

3. Machen Sie deutlich, dass Sie entschlossen und zuversichtlich sind, die Situation zu verändern: „Ich möchte die Teambesprechung in Zukunft gerne so gestalten, dass wir alle zufriedener sind und dabei noch Zeit sparen."

4. Beziehen Sie Ihre Mitarbeiter in die Erarbeitung eines neuen Konzepts ein. Diskutieren Sie mit Ihren Mitarbeitern folgende Fragestellungen: „Was stört uns derzeit an unseren Teambesprechungen?" und „Wie müssen/wollen wir unsere Teambesprechungen künftig gestalten?" Oder noch besser, lassen Sie sie in kleineren Gruppen an den Fragen arbeiten.

5. Arbeiten Sie mit Ihren Mitarbeitern Besprechungsregeln aus und halten Sie diese auch schriftlich fest. Diese Besprechungsregeln sind natürlich nur dann sinnvoll, wenn sie auch eingehalten oder zumindest regelmäßig eingefordert werden.

6. Reflektieren Sie von Zeit zu Zeit gemeinsam mit Ihren Mitarbeitern, wie es mit der Einhaltung der Regeln steht. Alleine das regelmäßige Thematisieren wird die Sensibilität und damit auch die Besprechungsdisziplin ungemein erhöhen.

7. Nehmen Sie sich die Zeit, hin und wieder auch mal über Befindlichkeiten und nicht nur über Sachthemen zu reden: "Wie läuft's zur Zeit eigentlich? Wie geht's Ihnen momentan? Sind wir auf dem richtigen Weg?" Greifen Sie etwaige Unzufriedenheiten lösungsorientiert auf.

8. Gestalten Sie Ihre künftigen Teambesprechungen interaktiv. Machen Sie Ihren Mitarbeitern immer wieder deutlich, dass sie ebenfalls Verantwortung für die Besprechungsqualität tragen. Hier ein paar Tipps, wie Sie Ihre Besprechungen interessant und lebendig gestalten und die Mitarbeiter in die Mitverantwortung für die Teambesprechung nehmen können:

- Fordern Sie Ihre Mitarbeiter regelmäßig auf, eigene Themen einzubringen. Fragen Sie vor jeder Teambesprechung die Themen aktiv ab.
- Lassen Sie am Anfang der Besprechungen reihum berichten, woran Ihre Mitarbeiter gerade arbeiten bzw. was in den einzelnen Bereichen gerade aktuell läuft.
- Präsentieren Sie Themen oder aktuelle Informationen nicht selbst, sondern delegieren Sie sie an Ihre Mitarbeiter.
- Arbeiten Sie mit verschiedenen *Moderationsmethoden*. Sammeln Sie Ideen mittels der Brainstormingmethode, führen Sie Punktabfragen durch, lassen Sie Fragestellungen im Duo oder Trio erarbeiten, visualisieren Sie so oft es geht. Es gibt so viele belebende Moderationsmethoden[73]. Nutzen Sie diese für die lebhafte Gestaltung Ihrer Teambesprechungen. Nebenbei erhöhen Sie auch die Effizienz und Effektivität Ihrer Besprechungen.
- Legen Sie einen *Themenspeicher* an. Im Verlauf einer Besprechung kommen immer wieder wichtige Themen auf, die dann in der nächsten Besprechung behandelt werden. Damit gehen Ihnen die Themen niemals aus.
- Ziehen Sie sich stärker in die Moderationsrolle zurück. Sie müssen als Führungskraft nicht alles vorbeten. Je mehr Sie sich zurücknehmen, umso mehr werden Ihre Mitarbeiter Verantwortung übernehmen. Treffen Sie nur dann Entscheidungen, wenn Ihre Mitarbeiter zu keinem Ergebnis kommen.
- Lassen Sie Ihre Mitarbeiter abwechselnd die Moderation sowie die Protokollerstellung übernehmen (z. B. in alphabetischer Reihenfolge).
- Laden Sie von Zeit zu Zeit Gäste ein, die zu ausgewählten Themen anregende Inputs geben können. Das können Vertreter der Personalabteilung, der Qualitätssicherung, des Vertriebs oder wer auch immer sein. Warum nicht auch mal die Geschäftsleitung einladen, damit sie zu wichtigen Themen direkt Stellung beziehen und Antworten geben kann?

Das Wichtigste in Kürze

- Führen Sie Ihre Teambesprechungen regelmäßig zu fixen Terminen durch.

- Regelmäßige Teambesprechungen sind das wichtigste Führungsinstrument. Sie tragen wesentlich zur Mitarbeiterzufriedenheit, zur Identifikation mit dem Unternehmen und zur Zufriedenheit mit dem Führungsverhalten bei.

- Sorgen Sie für die richtigen Rahmenbedingungen wie z. B. angemessene Räumlichkeiten, Flipcharts, die richtige Tageszeit usw.

- Tagesordnung, Moderation und Protokoll sind wesentliche Voraussetzungen für erfolgreiche Besprechungen.

- Geben Sie Ihren Teambesprechungen eine klare Struktur.

---

[73] Seifert, Josef W.: Visualisieren. Präsentieren. Moderieren. Gabal 2009.

- Wenn die Situation verfahren ist: Thematisieren Sie es und gehen Sie es gemeinsam mit Ihren Mitarbeitern an. Legen Sie gemeinsame Besprechungsregeln fest, leben Sie diese vor und fordern Sie sie konsequent ein.

- Gute Besprechungen leben von der Mitverantwortung und der Beteiligung der Mitarbeiter.

- Gestalten Sie die Teambesprechungen interessant, lebendig und interaktiv. Nutzen Sie dazu die vielfältigen Moderationsmethoden

Literaturhinweise

[1] Doppler, Klaus/Lauterburg, Christoph: Change Management: den Unternehmenswandel gestalten. Campus 1994.
[2] Seifert, Josef W.: Visualisieren. Präsentieren. Moderieren. Gabal 2009.
[3] Weißenrieder, Jürgen/Kosel, Marijan: Nachhaltiges Personalmanagement. Acht Instrumente zur praktischen Umsetzung. Gabler 2005.

3.7 Zusammenarbeit und Klima im Team aktiv gestalten

„Wenn wir uns einig sind, gibt es wenig, was wir nicht können.
Wenn wir uns uneinig sind, gibt es wenig, was wir können."

John F. Kennedy,
US-amerikanischer Präsident, *1917-1963

Ich kann mich noch gut an die Zeit Ende der achtziger, Anfang der neunziger Jahre erinnern. Teamarbeit schien damals das Allheilmittel zu sein. In den Produktionsbereichen wurde Gruppenarbeit eingeführt. Idealerweise sollten sich die Gruppen mehr oder weniger selbst steuern. Man sprach dann von autonomen oder halbautonomen Gruppen. Die Zielsetzung bestand darin, den Mitarbeitern mehr Mitsprache- und Mitgestaltungsrechte einzuräumen. Verantwortung sollte stärker „nach unten" delegiert werden, man wollte „an das Gold in den Köpfen der Mitarbeiter". Ein kooperativer Führungsstil und Teamarbeit schienen dazu die geeigneten Mittel. Bei den Meistern in den Fertigungsbereichen kursierten schon Gerüchte, wonach ihre Führungsleistung künftig nicht mehr benötigt werden würde. Ganze Teams wurden in Hochseilgärten oder über glühende Kohlen geschickt oder nachts mit verbundenen Augen irgendwo in der Pampa ausgesetzt, um gemeinsam ein vorgegebenes Ziel zu erreichen. Ich selbst war mehrere Male als Teilnehmer aber auch als interner Coach und Trainer bei solchen Teamtrainings dabei. Ich gebe zu, es hat mir immer Spaß gemacht. Doch irgendwann beschlichen mich die ersten Zweifel. Welchen Nutzen haben solche Teamtrainings? Rechtfertigt der Erfolg diesen immensen Aufwand und die finanziellen Investitionen? Man glaubte damals, es würde ausreichen, die Beziehungen der Mitarbeiter untereinander zu verbessern und positiv zu gestalten, dann würde sich das automatisch auch positiv auf die Zusammenarbeit und damit auf die Arbeitsleistung niederschlagen. Es war en vogue, die weichen Faktoren wie Beziehungsgestaltung, gegenseitiges Verständnis und wertschätzende Kommunikation in den Vordergrund zu stellen. Leider wurden dabei die harten Faktoren, wie Leistungsorientierung, klare Zuweisung von Verantwortlichkeiten oder Produktivitätssteigerung vernachlässigt. Man glaubte, das würde sich alles mit einem positiven Teamklima und einer Tschakka-Begeisterung von alleine ergeben.

Vor einigen Jahren hat das Pendel dann umgeschlagen. Der Nutzen der Teamarbeit wurde mehr und mehr in Frage gestellt. Man konnte gar meinen, die Demontage der Teamarbeit entwickelt sich zum Modetrend. Für Erich Staudt, Professor an der Ruhr-Universität Bochum, stand das Wort „Team" als Synonym für „Angst, Verantwortungslosigkeit und Kinderkellergesang, verunsicherte Führungskräfte und unzählige Unternehmen, die den Glauben an solche Harmonieillusionen längst verloren haben".[74] Fredmund Malik meinte

---

[74] Reppesgaard, Lars: Vergiss das Team. Handelsblatt vom 28.3.03.

„Teamgeist ist Ungeist"[75], Peter F. Drucker behauptete „Teams richten mehr Schaden an, als Sie Nutzen bringen"[76] und Reinhard Sprenger widmete mit seinem „Aufstand des Individuums"[77] gleich ein ganzes Buch, um die Demontage der Teamarbeit voranzutreiben. Zwischenzeitlich scheinen sich die Wogen wieder etwas geglättet zu haben. Weder die überhöhende Darstellung der Teamarbeit Ende der achtziger Jahre noch die zwischenzeitliche Demontage werden nach meiner Auffassung dem Thema gerecht. Die Wahrheit liegt wie immer irgendwo in der Mitte. Heute wissen wir, Teamarbeit ist kein Allheilmittel. Sie ist dort sinnvoll, wo komplexe Aufgaben nur arbeitsteilig gelöst werden können. Es gibt aber auch Aufgaben, die ein Einzelner als Experte besser lösen kann. Das zu unterscheiden ist auch Führungsaufgabe. Es geht also nicht darum, Teamarbeit als Selbstzweck zu sehen, sondern dort, wo Menschen gemeinsam arbeiten, diese Zusammenarbeit für das Unternehmen und die Mitarbeiter positiv und ergebnisorientiert zu gestalten.

3.7.1   Bedeutung und Nutzen

Trotz aller, teilweise auch berechtigten Kritik an der damaligen Teameuphorie, eine Wirkung hatten all diese Teamentwicklungsmaßnahmen in jedem Fall: Sie führten zu einer höheren Verbundenheit der Mitarbeiter untereinander. Man kann es auch Teamgeist oder Wir-Gefühl nennen. Verbundenheit ist eine wesentliche Voraussetzung für die Bereitschaft, sich für andere einzusetzen oder auch eigene Ziele zugunsten übergeordneter Ziele zurückzustellen. Je stärker die Bindung zu anderen Menschen ist, umso mehr fühlen wir uns auch verpflichtet, Zusagen einzuhalten, auf andere Rücksicht zu nehmen oder auch bei sachlichen Auseinandersetzungen darauf zu achten, dass der andere sein Gesicht nicht verliert. Bei unterschiedlichen Interessenslagen gehen wir viel kompromissbereiter ins Gespräch. Wir zeigen eine deutlich höhere Bereitschaft, Hilfe anzubieten aber auch Hilfe einzufordern. Bindung ist die Voraussetzung für Kooperation und Kooperation ist die Basis für Teamarbeit. Doch wie entsteht diese Verbundenheit eigentlich? Sie entsteht vor allem durch gemeinsames Handeln und durch gemeinsame positive Erlebnisse. Und je mehr Emotionen damit verbunden sind, umso schneller und tiefgreifender ist auch die Verbundenheit. Denken Sie nur einmal daran, wie stark die Verbundenheit zu Ihren Mitschülern heute noch ist, auch wenn Sie diese seit zwanzig, dreißig oder auch noch mehr Jahren nicht mehr gesehen haben. Wie schnell die Wirkung von Verbundenheit eintreten kann und welche Stärke sie dabei entwickeln kann, haben Sie vielleicht schon im Sport oder auch im Urlaub gemacht, wo nicht selten sehr intensive Beziehungen entstehen. Gemeinsame positive emotionale Erlebnisse können Sie übrigens auch im direkten Arbeitsumfeld haben. Das ist natürlich nicht ganz so leicht, wie bei irgendwelchen Freizeitaktivitäten aber durchaus nicht selten. Das kann zum Beispiel in gemeinsamen Projekten oder bei bestimmten Sonderaufgaben passieren. Um es zusammenzufassen: Ein Mindestmaß an Bindung ist Voraussetzung für gemeinsames Handeln und andererseits verstärkt das gemeinsame Han-

[75]   Lotter, Wolf: Du und das Team. In: brand eins, 01/2002.
[76]   Lotter, Wolf a.a..O.
[77]   Sprenger, Reinhard K.: Aufstand des Individuums. Campus 2001.

deln die Bindung. Auch wenn es noch nicht explizit angesprochen wurde und eigentlich eine Selbstverständlichkeit darstellt: Die Führungskraft steht nicht außerhalb des Teams, sondern ist elementarer Bestandteil.

Bei der Teamentwicklung geht es immer um zwei Aspekte gleichzeitig. Nämlich die Verbesserung der Leistungsfähigkeit sowie die Verbesserung des Team- oder Arbeitsklimas. Wichtig dabei ist, dass beide Kriterien in hohem Maße erfüllt werden, will man von einem Spitzenteam sprechen. Das bedeutet, dass sowohl das Arbeitsergebnis als auch das Teamklima stimmen müssen. Natürlich ist das vorrangige Ziel der Teamentwicklung immer die Leistung und „das Team bleibt immer das Mittel, nicht der Zweck".[78] Gute Teams zeichnen sich dadurch aus, dass sie sehr leistungs- und zielorientiert sind. Ein Spitzenteam setzt sich hohe Ziele. Hohe Leistungsanforderungen spornen es an und treiben es zu Höchstleistungen. Unterforderung ist für sie fatal. Misserfolge werden gemeinsam analysiert und Lehren daraus gezogen. Gemeinsame Erfolge werden gebührend gefeiert und spornen zu noch höheren Leistungen an. Spitzenteams zeichnen sich dadurch aus, dass sie über ein ausgeprägtes Leistungsethos verfügen. Ein gutes Teamklima ist daher nicht originäres Ziel der Teamentwicklung. Aber ohne ein gutes Teamklima können auf Dauer keine Höchstleistungen erbracht werden. Das Teamklima bildet sozusagen den Nährboden für Höchstleistungen. In einem Klima, das durch Neid, Misstrauen, Rivalitäten und Unzufriedenheit geprägt ist, kann keine Kreativität, Hilfs- und Einsatzbereitschaft oder Offenheit entstehen. Wenn man betrachtet, welche Bedeutung positive Beziehungen und Verbundenheit im Team haben, dann wird klar: Man kann und darf es nicht dem Zufall überlassen, wie sich die Beziehungen der Teammitglieder untereinander entwickeln, sondern man muss es aktiv angehen.

Auf ein wichtiges, häufig angesprochenes Missverständnis möchte ich an dieser Stelle noch eingehen. Teamentwicklung und Beziehungspflege haben nichts mit Harmoniestreben um jeden Preis zu tun. Gute Teams zeichnen sich gerade dadurch aus, dass sie eine Kultur entwickelt haben, in der es möglich ist, Missstände und Fehlentwicklungen offen anzusprechen, statt sie unter den Teppich zu kehren. In guten Teams ist es möglich, Kritik zu üben, ohne dass sich gleich jemand auf den Schlips getreten fühlt. Und gute Teams sind in der Lage harte Auseinandersetzungen „in der Sache" auszufechten, ohne gleich auf die persönliche Ebene abzugleiten. Natürlich wird bei gemeinsamen Entscheidungen der Konsens gesucht, aber nicht indem notwendige Kritik zurückgehalten wird oder weil man Konflikte scheut. Es können durchaus mal „die Fetzen fliegen" – aber danach muss es wieder gut sein. Ich kann mich noch gut an bestimmte Situationen erinnern: Egal wie sehr wir uns manchmal in unseren Teambesprechungen stritten, am Ende standen wir alle hinter den getroffenen Entscheidungen. Also, ein wirkliches Team ist alles andere als ein harmoniesüchtiges Kollektiv. Es hat eine Streitkultur entwickelt, die sicherstellt, dass Kritik und unterschiedliche Meinungen offen angesprochen werden und Auseinandersetzungen stets auf der Sachebene verbleiben. Voraussetzung hierfür ist allerdings ein bedingungsloses gegenseitiges Vertrauen. Das bekommt man nicht von heute auf morgen, das muss man

---

[78]   Katzenbach, Jon R; Smith, Douglas K.: TEAMS – Der Schlüssel zur Hochleistungsorganisation. Ueberreuter 1993.

sich erarbeiten. Woran erkennt man nun eigentlich ein richtig gutes Team? Dazu bietet sich die oben vorgenommene Unterscheidung nach Aufgaben-, Leistungs- und Zielorientierung einerseits und Mitarbeiterorientierung und Teamklima andererseits an.

Tabelle 3.8   Erfolgskriterien guter Teams

Aufgaben-, Leistungs- und Zielorientierung	Mitarbeiterorientierung und Teamklima
In einem guten Team ... – kennt jeder seine Aufgaben und Verantwortlichkeiten, – gibt es anspruchsvolle und verbindliche Ziele, – ruht man sich nicht auf den Lorbeeren aus, sondern setzt sich neue, anspruchsvollere Ziele, – ist man bestrebt, sich ständig weiter zu entwickeln, will man immer besser werden, – werden Vereinbarungen eingehalten, gibt es eine hohe Verbindlichkeit, – gibt es klare Regeln, an die sich jeder hält, – konzentrieren sich alle auf ihre Aufgaben, ist jeder bestrebt sein Bestes zum Teamerfolg beizusteuern.	In einem guten Team... – gibt es ein Gefühl der Verbundenheit, ein „WIR-Gefühl", einen Teamgeist, – gehen die Teammitglieder wertschätzend und fürsorglich miteinander um, – unterstützen sich die Teammitglieder gegenseitig, – herrscht eine konstruktive Kritikkultur d.h., es ist möglich, Kritik auch offen zu äußern, ohne dass es persönlich genommen wird, – herrscht gegenseitiges Vertrauen, – gibt es keine Außenseiter, – kann man offen über Fehler sprechen, man vergeudet seine Zeit nicht mit der Suche nach Schuldigen, sondern man sucht nach Lösungen.

3.7.2   Konkrete Ansätze zur Teamentwicklung und Klimapflege

Nachfolgend möchte ich Ihnen einige konkrete und praxisbewährte Ansätze zur Teamentwicklung im engeren Sinn vorstellen. Auf die teamförderlichen Effekte regelmäßiger Teambesprechungen und Ziele-Workshops wurde in den vorangegangenen Kapiteln bereits hingewiesen. Es ist wichtig, mit den Maßnahmen nicht zu warten, bis es gar nicht mehr anders geht, sondern die Maßnahmen vorbeugend zu ergreifen.

3.7.2.1   Mit dem Team von Zeit zu Zeit auf die Tribüne sitzen

Nehmen Sie sich alle ein bis zwei Jahre eineinhalb bis zwei Tage Zeit, um mit Ihrem Team einen Teamworkshop durchzuführen. Ähnlich wie beim Mitarbeitergespräch gehen Sie nun mit Ihrer kompletten Mannschaft runter vom Spielfeld und setzen sich auf die Tribüne, um das eigene Spiel gemeinsam und in aller Ruhe von oben anzuschauen. Dieser Perspektivenwechsel versetzt Sie und Ihre Mitarbeiter in die Lage, sich das Geschehen aus einem übergeordneten Blickwinkel anzuschauen. Damit wird für jeden einzelnen Mitarbeiter das Ganze sichtbar. Im betrieblichen Alltag geht der Blick fürs Ganze durch die Konzentration auf die eigene Aufgabe leicht verloren. Außerdem fehlt in der Alltagshektik häufig die Zeit, um sich in aller Ruhe abzustimmen, eingefahrene Abläufe zu überarbeiten oder eine fundierte Problemanalyse durchzuführen. Beim Teamworkshop sollten aber nicht nur Sachthemen auf der Tagesordnung stehen, sondern auch und vor allem Themen der Zusammenarbeit im Team. Gehen Sie dazu aus dem gewohnten Umfeld heraus in eine angemessene Umgebung. Das schafft die notwendige Atmosphäre. Integrieren Sie wenigstens einen gemeinsamen Abend mit Übernachtung in die Veranstaltung und lassen Sie es nicht zu, das sich einzelne Teammitglieder abends ausklinken. Das gemeinsame Bier oder Glas Wein am Abend an der Bar ist eine nicht zu unterschätzende „vertrauensbildende Maßnahme". Je nach Handlungsbedarf können Sie den Schwerpunkt mehr auf die Sachthemen oder auf die Beziehungs- und Teamthemen legen. Zur Stärkung des Teamgeistes gibt es viele bewährte Ansätze:

■   Ein unverzichtbarer Bestandteil des Teamworkshops ist die gemeinsame Reflexion in Bezug auf die Qualität der Zusammenarbeit im letzten Jahr. *„Wie lief es im vergangenen Jahr? Was war gut? Was war nicht so gut? Und was können wir konkret tun, um die Zusammenarbeit im Team zu verbessern?"* Allein schon die Auseinandersetzung mit den Fragen wird die Sensibilität für den eigenen Beitrag zu einem guten Teamklima enorm steigern. Bei Bedarf können Sie auf bewährte Analysetools zurückgreifen. Exemplarisch genannt sei der Teamcheck aus dem Buch von Francis und Young „Mehr Erfolg im Team".[79]

■   Integrieren Sie wenigstens eine Outdoor-Übung in den Teamworkshop. Allein schon die Bewegung an der frischen Luft, verbunden mit einer gemeinsamen Herausforderung und dem anschließenden Erfolgsgefühl, etwas Außerordentliches geleistet zu haben, versetzt die Teilnehmer in eine positive Grundstimmung. Outdoor-Übungen sind ein bewährter Türöffner. Gerade wenn schwierige Sachthemen oder Themen der Zusammenarbeit bearbeitet werden sollen, können am Anfang der Veranstaltung platzierte Outdoor-Übungen den Nährboden für eine lösungsorientierte Atmosphäre bilden. Lassen Sie die Outdoor-Übung im Nachgang reflektieren. Häufig kommen interessante Erkenntnisse zum Vorschein. Nicht selten werden Aussagen geäußert wie z. B. *„Wenn wir bei der Arbeit so gut zusammenarbeiten würden wie heute, dann könnten wir uns manchen Ärger ersparen"* oder auch *„Das war typisch für uns, genau wie bei der Arbeit."* Dann ist es wichtig, genauer nachzufassen mit Fragen wie: *„Was konkret war denn typisch? Was müssten wir konkret ändern? Was ist uns heute gut gelungen, was uns sonst nicht so gut gelingt und warum ist das so?"* Erfahrene Outdoortrainer, die Sie bei solchen Übungen gerne unterstützen, wissen dann auch an den richtigen Stellen nachzuhaken.

■   Erarbeiten Sie mit Ihren Mitarbeitern „Spielregeln zur Zusammenarbeit im Team". Beschränken Sie sich auf 10 bis maximal 15 Teamregeln. Auch hier gilt: Bereits die Auseinandersetzung mit den Regeln erhöht die Sensibilität dafür, worauf es ankommt und was die einzelnen Teammitglieder voneinander erwarten. Wie Sie mit den Teamregeln

---

[79]   Francis, Dave/Young, Don: Mehr Erfolg im Team. Windmühle 1998.

weiter verfahren, ist auch ein wenig „Geschmacksache". Manche Führungskräfte fassen die Teamregeln schön auf einem Blatt zusammen und lassen sie von den Mitarbeitern unterschreiben, um sie dann auf Hochglanzpapier ausdrucken. Andere hängen die Original-Flipcharts im Besprechungszimmer auf und wieder andere nutzen sie als Grundlage für das jährliche Feedbackgespräch. Egal für welchen Weg Sie sich an der Stelle entscheiden, wichtig ist es, dass Sie nach ein paar Monaten mit Ihrem Team gemeinsam reflektieren, wie die Regeln gelebt werden. Sollte das Ergebnis dieser Reflexion sein, dass manche nicht gelebt werden, dann ist es wichtig nachzuhaken und zu ergründen, woran es liegt.

■ Bieten Sie Ihren Mitarbeitern die Möglichkeit zum gegenseitigen Feedback. Sich gegenseitig ein persönliches Feedback zu geben, hat eine immense vertrauensbildende Wirkung. Ich habe nicht selten erlebt, dass Mitarbeiter das gegenseitige Feedback zu einer längst überfälligen Aussprache genutzt haben. Die Frage, warum das erst jetzt möglich war, kann wohl nur damit beantwortet werden, dass es an der besonderen Atmosphäre des Teamworkshops lag. Falls Mitarbeiter mit der Methode „Feedback" noch keinerlei Erfahrungen haben, ist es wichtig, ihnen vorab den Grundgedanken von Feedback und die Feedbackregeln zu erklären.

3.7.2.2   Teamkonflikte zeitnah lösen

Konflikte sind der gefährlichste Klimakiller. Nicht wenige Führungskräfte vertreten die Meinung, wenn es Konflikte zwischen Mitarbeitern gibt, so müssten sie die selbst lösen. „Schließlich sind das ja alles erwachsene Menschen." Bis zu einem gewissen Grad ist diese Einstellung auch richtig. Die Führungskraft ist nicht der Babysitter der Mitarbeiter oder die „Tante, die im Kindergarten auf die Kleinen aufpasst". Manche Führungskräfte machen aber den Fehler, dass sie zu lange warten. Meist schreiten sie erst ein, wenn der Konflikt bereits eskaliert ist. Dann wird es schwierig, weil die Fronten schon so verhärtet sind und die gegenseitigen Kränkungen und Demütigungen die Mitarbeiter zu möglicherweise unversöhnlichen Kontrahenten haben werden lassen. Nicht selten werden dann externe Experten eingekauft, die letztlich zu dem Schluss kommen, das Beste wäre es, die Mitarbeiter zu trennen. Doch solche Konflikte entstehen nicht von heute auf morgen. Sie haben vielerlei Vorboten, auf die man achten sollte. Die Signale sind nicht immer eindeutig und in der Regel sehr subtil[80]:

■ Bei Besprechungen verharren die Teammitglieder auf ihren Positionen und hören einander nicht zu

■ Jeder möchte möglichst gut dastehen

■ Man hält sich nicht an Absprachen, vereinbarte Maßnahmen werden nicht umgesetzt

■ Die Mitarbeiter gehen nicht wirklich frei und offen miteinander um

■ Wichtige Dinge werden unter den Teppich gekehrt

---

[80]   Francis, Dave/Young, Don: Mehr Erfolg im Team. Windmühle 1998.

- Wichtige Informationen oder Unterlagen werden einander vorenthalten oder erst auf Anfrage weitergegeben

- Es bilden sich Grüppchen oder Cliquen

- Man zeigt sich die „kalte Schulter" oder man reagiert schnippisch

- ...

Dahinter stecken nicht selten so genannte „verdeckte Bestrafungen". Verdeckte Bestrafungen sind die kleinen täglichen Speerspitzen, die man verteilt. Sie sind kaum spürbar und doch irgendwie schmerzlich. Einige Beispiele dafür: Man zieht hinter dem Rücken übereinander her, sucht das „Haar in der Suppe", „vergisst" den Rückruf oder man begründet das eigene Versäumnis mit der Bemerkung „da haben wir uns aber ganz schön missverstanden". Verdeckte Bestrafungen sind einerseits eine ganz subtile Antwort auf Ärgernisse und Kränkungen, die man durch andere erfährt und andererseits wiederum die Ursache von Ärgernissen und Kränkungen. Daraus kann sich mit der Zeit ein regelrechter Teufelskreislauf entwickeln, der irgendwann in einem offenen Konflikt eskaliert. Führungskräfte, die diese subtilen Signale wahrnehmen und nicht darauf reagieren, gehen das Risiko ein, dass aus einzelnen Funken ein flächendeckender Brand entsteht. Konflikte im Ansatz erkennen, offen ansprechen und lösen heißt, die Teamarbeit aktiv zu fördern. Machen Sie als Führungskraft deutlich, dass Sie die verdeckten Bestrafungen erkannt haben und bringen Sie zum Ausdruck, dass Sie sie nicht dulden. Sie können von Ihren Mitarbeitern nicht verlangen, dass sie sich „lieben", aber Sie können von ihnen verlangen, dass sie professionell miteinander umgehen, auch wenn die Chemie nicht stimmt. Ich kenne Mitarbeiter, die das Spielchen gegenseitiger Bestrafungen schon seit Jahren betreiben. Im Übrigen geht das immer zu Lasten des Teams, denn jeder Kontrahent versucht möglichst viele Anhänger auf seine Seite zu ziehen.

3.7.2.3   Mobbing konsequent angehen

Unter Mobbing versteht man das gezielte und absichtliche Schikanieren und Herabsetzen anderer Menschen über einen längeren Zeitraum hinweg. Meist sind diejenigen Mitarbeiter Ziel von Mobbing-Attacken, die sich nicht wehren können. Typische Mobbinghandlungen sind die Verbreitung falscher Tatsachen, Gewaltandrohung, soziale Isolation oder ständige Kritik an der Arbeit. Ganz subtile, aber nicht minder wirksame Mobbinghandlungen, sind Tuscheln in Anwesenheit des Mobbingopfers oder Gespräche verstummen zu lassen, wenn das Opfer den Raum betritt oder auch zu lachen, wenn das Opfer etwas gesagt hat. Manche Mobbinghandlungen sind so subtil, dass sie von Außenstehenden gar nicht bemerkt werden und dann häufig mit lapidaren Bemerkungen wie „na, da reden Sie sich doch etwas ein" abgetan werden. Für Mobbing wird in erster Linie ein schlechtes soziales Klima und ein Mangel an Anerkennung im Unternehmen verantwortlich gemacht. Mobbing findet nur in Gruppen mit „niederer Moral" statt.[81] Mobber sind in erster Linie Menschen, denen es selbst an Anerkennung, Erfolg und Bestätigung fehlt. Durch die Herabstufung des Schwä-

---

[81]   Cube, Felix von: Führen durch Fordern. Piper 2003. S. 84, ff.

cheren wollen sie sich in erster Linie selbst aufwerten. Aber: Mobbing schädigt den Mobber auf lange Sicht selbst. Auch wenn er sich der Unrechtmäßigkeit seiner Handlungen nicht bewusst ist, so spürt er doch zumindest, dass sein Verhalten nicht o. k. ist und darunter leidet wiederum seine Selbstachtung und damit sein Selbstwertgefühl. Dieses versucht er dann durch fortgesetztes Mobbing wieder aufzupolieren. Ich kenne das im Übrigen aus eigener Erfahrung vom Fußballspielen: Wenn es in der Mannschaft insgesamt schlecht läuft und man selbst schlecht spielt, fängt man an, an den anderen herumzumäkeln. Dieses Herummäkeln verschafft einem aber nur ein kurzzeitiges „Dampf-ablassen". Kurz danach stellt sich schon dieses negative Gefühl ein, nicht angemessen gehandelt zu haben, selbst nicht o. k. zu sein. Man versetzt sich damit in eine negative Grundstimmung, die zu einer negativen Ausstrahlung führt. Diese kann man beim Fußball übrigens hervorragend an der Körperhaltung und der nonverbalen Kommunikation erkennen. Die Mitspieler nehmen dies natürlich auch wahr. Wie nun die Reaktion auf das eigene Verhalten und die negative Ausstrahlung ausfällt, hängt ganz wesentlich von der Bindung, dem Teamgeist ab. Ist die Bindung eher niedrig, wird man darauf ebenfalls mit persönlicher Kritik und Mäkelei reagieren. Damit ist natürlich eine Abwärtsspirale vorprogrammiert, die nicht selten im offenen Konflikt endet. Ist die Bindung im Team dagegen hoch, reagiert man mit Aufmunterung und gegenseitiger Unterstützung.

Als Vorgesetzter gegen Mobbing vorzugehen ist nicht leicht. Zunächst einmal gilt es, Mobbing überhaupt erst zu erkennen. Ist es schon Mobbing, wenn zwei Mitarbeiter einen Konflikt miteinander haben? Sicherlich nicht. Aber auch, wenn das Mobbing als solches erkannt wird, stellt sich die Frage: „Was kann man dagegen tun?" Stellt man den Mobber zur Sprache, wird er es leugnen. Außerdem bestätigt das Einschreiten des Vorgesetzten ja die Schwäche des Mobbingopfers. Auch die Trennung der beiden ändert nichts am ursächlichen Defizit, dem Mangel an Anerkennung, Bestätigung und Erfolg. Auf lange Sicht wird nur eine Verbesserung der Anerkennungskultur dieses Problem wirkungsvoll bekämpfen können. Für die Führungskraft kann das nur bedeuten: Verschaffen Sie Ihren Mitarbeitern Erfolgserlebnisse und geben Sie ihnen Anerkennung. Kurzfristig heißt das: Unabhängig davon, ob es sich „nur" um einen Konflikt oder um Mobbing handelt, ist es zweifelsfrei Aufgabe der Führungskraft, jederzeit darauf hinzuweisen, dass Verhalten, das die Qualität der Zusammenarbeit im Team beschädigt, nicht geduldet wird. Ich erinnere daran: Führungskräfte haben einen „Erziehungsauftrag", auch wenn es um das Sozialverhalten der Mitarbeiter geht.

3.7.2.4   Erfolge gemeinsam feiern

Nichts motiviert mehr als der Erfolg selbst. Nur, ein Erfolg der nicht gewürdigt wird, kann auch zur Frustration führen. Feiern Sie Erfolge mit Ihrem Team. Damit sind nicht rauschende Feste gemeint, sondern das kann ein Gläschen Sekt im Stehen, ein gemeinsames Pizzaessen, ein gemütliches Grillfest mit Lebenspartnern oder auch die gemeinsame Weihnachtsfeier sein. Gründe dafür finden sich doch allemal: Ein Projekt wurde erfolgreich abgeschlossen, die neue Software wurde eingeführt, die Jahresziele wurden erreicht, durch regelmäßige Samstagsschichten konnte die Produktion gesteigert werden usw. usw. Klar, man muss aufpassen, dass man es nicht übertreibt, das kann sich auch abnutzen. Außerdem möchten die Mitarbeiter ihre Freizeit nicht ständig mit ihren Kollegen verbringen. Aber hin und wieder gehört das zur Teampflege und trägt zur Verbundenheit im Team mit bei.

3.7.2.5 To walk the talk

Beziehungsarbeit lebt in erster Linie von den kleinen Gesten des Alltags. Ich selbst kann mich noch gut daran erinnern, welch motivierende Wirkung das bei mir hinterlassen hatte, als mir – ein gutes Jahr nach meinem Berufseinstieg – mein damaliger Werkleiter in der Kantine auf die Schulter klopfte und mich nur kurz fragte: „Na, wie geht's?" Dass ich mich nach fast 25 Jahren noch daran erinnern kann, sagt eigentlich alles aus. Wie man es nicht machen sollte, zeigt dagegen das Beispiel eines Produktionsleiters eines mittelständischen Unternehmens. Ich wurde dort beauftragt, alle Meister in einem halbjährigen Führungskräfteentwicklungsprogramm zu schulen. Dazu gehörte auch, den Meistern die neu entwickelten Führungsleitsätze nahe zu bringen. Einer der Leitsätze lautete: „Wir pflegen einen offenen und wertschätzenden Umgang miteinander." Als die Meister diesen Leitsatz lasen, schlug mir eine Mischung aus Zynismus und Ablehnung entgegen. Als ich nach dem Grund für diese Reaktion fragte, erzählten sie mir, dass ihr Produktionsleiter es nicht für nötig hielt, die Mitarbeiter zu grüßen, wenn er durch die Fabrikhalle ging. Üblicherweise schritt er hastig an ihnen vorbei und schaute sie nicht einmal an. Mehr kann man vom Beziehungskonto eigentlich nicht abbuchen.

Als Paradebeispiel für „to talk the walk" fällt mir spontan ein Abteilungsleiter in der mechanischen Fertigung eines Automobilherstellers mit rund 200 Mitarbeitern ein, der das in einer Art betrieb, die jedem Lehrbuch gerecht werden könnte. Dieser Abteilungsleiter ließ es sich nicht nehmen, trotz einer dazwischen geschalteten Meisterebene, jeden Morgen, jeden einzelnen Mitarbeiter per Handschlag zu begrüßen. Und das eigentlich Verblüffende daran war, dass er jeden einzelnen namentlich begrüßte. Können Sie sich das vorstellen? Natürlich war das sehr zeitintensiv. Jeden Tag ein bis eineinhalb Stunden. Andererseits schlug er damit gleich mehrere Fliegen mit einer Klappe:

- Er war immer bestens informiert, da er seine Informationen aus erster Hand und nicht durch die Meister gefiltert bekam.

- Für die Mitarbeiter war das ein Zeichen von höchster Wertschätzung. Welche Wirkung das auf deren Motivation hat, können Sie sich vorstellen. Die Mitarbeiter wären für ihren Abteilungsleiter durchs Feuer gegangen. Ihm genügte schon, dass sie sich freiwillig für die unbeliebten Samstagsschichten meldeten.

- Damit stärkte er die Bindung zu seinen Mitarbeitern. Das Signal war eindeutig. Ich sehe mich als Teil der Mannschaft.

3.7.2.6 Gute Laune, Humor und Erfolgszuversicht

Gute Laune steckt an. Schlechte übrigens auch. Wussten Sie eigentlich, dass gute Laune Produktivität und Kreativität in starkem Maße positiv beeinflusst? Ja, gute Laune belohnt das Gehirn mit gesteigerter Denkleistung und neuen Ideen. Außerdem lässt gute Laune die Anzahl von Verbesserungsvorschlägen steigen und den Krankenfehlstand sinken. Dazu kommt noch: Führungskräfte, die ihre Mitarbeiter respektvoll behandeln und gute Stimmung verbreiten, sind demnach nicht nur viel beliebter. Sie sind mit ihrem Team auch viel erfolgreicher. Nach einer Studie der Yale Universität macht sich gute Laune auch konkret finanziell bemerkbar. Jeder Prozentpunkt, um den sich der Klimaindex hob, ließ den Umsatzerlös ihrer Abteilung um ein halbes Prozent steigen.[82] Als Führungskraft haben Sie einen maßgeblichen Einfluss auf das Wohlbefinden und die Stimmung und damit auch auf die Motivation und Arbeitsfreude Ihrer Mitarbeiter. Wenn der Chef schon morgens mürrisch zur Tür hereinkommt, dann ist für viele Mitarbeiter der Tag eigentlich schon gelaufen. Das stellt für die Mitarbeiter eine spürbare Belastung dar. Jetzt bloß nichts Falsches machen oder sagen, denken sich da viele, sonst explodiert er womöglich noch. Schließlich kann man ja keine gute Laune haben, wenn der Chef schlecht drauf ist. Umgekehrt verstehen es manche Chefs ganz vorzüglich, mit ihrer Heiterkeit und Humor für eine tolle Stimmung zu sorgen. Leider gibt es immer noch Leute, die meinen, Humor und Heiterkeit seien ein Zeichen fehlender Professionalität oder Ernsthaftigkeit. Mein erster Chef pflegte, immer wenn wir jüngeren Mitarbeiter gerade besonders viel Spaß bei der Arbeit hatten, augenzwinkernd durch das Büro zu rufen „Lachen Sie nicht, sonst meint man noch, Ihnen macht die Arbeit Spaß". Dabei ist Humor ein probates Mittel, um angespannte Situationen zu entspannen und ein positives Klima zu schaffen. Zum Humor gehört auch, sich selbst ab und zu auf den Arm nehmen zu können. Außerdem, schon Heinz Ehrhardt wusste, „wer sich selbst auf den Arm nimmt, erspart anderen die Arbeit". Keine Angst, Ihre Führungsautorität wird darunter nicht leiden. Im Gegenteil, es ist ein Zeichen von Souveränität und nicht von Schwäche, wenn man über sich selbst lachen kann.

Was glauben Sie, wie viele Menschen es gibt, die morgens schon mit einem Druck in der Bauchgegend zur Arbeit fahren, nur weil ihnen vor dem miesen Betriebsklima graut? Andererseits gibt es aber auch viele Mitarbeiter, die sagen, sie gingen gerne zur Arbeit, weil es ihnen einfach Spaß macht. Man kann sich im Übrigen schlechte Laune genauso einreden wie gute Laune. Sie glauben das nicht? Dann setzten Sie mal ein breites Lächeln auf und versuchen Sie, sich dabei schlecht zu fühlen. Merken Sie etwas? Das geht nämlich nicht. Über die gesundheitsfördernde Wirkung von Lachen wurde ja schon viel geschrieben. Es gibt Lachtherapien und in Kinderkliniken und Krankenhäusern werden Clowns zur Stimmungsaufhellung eingesetzt, weil man die Bedeutung der psychischen Verfassung für den Gesundungsprozess erkannt hat. Auch in Seniorenheimen werden die Spaßmacher zunehmend eingesetzt, weil man festgestellt hat, dass selbst Demenzkranke und bettlägerige Patienten dabei regelrecht aufblühen. Wer den Film „Einer flog übers Kuckucksnest" mit Jack Nicholson gesehen hat, kann sich eine gute Vorstellung davon machen. Bis zu 300 verschiedene Muskeln werden bei einem Lachvorgang angeblich aktiviert. Lachen ist wie innerliches Jogging und gleichzeitig Balsam für die Seele. Lachen ist der beste Stimmungsaufheller, bei dem Sie keine Angst haben müssen, abhängig zu werden. Es re-

---

[82]   Anja Dilk und Heike Littger: Wege aus dem Stimmungstief in managerSeminare, Heft 132, März 2009.

duziert die Stresshormone Adrenalin und Cortisol.[83] Gemeinsames Lachen ist quasi der soziale Klebstoff, der für die Bindung im Team sorgt. Warum sollte man sich diese Erkenntnisse also nicht auch für die Mitarbeiterführung zunutze machen? Versuchen Sie's. Mit einem Augenzwinkern möchte ich hinzufügen: wenn Sie selbst eher zu denen zählen, die „zum Lachen in den Keller gehen", dann könnte vielleicht ein Lachseminar für Führungskräfte hilfreich sein. ☺

Der Dritte im Bunde neben guter Laune und Humor ist Erfolgszuversicht. Viele Führungskräfte tragen ihre Zweifel und ihre Sorgen in schwierigen Situationen oder in Krisen an die Mitarbeiter heran, wohl in der Hoffnung, Trost und Zuspruch zu finden. Doch gerade, wenn es Probleme gibt, wenn wie in 2009 die Wirtschaftskrise die Auftragseingänge um ein Drittel oder gar um die Hälfte einbrechen lässt und die Kurzarbeit dominiert oder im umgekehrten Fall, wenn zweistellige Auftragseingänge Samstags- und Nachtschichten erforderlich werden lassen, dann brauchen Mitarbeiter vor allem eines: Erfolgszuversicht. „Wo Stabilität und vorhersagbare Zukunft fehlen, wo Angst und Orientierungslosigkeit herrschen, ist Sicherheit, Halt und Richtung gefragt."[84] Wenn schon der Chef nicht daran glaubt, dass man es mit gemeinsamer Anstrengung schaffen wird, wer dann? Herausforderungen werden nur bewältigt, wenn alle voll mitziehen. Das tun sie aber nur, wenn sie an den Erfolg glauben. Dazu muss man ihnen Erfolgszuversicht vermitteln. Ein weiteres Beispiel für eine selbsterfüllende Prophezeiung.

3.7.3   Teamorientierte Führung - Motor der Teamarbeit

„Es gibt zwei Arten, Hirte zu sein:
Der eine läuft hinter der Herde her, treibt sie, wirft mit Steinen, brüllt und drückt.
Der gute Hirte macht das ganz anders: Er läuft vornweg, singt, ist fröhlich,
und die Schafe folgen ihm."

Unbekannt

In einem guten Team übernehmen alle Mitglieder die Verantwortung für die Erreichung der Teamziele. Die Teammitglieder zeichnen sich durch ein hohes Maß an Eigenverantwortlichkeit und Selbständigkeit aus. Daraus zu folgern, dass damit die Führung obsolet wird, geht von einem vollkommen falschen Teamverständnis aus. Ein Team braucht eine konsequente Führung. Ohne Führung verkommt Teamarbeit zur Fahrt ins Blaue und endet früher oder später im Gestrüpp.[85] Diese Art der Führung unterscheidet sich in vielen Punkten von „nicht-teamorientierter" Führung. Teamorientierte Führung wird oft als entscheidungsschwach, konflikt- und verantwortungsscheu dargestellt. Das genaue Gegenteil ist der Fall. Teamorientierte Führung setzt im Vergleich zu einer direktiven bzw. autoritären

---

[83] http://www.humor-lachen.de/gesundheit.htm
[84] Groth, Alexander: Führungsstark in alle Richtungen. Campus, 2008.
[85] Doppler, Klaus; Lauterburg, Christoph: Change Management. Campus 1994.

Führung eine deutlich höhere Führungs- und Sozialkompetenz insbesondere Konfliktfähigkeit voraus. Teamorientierte Führung fordert aktiv andere Meinungen und konstruktive Kritik ein und setzt sich damit auseinander. Gerade in dieser Meinungsvielfalt liegt letztlich auch der Vorteil der Teamarbeit. Ein guter Teamleiter weiß genau, wann er Entscheidungen an sein Team delegieren kann und wann er selbst Entscheidungen treffen muss, auch wenn diese manchmal unangenehm sein können. Ein guter Teamleiter zeichnet sich durch eine hohe Kommunikationskompetenz aus. Leistungsbereitschaft, Engagement und Übernahme von Verantwortung sind die wesentlichen Erwartungen an seine Mitarbeiter. Hierfür gewährt er ihnen jede Unterstützung, die sie benötigen. Fehlverhalten spricht er offen (unter vier Augen) und konstruktiv an. Natürlich geizt er auch nicht mit (berechtigtem) Lob. „Mitarbeiter fordern und fördern" lautet seine Maxime. Was bedeutet teamorientierte Führung nun konkret? Eine teamorientierte Führungskraft ...

- gibt (soweit es möglich ist) keine Ziele vor, sondern bezieht die Mitarbeiter bei der Zielbildung mit ein. Denn sie weiß: Echte Identifikation entsteht nur durch Einbeziehung und Mitsprache.

- ist unnachgiebig in der Zielverfolgung (Richtung) und großzügig in der Wahl der Wege (Maßnahmen).

- trifft Entscheidungen nicht im Alleingang, sondern bezieht die Mitarbeiter soweit wie möglich mit ein.

- versteht sich als Moderator, Coach und Impulsgeber und nicht als Leithammel. Sie ist ein Befähiger, der seine Mitarbeiter in die Lage versetzt, ihre Aufgaben so weit wie möglich selbst zu lösen.

- nimmt die Mitarbeiter in die Mitverantwortung für die Erreichung der Ziele, in die Mitverantwortung für die Qualität der Zusammenarbeit, in die Mitverantwortung für die Gestaltung des Arbeitsumfeldes und in die Mitverantwortung für den Erfolg. Dazu muss sie den Mitarbeitern auch die dafür erforderlichen Freiräume einräumen, denn sie weiß, „wer Mitarbeiter wie Schafe einzäunt, muss sich nicht wundern, wenn sie sich wie Schafe verhalten"[86].

- begegnet ihren Mitarbeitern auf gleicher Augenhöhe und hängt „nicht den Chef raus".

- weiß aber auch: Die letztendliche Verantwortung liegt bei ihr. Kommt das Team zu keiner Konsensentscheidung, dann muss sie die Entscheidung treffen. Zeigt ein Mitarbeiter Fehlverhalten, dann ist es an ihr, dieses Fehlverhalten konsequent anzugehen.

- weiß, wenn Fehler im Team gemacht wurden, dann ist sie nach außen hin verantwortlich und stellt sich vor ihr Team.

Für manche Hardliner mag das teilweise nach „schwacher Führungskraft" klingen. Das Gegenteil ist der Fall. Teamorientierte Führung setzt ein hohes Maß an innerer Stärke und Sozialkompetenz voraus. Denjenigen unter Ihnen, die das Ideal in einer charismatischen,

---

[86] Förster, Anja; Kreuz, Peter: Nur Tote bleiben liegen. Campus 2010.

starken Führungspersönlichkeit sehen, möchte ich die Gefahren einer solchen Führung vor Augen halten. Starke Führungspersönlichkeiten dulden in der Regel weder Widerspruch noch andere Meinungen. Schlechte Neuigkeiten sind ihnen ein Gräuel. Sie nehmen wenig Rücksicht auf die Befindlichkeiten anderer, schon gar nicht auf „Untergebene". Sie erwarten Gehorsam und bedingungslose Anerkennung ihrer Position. Ihr selbstherrliches Auftreten enttarnt sie als Alpha-Tier. Ihr Führungsstil ist meist direktiv und autoritär. Eine starke Führungspersönlichkeit ist nicht per se schlecht, sie kann aber dann zum Problem werden, wenn die Mitarbeiter anfangen, Probleme und Fehler vor ihr zu verbergen. Wenn sie aus Angst davor, etwas Falsches zu sagen, erst dann ihre Meinung kundtun, wenn sie bereits wissen, was der Chef hören möchte. Im schlimmsten Fall lassen sie ihn bei der nächst besten Gelegenheit ins Messer laufen.

Eine von mir sehr geschätzte Führungskraft hat den Unterschied zwischen teamorientierter und direktiver Führung einmal sehr treffend und plastisch beschrieben: „Sie müssen sich als Führungskraft entweder für das Leithammel- oder das Bonanza-Prinzip entscheiden." Das Leithammel-Prinzip dürfte jedem sofort einleuchten. Der Chef geht voran, die Herde muss folgen. Der Leithammel ist im Übrigen auch derjenige, der immer am lautesten blökt. Das Bonanza-Prinzip geht auf die bekannte Fernsehserie Ende der sechziger, Anfang der siebziger Jahre zurück. Manche Leser werden sich vielleicht noch daran erinnern. Im Vorspann ritten Ben Cartwright und seine drei Söhne Hoss, Adam und Little Joe jedes Mal mit vollem Tempo eine Anhöhe hinauf. Auch wenn sie immer Seite an Seite auf gleicher Höhe nebeneinander her ritten, war dennoch auch dem nicht eingeweihten Zuschauer sofort klar, wer der Kopf der vier war: Ben Cartwright. Allein durch seine Körpersprache vermittelte er seinen Führungsstatus, ohne sich als Leithammel zu präsentieren.

Das Wichtigste in Kürze

- Eine gute Zusammenarbeit und ein gutes Teamklima sind für den unternehmerischen Erfolg zu wichtig, um es dem Zufall zu überlassen. Teamentwicklung ist deshalb eine zentrale Aufgabe aktiver Führung.

- Konflikte im Team sind der Klimakiller Nummer eins. Verdeckte Bestrafungen sind häufig die Vorboten eines Konflikts. Gehen Sie Konflikte rechtzeitig an, bevor es zu spät ist.

- Teamworkshops sind ein bewährtes Instrument, um einerseits die Bindung im Team zu erhöhen und andererseits Sachthemen zu bearbeiten.

- Erfolge gemeinsam feiern, stärkt die Verbundenheit im Team und stellt eine ausdrückliche Würdigung und Anerkennung guter Leistungen dar.

- Gute Laune, Humor und Erfolgszuversicht kosten nichts und verbessern das Teamklima und das Leistungsergebnis.

- Teamarbeit funktioniert nur mit einer teamorientierten Führung. Nicht das Leithammel-Prinzip, sondern das Bonanza-Prinzip ist gefragt.

Literaturhinweise

[1]   von Cube, Felix: Führen durch Fordern. Piper 2003.

[2]   Dilk, Anja und Littger, Heike: Wege aus dem Stimmungstief in managerSeminare, Heft 132, März 2009.

[3]   Förster, Anja; Kreuz, Peter: Nur Tote bleiben liegen. Campus 2010.

[4]   Francis, Dave/Young, Don: Mehr Erfolg im Team. Windmühle 1998.

[5]   Groth, Alexander: Führungsstark in alle Richtungen. Campus, 2008.

[6]   Katzenbach, Jon R./Smith, Douglas K.: TEAMS, Der Schlüssel zur Hochleistungsorganisation. Ueberreuter 1993.

[7]   Sprenger, Reinhard K.: Aufstand des Individuums. Campus 2001.

3.8 Feedback von den Mitarbeitern einholen

„Häufig ändern wir unser Verhalten erst dann,
wenn wir erkannt haben, wie es bei anderen ankommt."

Unbekannt

Wie wichtig, ein regelmäßiges und offenes Feedback ist, möge dieses Beispiel verdeutlichen: Mitte der 90er Jahre verzeichneten die Maschinen der Fluglinie Korean Airlines unverhältnismäßig hohe Absturzquoten. Die Ursache: Weil es in der koreanischen Kultur undenkbar ist, direkte Kritik an Höhergestellten zu äußern, wagten die Co-Piloten selbst bei groben Patzern der Piloten kaum Einspruch. Das änderte sich erst, als ein Ausländer als Ausbildungsleiter engagiert wurde: Er führte das Englische als Arbeitssprache ein und gab den Piloten damit eine neue, zweite Identität. Diese neue Identität machte es den Piloten leichter, Kritik an Höhergestellte zu äußern bzw. Kritik von Mitarbeitern anzunehmen.[87] Das Ergebnis: Die Airline gehört heute zu den sichersten der Welt.

Sicherlich sind die meisten Führungskräfte aufrichtig bestrebt, ihre Mitarbeiter gut zu führen. Ihre Führungshandlungen erfolgen in bester Absicht. Aber wer kann denn wirklich sicher sein, dass das von den Mitarbeitern auch so gesehen wird? Wer weiß denn schon mit Gewissheit, wie sein Führungsverhalten bei den Mitarbeitern ankommt? Wissen Sie, wie Sie von Ihren Mitarbeitern gesehen werden? Was Ihre Mitarbeiter an Ihrem Führungsverhalten schätzen und was nicht? Wenn Sie es verlässlich herausfinden möchten, dann gibt es dafür eigentlich nur einen Weg: Die Mitarbeiter zu fragen. Was sich für einige Führungskräfte nun als bloße Selbstverständlichkeit darstellt, scheint für andere ein Ding der Unmöglichkeit und unvorstellbar. Das hat oft weniger mit Ihnen persönlich als vielmehr mit der Kultur in Ihrem Unternehmen zu tun. In Unternehmen mit einer ausgeprägten Feedbackkultur ist es völlig normal, wenn Führungskräfte von ihren Mitarbeitern eine Rückmeldung zu ihrem Führungsverhalten einfordern – normal nicht nur für die Führungskräfte, sondern auch für die Mitarbeiter. Das ist ein wichtiger Aspekt, denn Mitarbeiter, die sich nicht trauen, ihrem Chef „auch mal die Meinung zu sagen", werden kaum die nötige Offenheit und Kritikfähigkeit aufbringen, die es erfordert, Feedback zu geben. Das ist ein weiterer wichtiger Aspekt. Aber nicht nur der Mitarbeiter sollte in der Lage sein, Kritik sachlich und angemessen zu äußern, auch die Führungskraft sollte kritikfähig sein. Kritikfähig im Sinne von Kritik als konstruktive Anregung und nicht als persönlichen Angriff aufzufassen. Führungskräfte, die sich mit Mitarbeiter-Feedback schwer tun, haben in der Regel das Wesen dieses Führungsinstruments noch nicht richtig verinnerlicht. Autoritäre Führungskräfte lehnen Mitarbeiter-Feedbacks im Übrigen grundsätzlich ab. Nicht weil sie Angst vor den Rückmeldungen hätten, sondern weil es schlichtweg nicht zu deren Rollen- und Führungsverständnis passt. Schließlich kann es ja nicht sein, dass Mitarbeiter Wünsche äußern dürfen, wie sie gerne behandelt werden möchten. Wo kämen wir denn da hin? Das

---

[87] Sylvia Jumpertz: Erfolg ohne Rezept. In managerSeminare Heft 132, März 2009.

Leben ist schließlich kein Wunschkonzert, sondern es muss welche geben, die das Sagen haben, und welche, die sich daran zu halten haben. Basta!

3.8.1   Exkurs: Selbstbild – Fremdbild – Metabild

Von frühester Kindheit an bekommen wir von unserer Umwelt Feedback. Manches ist klar und eindeutig, wie zum Beispiel die Ermahnungen und das Lob unserer Eltern oder unserer Lehrer. Manches ist aber auch nicht eindeutig und interpretationsbedürftig. Manches Feedback haben wir vielleicht schmerzlich erfahren müssen und manches haben wir womöglich gar nicht richtig wahrgenommen. Ohne Feedback wüssten wir überhaupt nicht, wie unser Verhalten und Handeln bei anderen ankommt. Und ohne Feedback wären wir nicht in der Lage, unsere Ziele zu erreichen, weil wir nicht wüssten, wo wir überhaupt stehen. Als Führungskraft bekommen Sie tagtäglich Feedback von Ihren Mitarbeitern. Das kann eine beiläufige Bemerkung, ein bewundernder Blick, ein Kopfschütteln oder ein Kopfnicken, ein Schulterklopfen oder auch ein gutes Gespräch und vieles andere mehr sein. Aus all diesen Rückmeldungen machen wir uns dann eine Vorstellung davon, wie wir von unseren Mitarbeitern gesehen werden. Doch diese Vorstellung ist alles andere als objektiv. Denn zum einen nehmen wir nur einen sehr geringen Teil der Signale unserer Mitarbeiter wahr, manche verdrängen oder übersehen wir. Man nennt das selektive Wahrnehmung. Zum anderen bewerten wir die wahrgenommenen Signale auf unsere ganz eigene Art und Weise. So entsteht unser Metabild. Darunter versteht man die eigene Vorstellung darüber, welches Bild oder welchen Eindruck andere von uns haben. Unsere Einschätzung darüber, welche Erwartungen andere Menschen an uns haben, gehört ebenfalls zum Metabild. Diese Einschätzung prägt unser Verhalten maßgeblich. „Menschen neigen dazu, sich so zu verhalten, wie sie glauben, dass es von ihnen erwartet wird."[88] Nun gibt es Führungskräfte, die eine hervorragende Wahrnehmungsfähigkeit haben und ihre Wahrnehmungen auch sehr realistisch bewerten können. Bei diesen gibt es eine hohe Übereinstimmung zwischen Metabild und Fremdbild, das ist das Bild, das andere Menschen von ihnen haben.

Es gibt aber auch Führungskräfte, denen das bei weitem nicht so gut gelingt, was dazu führt, dass das Metabild total vom Fremdbild abweicht. Da unser Verhalten aber sehr stark von unserem Metabild geprägt wird, kann es bei diesen Menschen dazu führen, dass bestimmte Verhaltensweisen nicht so ankommen, wie sie eigentlich beabsichtigt waren. Das kann erhebliche Missverständnisse und in der Folge gravierende Probleme nachsichziehen. Um nun eine größere Übereinstimmung zwischen Fremd- und Metabild zu erreichen, bleibt eigentlich nur die Möglichkeit, andere nach ihrem Bild, das sie von uns haben (unser Fremdbild) zu fragen, also ein Feedback einzuholen. Das Einholen eines Feedbacks zeigt uns, wie andere uns sehen. Das eröffnet uns die Möglichkeit, unser Metabild und ggf. auch unser Selbstbild zu überarbeiten. Es ist nur eine Möglichkeit, kein Zwang. Die Entscheidung liegt bei uns. In jedem Fall wird uns eine bessere Kenntnis unseres Fremdbildes in die Lage versetzen, ein realistischeres Selbst- und Metabild zu entwickeln und damit auch andere Verhaltensweisen abzuleiten.

---

[88]   Man nennt das Pygmalion- oder Rosenthal-Effekt, das ist eine Form der selbsterfüllenden Prophezeiung

Abbildung 3.6 Der Zusammenhang zwischen Selbst-, Fremd- und Metabild

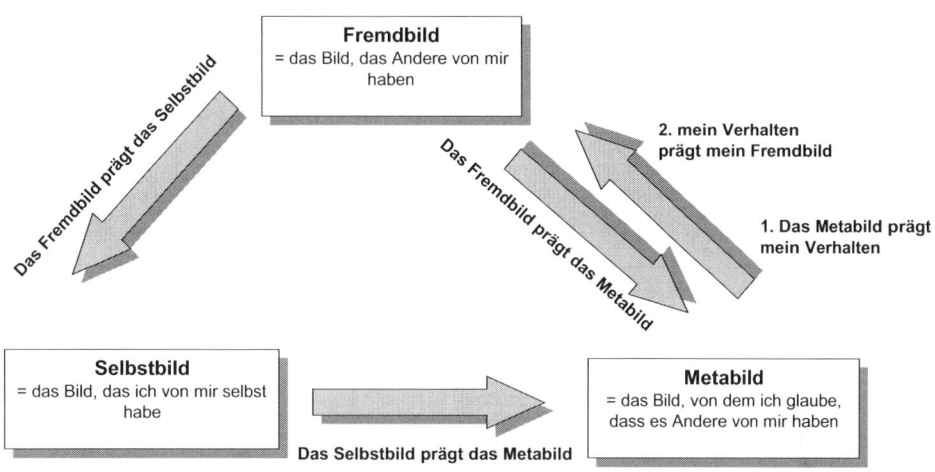

Übrigens: Etwa 80 Prozent aller Führungskräfte schätzen ihr Führungsverhalten positiver ein, als ihre Mitarbeiter. Das heißt, bei nur ca. 20 Prozent fällt das Selbstbild kritischer als das Fremdbild aus. Ich habe im Rahmen von Mitarbeiter-Feedbacks Führungskräfte kennen gelernt, deren Selbsteinschätzung auf einer Siebener-Skala um über drei Punkte über der Bewertung ihrer Mitarbeiter lag. Fast 10 Prozent aller Führungskräfte lagen um zwei und mehr Punkte über ihrem Fremdbild. Das zeugt von einer krassen Fehleinschätzung des eigenen Führungsverhaltens und macht deutlich, wie wichtig es ist, von Zeit zu Zeit ein Feedback einzuholen.

3.8.2 Wesen und Ziele des Mitarbeiter-Feedbacks

Beim Mitarbeiter-Feedback wird die Führungskraft nicht „beurteilt", schon gar nicht „verurteilt", wie manche Führungskräfte scherzhaft anmerken, sondern sie erhält von ihren Mitarbeitern ein Feedback, eine Rückmeldung zum Führungsverhalten. Ein Feedback ist zunächst einmal frei von Bewertungen, „es klagt nicht an, es beschreibt". Es beschreibt nicht wie jemand *ist*, sondern wie er auf andere *wirkt* bzw. wie sein Verhalten bei anderen ankommt. Ein Feedback ist daher immer die Rückmeldung einer subjektiven Wahrnehmung. Von einem guten Mitarbeiter-Feedback können beide Seiten profitieren. Die Führungskraft, indem sie konkrete Hinweise erhält, wie sie ihr Führungsverhalten verbessern kann. Und die Mitarbeiter, indem auf ihre Anregungen und Wünsche eingegangen wird und sie von einer verbesserten Führung profitieren können. Es geht beim Mitarbeiter-Feedback also nicht um ein Gegeneinander, sondern um ein Miteinander. Leider findet das in der Praxis nicht immer so statt. Wenn die Beziehungsebene zwischen Führungskraft und Mitarbeiter belastet ist, wenn der betriebliche Alltag durch ein „Gegeneinander" geprägt ist, dann wird ein Feedback nicht mit dem richtigen „Geist" versehen sein. Deshalb ist es äußerst wichtig, vor der Durchführung den Mitarbeitern die Zielsetzung und das Wesen des Mitarbeiter-Feedbacks zu verdeutlichen. Und was noch wichtiger ist, die Führungskraft muss offen für das Mitarbeiter-Feedback sein, sie muss ein aufrichtiges Interesse an den Rückmeldungen ihrer Mitarbeiter haben und das Bestreben, die Rückmeldungen auch in ein verändertes Führungsverhalten umzusetzen.

Ein gut geführtes Feedbackgespräch kann einen wichtigen Beitrag zu einer offenen und vertrauensvollen Zusammenarbeit zwischen Führungskraft und Mitarbeiter leisten. Es signalisiert dem Mitarbeiter „deine Meinung ist mir wichtig und ich sehe dich als Partner und nicht als Befehlsempfänger". Es ist damit auch ein wichtiges Instrument zur Beziehungsstärkung zwischen Mitarbeiter und Führungskraft. Ein schlecht geführtes Gespräch – und hier liegt die Verantwortung in erster Linie bei der Führungskraft – kann dagegen die Beziehung schwer belasten. Ich möchte die Risiken an dieser Stelle nicht verschweigen. Deshalb ist es vor dem Mitarbeiter-Feedback wichtig, dass das Wesen und die Zielsetzung des Mitarbeiter-Feedbacks von allen Beteiligten richtig verstanden wird, und dass gewisse Regeln für das Geben und Nehmen des Feedbacks eingehalten werden.

3.8.3   Regeln zum Geben und Nehmen von Feedback

Tabelle 3.9   Feedbackregeln

Feedback-Geber	Feedback-Nehmer
– Verhalten beschreiben, aber nicht bewerten. Sie beschreiben lediglich, was Sie wahrgenommen haben und wie es auf Sie wirkt.	– Zuhören und als Information werten, die hilfreich sein kann. Zuhören bedeutet noch nicht Zustimmung.
– Keine Formulierungen, die mit „Du bist ..." beginnen, denn es geht nicht um das Kategorisieren von Eigenschaften, sondern um Beschreiben von Verhalten.	– Im Zweifel holen Sie sich mehrere Feedbacks von verschiedenen Leuten ein. Am Ende entscheiden nur Sie, was und wie viel Sie wirklich ändern werden.
– Ich-Botschaften und subjektive Formulierungen verwenden: Bedenken Sie, dass es sich ausschließlich um Ihre Wahrnehmung und Ihre persönliche Meinung handelt. Sie könnten sich auch irren. Beispiele: „Mir ist aufgefallen...", „Ich wünsche mir ...", „Ich erwarte ...", „Ich hatte das Gefühl....", „Auf mich wirkte...", „Aus meiner Sicht...", „Bei mir hat das ausgelöst..."	– Entschuldigungen sind nur dann hilfreich, wenn es wirklich etwas zu verzeihen gibt. – Auf keinen Fall rechtfertigen. Auch dann nicht, wenn das Feedback ungeschickt formuliert ist. Sie würden damit signalisieren, dass Sie die Botschaft nicht annehmen. So fordern Sie den Feedback-Geber auf, immer weiterzumachen. So lange, bis der sich verstanden fühlt oder bis alles eskaliert.
– Positives Feedback verstärkt das jeweilige Verhalten. Sprechen Sie also an, wovon Sie mehr haben wollen.	

Feedback-Geber	Feedback-Nehmer
– Die Wirkung von kritischem Feedback wird deutlich erhöht, wenn positives Feedback die Regel ist. – Kritisches Feedback muss konkret und in der Ich-Form sein. Sonst entstehen unkontrollierte Nebenwirkungen (z. B. Frust, Widerstand, Rebellion…). Konkrete Beispiele machen es für den Feedback-Nehmer nachvollziehbar. – Feedback zu negativem Verhalten dient nicht der Bestrafung oder Erziehung der anderen Person, sondern der Anregung zur Verhaltensänderung. – Hilfreich sind Angebote von Verhaltensalternativen: „Ich hätte an dieser Stelle…", „Ich hätte es besser verstanden, wenn…", „ich hätte mir gewünscht ...“ – Keine Verallgemeinerungen verwenden (Bsp.: immer, nie, ständig, ...)	– Wenn Sie eine Rückmeldung bekommen, die sich absolut nicht mit Ihrem Bild deckt, sollten Sie sich immer die Frage stellen, wie Ihr Feedback-Geber zu dieser Wahrnehmung oder Einschätzung kommt. – Am Ende sollten Sie sich aufrichtig bedanken. Damit signalisieren Sie, dass Sie das Feedback und sei es noch so kritisch als hilfreiche Information aufgenommen haben. Sie zeigen damit Größe.

3.8.4   Formen des Mitarbeiter-Feedbacks

Sie können auf verschiedene Weise Feedback von Ihren Mitarbeitern einholen. (siehe Abbildung 3.7) Grundsätzlich ist zu unterscheiden zwischen einem Feedback unter vier Augen und einem Feedback im Team. Der Charakter dieser beiden Formen ist sehr unterschiedlich.

Abbildung 3.7   Formen des Mitarbeiter-Feedbacks

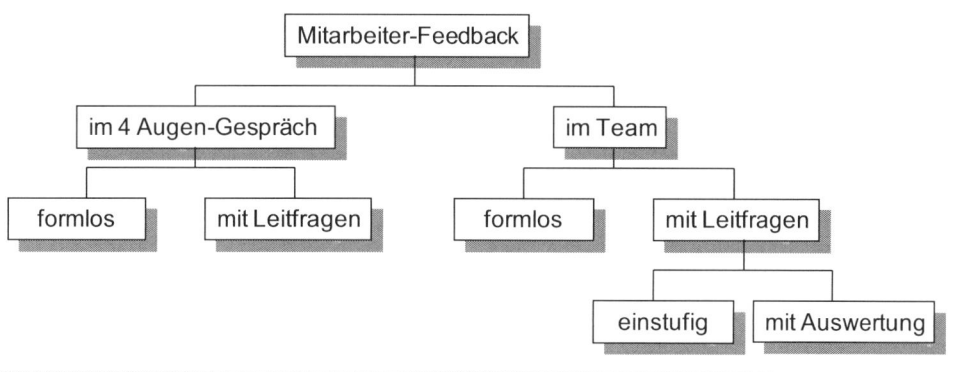

Das direkte Feedback ihrer Mitarbeiter holen Sie am besten unter vier Augen im Rahmen Ihres Mitarbeiter-Jahresgesprächs ein. Das Jahresgespräch ist ohnehin als ein partnerschaftliches Gespräch angelegt, so dass das Feedback Ihres Mitarbeiters einen (hoffentlich) gelungenen Abschluss darstellt. Im Vier-Augengespräch können Sie das Feedback entweder formlos oder mittels eines Feedbackbogens einholen. Wenn Sie sich für ein formloses Feedback entscheiden – *„Was möchten Sie mir als Führungskraft noch als Rückmeldung geben? Wo kann ich mich verbessern?"* – kann es Ihnen passieren, dass Sie ein kurzes und knappes „passt schon" oder „ist schon o. k. so" zu hören bekommen. Damit können Sie in der Regel wenig anfangen, außer dem Gefühl, dass es schon irgendwie in Ordnung sein wird. Konkrete Hinweise, was Sie an Ihrem Führungsverhalten auch künftig beibehalten sollten und wo es unter Umständen doch noch Verbesserungsmöglichkeiten gibt, erhalten Sie auf diese Weise aber nicht. Außerdem sind dem Mitarbeiter so spontan auch nicht alle wichtigen Aspekte für eine gute Führung präsent. Besser ist es daher, dem Mitarbeiter vor dem Gespräch einen Feedbackbogen (siehe Anlage aus dem Mitarbeiter-Jahresgespräch) auszuhändigen, auf dem die wichtigsten Führungsaspekte abgefragt werden, wie z. B. :

■ Fühlt sich der Mitarbeiter gut informiert?

■ Fühlt er sich fair behandelt?

■ Hat er den Eindruck, dass die Aufgaben im Team gerecht verteilt sind?

■ Fühlt er seine Leistungen ausreichend anerkannt?

■ Wie erlebt er die regelmäßigen Teambesprechungen?

■ Wie empfindet er die Zusammenarbeit mit dem Vorgesetzten?

■ Welche konkreten Anregungen und Wünsche hat er?

■ ...

Dieses Vorgehen hat den Vorteil, dass der Mitarbeiter aufgefordert wird, sich zu allen wesentlichen Führungsaspekten zu äußern. Außerdem hat er die Möglichkeit, sich in Ruhe auf das Feedback vorzubereiten und seine Wortwahl abzuwägen.

Auch beim Feedback im Team haben Sie die Wahl zwischen einem formlosen Feedback und einem Feedback mittels Feedbackbogen. Auch hier rate ich dazu, einen Feedbackbogen einzusetzen, der den Mitarbeitern dazu dient, sich auf das Feedback vorzubereiten. Sollte die Feedbackkultur im Team noch nicht allzu ausgeprägt sein, so können Sie die von den Mitarbeitern anonym ausgefüllten Fragebögen im Vorfeld des Teamgesprächs auswerten und zusammenfassen (lassen). Diese Auswertung kann Ihnen im anschließenden Teamgespräch als Gesprächsgrundlage dienen, sozusagen als Vehikel, um das Feedback in Gang zu bringen. In der Anlage Werkzeugkasten 4 finden Sie einen sehr detaillierten Feedbackbogen, den ich gerne im Rahmen von flächendeckenden Feedbackaktionen einsetze. Das Besondere daran ist, dass er nicht nur Fragen zum Führungsverhalten, sondern auch zur Zusammenarbeit der Mitarbeiter untereinander beinhaltet. Damit kann er auch zur Teamanalyse herangezogen werden.

Beide Formen des Feedbacks haben ihre Vor- und Nachteile. Das Feedback unter vier Augen hat naturgemäß eine persönlichere Note. Gerade ruhige bzw. zurückhaltende Mitarbeiter werden sich dort eher öffnen als im Teamgespräch. Das Mitarbeiter-Feedback im Team kann dagegen, wenn es gelingt, zu einem offenen Austausch zu kommen, starke teambildende Effekte erzielen. In solchen Gesprächen wird oftmals auch für die Mitarbeiter deutlich, wie unterschiedlich die Erwartungen an die Führungskraft sind und welche unterschiedlichen, manchmal gar gegensätzlichen Wahrnehmungen die einzelnen Mitarbeiter haben. Nicht selten kommen dabei auch wichtige, das Team betreffende Themen auf den Tisch, die dadurch erst einer Lösung zugeführt werden können.

3.8.5   Ihr Beitrag als Führungskraft zu einem gelungenen Mitarbeiter-Feedback

Sie sollten ein Feedback von Ihren Mitarbeitern nur einfordern, wenn Sie es auch wirklich wollen. Und Sie sollten darauf vorbereitet sein, dass es vielleicht nicht so ausfällt, wie Sie es sich vorgestellt hatten. Ganz wichtig ist es dabei, selbst die richtige Grundhaltung zum Mitarbeiter-Feedback und damit auch zur Kritik einzunehmen. Wie ist es Ihnen in der Vergangenheit gelungen, Kritik anzunehmen? Machen Sie sich bitte folgendes bewusst: Sie *bitten* Ihre Mitarbeiter um ein offenes und ehrliches Feedback. Feedback zu geben, fällt vielen Menschen nicht leicht. Manche müssen viel Mut aufbringen und über ihren Schatten springen, um jemandem zu erklären wie sein Verhalten auf sie wirkt. Wenn das vielen Menschen ohnehin schon schwer fällt, ist es sicher noch schwieriger, dem eigenen Chef Feedback zu geben. Wenn also Ihre Mitarbeiter unter Umständen mit einem Kloß im Hals diesem Wunsch nachkommen – vielleicht etwas ungelenk und zögerlich und womöglich direkter, als Ihnen lieb ist, dann sollten Sie ihnen dankbar sein. Die Fähigkeit, Kritik anzunehmen und dafür dankbar zu sein, ist ein Zeichen höchster persönlicher Reife. Diese Reife steht häufig am Ende eines langen Entwicklungsprozesses, der zu der Erkenntnis führt, dass jeder Mensch seine eigenen Schwächen und Fehler hat. Das Ergebnis des Reifungsprozesses ist ein versöhnliches Akzeptieren und sich selbst Eingestehen, dass jeder so seine „eigenen Macken" hat. Dazu gehört auch eine gute Portion Demut. Demut gegenüber dem, was wir ohnehin nicht oder nur schwer verändern können, was womöglich unsere Einzigartigkeit ausmacht. Im Übrigen: Sich seine eigenen Schwächen und Fehler eingestehen, stärkt die eigene Selbstachtung. Man steht dann nicht mehr unter dem Druck, eine Fassade aufzubauen oder eine Rolle zu spielen und ständig darauf achten zu müssen, dass keiner die Fassade oder die Rolle bemerkt. Es ist ein befreiendes Gefühl, diese Fassade abzureißen, die Belohnung dafür heißt Authentizität. Authentizität ist für die Wahrnehmung der Führungsaufgabe mit das Wichtigste. Mitarbeiter akzeptieren keine Industrieschauspieler, weil Sie ihnen nicht glauben (können). Sie müssen auch nicht auf jede Kritik mit einer Verhaltensänderung reagieren. Das ist ja das Schöne am Feedback. Man kann, aber man muss keine Veränderungen daraus ableiten. Sie haben jederzeit die Freiheit, Ihren Mitarbeitern zu sagen *„Ich kann Ihre Kritik sehr gut nachvollziehen. Aber an dieser Stelle kann ich Ihre Erwartungen aus folgenden Gründen nicht erfüllen... Ich bitte hierfür um Verständnis."* Um es an dieser Stelle nochmals deutlich zu sagen: Mitarbeiter-Feedback zu holen, ist kein Zeichen von Schwäche, sondern ein Zeichen von Souveränität.

Einen entscheidenden Einfluss auf die Fähigkeit, Kritik anzunehmen, hat das Selbstbewusstsein. Menschen mit einem schwach ausgeprägten Selbstbewusstsein reagieren deshalb auch sehr dünnhäutig auf Kritik. Wer mit sich nicht im Reinen ist, dem fehlt die notwendige Stabilität und Standfestigkeit. Wer also seine Kritikfähigkeit verbessern möchte, sollte an seinem Selbstwertgefühl arbeiten. Das kann ein langer und tiefgehender, manchmal auch schmerzhafter Prozess sein. Am Schluss steht aber immer eine Belohnung: Souveränität und Gelassenheit.

An dieser Stelle möchte ich zu einem kurzen Selbsttest anregen: Wenn Sie das nächste Mal ein kritisches Feedback bekommen, sei es von Ihrem Vorgesetzten oder Kollegen oder von Ihrem/er Lebenspartner/in oder wem auch immer, bedanken Sie sich einfach für die offene Rückmeldung. Wichtig dabei ist, dass dieses Dankeschön nicht mit einem ironischen oder gar zynischen Unterton versehen ist, sondern dass es von Herzen kommt und mit Ernsthaftigkeit ausgesprochen wird.

Hören Sie dann in sich hinein. Wie geht es Ihnen dann damit? Welche Wirkung hat es auf Ihr Selbstwertgefühl? Was fühlen Sie? Vergleichen Sie dieses Gefühl mit dem Gefühl, das entsteht, wenn Sie in eine Rechtfertigungshaltung verfallen würden. Sollten Sie dieses Gefühl nicht kennen, dann werden Sie mit dem Feedbacknehmen auch kein Problem haben. Wenn Sie sich bei Kritik gerne rechtfertigen, dann ist es eine gute Übung, (berechtigte) Kritik einfach anzunehmen, sie stehen zu lassen ohne sich zu rechtfertigen und sich abschließend zu bedanken.

3.8.6   Wichtige Voraussetzungen für ein gelungenes Mitarbeiter-Feedback

■ Sie sollten ein Mitarbeiter-Feedback nur dann einholen, wenn Sie an den Meinungen der Mitarbeiter wirklich interessiert sind und Ihr Führungsverhalten ernsthaft verbessern möchten.

■ *Bitten* Sie Ihre Mitarbeiter um ein offenes Feedback. Ein Feedback zu geben, ist eine freiwillige Leistung.

■ Die Mitarbeiter verstehen die Zielsetzung, die hinter dem Mitarbeiter-Feedback steht und sie haben Vertrauen, dass kritisches Feedback nicht als Bumerang auf sie zurückfällt. Das setzt ein ausreichend gutes Vertrauensverhältnis voraus.

■ Angstfreiheit ist eine unabdingbare Voraussetzung für ein erfolgreiches Mitarbeiter-Feedback, sowohl auf Seiten der Mitarbeiter als auch bei der Führungskraft.

■ Die Mitarbeiter sind in der Lage, kritisches Feedback konstruktiv und angemessen zu äußern. Das setzt voraus, dass die Feedback-Regeln zumindest bekannt sind.

■ Wenn die Mitarbeiter ihr Feedback äußern, besteht die Aufgabe der Führungskraft darin, aktiv zuzuhören. Unterbrechungen sind nur dann angebracht, wenn Sie etwas nicht verstanden haben. Zuhören bedeutet noch nicht, dass Sie die Sichtweise des Mitarbeiters teilen und mit allem einverstanden sind.

- Für die Mitarbeiter bedeutet es unter Umständen eine hohe Überwindung, Feedback zu geben oder gar Kritik zu äußern. Deshalb ist es wichtig, die Rückmeldungen der Mitarbeiter ernst zu nehmen und sie darin zu ermuntern.

- Wenn Sie eine komplett andere Sichtweise haben wie Ihre Mitarbeiter, versuchen Sie zu verstehen, wie sie zu dieser Sichtweise kommen. Welche Wahrnehmungen haben sie konkret gemacht?

- Rechtfertigungen wie zum Beispiel „Wenn Sie in meiner Situation wären, ..." sollten tunlichst vermieden werden. Das signalisiert dem Mitarbeiter, dass das Feedback nicht angenommen wird. Auch Aussagen wie „Das sehen Sie aber ganz falsch" sind ausgesprochene Gesprächskiller und sollten tabu sein.

- Die Mitarbeiter möchten natürlich wissen, welche Schlüsse Sie aus dem Feedback ziehen. Geben Sie daher eine Rückmeldung, was bei Ihnen angekommen ist und sagen Sie Ihren Mitarbeitern, was Sie verändern möchten. Es ist aber genau so wichtig, deutlich zu machen, was Sie nicht verändern möchten oder können und dies auch zu begründen.

- Fordern Sie Ihre Mitarbeiter auf, auch künftig unaufgefordert Rückmeldungen zu geben. Für die Entwicklung einer Feedbackkultur ist es wichtig, Feedbacks zur Normalität werden zu lassen und ihnen den Charakter des Besonderen zu nehmen.

- Ein aufrichtiges „Danke für das Feedback" am Schluss vermittelt Ihren Mitarbeitern, Ihnen etwas Wertvolles gegeben zu haben und das haben sie ja auch.

- Es gibt nichts Gutes, außer man tut es. Nun kommt es darauf an, die zugesagten Veränderungen auch umzusetzen. Ziehen Sie nach ein paar Monaten eine erste Zwischenbilanz: Was haben die Mitarbeiter wahrgenommen? Wie geht es ihnen damit? Welche Erwartungen sind ggf. noch nicht erfüllt?

- Doch Vorsicht: Ein Mitarbeiter-Feedback ist kein Wunschkonzert. Erwartungen, die überzogen sind oder in keinem Zusammenhang mit der Führungsaufgabe stehen, sind unmissverständlich zurückzuweisen.

3.8.7   Wenn es im Unternehmen noch keine ausgeprägte Feedback-Kultur gibt

In Unternehmen, in denen eine Feedbackkultur gänzlich fehlt, sollte mit dem Geben und Einfordern von Feedback äußerst sensibel und behutsam vorgegangen werden. Bevor Sie ein Mitarbeiter-Feedback durchführen, sollten Sie die Mitarbeiter langsam an das Feedbackgeben und -nehmen gewöhnen. Sprechen Sie es offen in Ihrem Team an, dass Sie eine Feedback-Kultur entwickeln möchten. Dazu ist es wichtig, Sinn und Zweck von Feedback allgemein zu erklären. Bieten Sie selbst Feedback an. Bei diesem ersten Feedback ist es auch wichtig, nicht alle „Rabattmarken, die man im Laufe der Jahre in sein Heftchen eingeklebt" hat, einzulösen. Dosieren Sie kritische Rückmeldungen. Konzentrieren Sie sich erst einmal auf die positiven Rückmeldungen. (Wir sprechen hier wohlgemerkt nicht von C-Mitarbeitern. C-Mitarbeiter brauchen in erster Linie eine klare Ansage.) In meinen Trainings, in denen Feedbackübungen ein fester Bestandteil sind, stelle ich immer wieder fest, wie groß das Bedürfnis nach Feedback ist. Menschen wollen wissen, wo sie stehen und wie sie gesehen werden. Bauen Sie also mit einem sensiblen und im Schwerpunkt positiven Feedback nach und nach Vertrauen auf. Wenn Sie dann das Mitarbeiter-Feedback einführen, beginnen Sie mit dem Vier-Augen-Feedback und erst im zweiten Schritt mit dem Feedback im Team. Im Übrigen gibt es zur Feedback-Kultur keine Alternative. Zwischen Teamerfolg und Feedbackkultur gibt es einen eindeutigen Zusammenhang. Erfolgreiche Teams pflegen eine offene Feedback-Kultur.

Das Wichtigste in Kürze

- Das Fremdbild prägt unser Selbst- und unser Metabild und hat daher Einfluss auf unser Verhalten. Je realistischer unser Metabild ist, umso stimmiger und zielführender ist unser Verhalten.

- Ohne Feedback wissen wir nicht, wie unser Verhalten bei anderen Menschen ankommt.

- Mitarbeiter-Feedback ist ein bewährtes Führungsinstrument, um konkrete Anregungen zur Verbesserung des Führungsverhaltens zu bekommen. Feedback einzuholen, ist kein Zeichen von Schwäche, sondern von Stärke und Souveränität.

- Das Mitarbeiter-Feedback ist keine Beurteilung der Führungskraft, sondern eine Rückmeldung darüber, wie das Führungsverhalten bei den Mitarbeitern ankommt. Was die Führungskraft daraus macht, liegt ganz allein bei ihr.

- Ein Feedbackbogen, mit dem die wesentlichen Führungsaspekte abgefragt werden, stellt sicher, dass kein wichtiger Aspekt guter Führung vergessen wird. Außerdem kann sich der Mitarbeiter dadurch besser auf das Feedback vorbereiten.

- Mitarbeiter-Feedback unter vier Augen unterstreicht den partnerschaftlichen Charakter des Mitarbeiter-Jahresgesprächs.

- Mitarbeiter-Feedback im Team kann einen wichtigen Beitrag zur Teamentwicklung leisten.

- Kritikfähigkeit ist in erster Linie eine Frage der eigenen Einstellung und des eigenen Selbstwertgefühls.

- In Unternehmen, in denen es noch keine Feedback-Kultur gibt, sollte ein Mitarbeiter-Feedback sehr behutsam eingeführt werden. Starten Sie zuerst mit einem Feedback an Ihre Mitarbeiter, dann mit dem Vier-Augen-Feedback Ihrer Mitarbeiter an Sie.

Literaturhinweise

[1]   Jumpertz, Sylvia: Erfolg ohne Rezept. In managerSeminare Heft 132, März 2009.

Schlusswort – Wir führen Menschen, das sollten wir nie vergessen

„Erfolg ist 10 % Inspiration und 90 % Transpiration."

Thomas Edison

Damit sind wir am Ende angelangt. Während des Schreibens ist mir wieder einmal bewusst geworden, wie vielfältig, schwierig und komplex und gleichzeitig einfach Führung doch ist. Wie viele Dinge es zu beachten gibt, wie viele Lösungsmöglichkeiten, Ansätze und Methoden zu diesem spannenden Thema aber auch bereits entwickelt wurden. Die Arbeitswelt ist neben der Familie der wichtigste Lebensbereich. Wir definieren uns zu einem großen Teil über unseren Beruf und unsere Arbeit. Das merkt man unter anderem, wenn Sie jemanden bitten, sich vorzustellen. Nach dem Namen kommt in der Regel zuallererst die Ausbildung, der Beruf und die Firma, in der derjenige arbeitet. Unsere Arbeit macht einen wesentlichen Teil unserer Identität aus. Sie sichert uns nicht nur unser Einkommen, sie prägt uns, indem sie uns fordert und uns zwingt, uns weiterzuentwickeln. Sie gibt unserem Leben eine Struktur, einen Halt und ein soziales Umfeld. Und nicht zuletzt gibt sie uns Selbstachtung und Selbstwert. Wie wichtig sie für uns und unser Leben ist, merken wir aber erst, wenn wir sie verloren haben. Mit dem Verlust der Arbeit geht auch ein Verlust an Selbstwert, Selbstachtung und Identität einher. Das Gefühl, nicht mehr gebraucht zu werden, stürzt nicht wenige in die Verzweiflung, die Resignation und den sozialen Abstieg. Der Griff zur Flasche und das Scheitern der Ehe bedeuten nicht selten den absoluten Tiefpunkt. Daran wird die Bedeutung der Arbeit deutlich. Wenn wir uns das immer wieder bewusst machen, dann erkennen wir, wie wichtig Erfolg, Anerkennung und Lob im Arbeitsumfeld nicht nur für die tagtägliche Motivation, sondern für den Menschen insgesamt sind. Wenn Erfolg, Anerkennung und Lob im Arbeitsleben fehlen, dann werden Schutzmechanismen aufgebaut, indem man die Identifikation mit dem Unternehmen zurückfährt, Dienst nach Vorschrift macht oder gute Ideen vorenthält. Daher können wir der Aussage von Hans Hinterhuber nur zustimmen: „Die Grundaufgabe von Führung ist, denke ich, sich für Menschen zu interessieren, ihnen zu helfen, sich zu entwickeln, ihr maximales Leistungspotenzial zu erreichen und sie anzuregen, vielleicht etwas höher zu streben, als sie es selbst für möglich halten."[89]

Dieses aufrichtige Interesse für den Mitarbeiter als Menschen ist der Nährboden, den Führung braucht, um gut gedeihen zu können. Das Erlernen der vielen, zur Verfügung stehenden Führungsinstrumente ist in erster Linie eine Frage des Willens, nicht des Könnens.

---

[89] Hinterhuber, Hans: Leadership – mehr als Management: Was Führungskräfte nicht delegieren dürfen. Gabler, 2005.

Vielleicht fragen Sie sich, „Kann man als Führungskraft den Anforderungen wie sie in diesem und auch anderen Büchern zum Thema ‚Führung' beschrieben sind, denn überhaupt gerecht werden?". Ja, man kann. In einem Führungsseminar habe ich die Teilnehmer gefragt, woran man eigentlich eine gute Führungskraft erkennt. Ich habe die vielen Kriterien, die die Teilnehmer genannt haben, fein säuberlich auf einem Flipchart aufgelistet. Danach habe ich die Frage gestellt: „Kennen Sie persönlich eine Führungskraft, die diese Kriterien erfüllt?" Normalerweise ernte ich an dieser Stelle immer ein müdes, manchmal auch ein zynisches Lächeln. Doch dieses Mal kam von mehreren Teilnehmer ein klares „Ja". Ohne meine Verwunderung zu verbergen fragte ich, wer das sei. Als Antwort erhielt ich: „Unser Geschäftsführer." Ehrlich gesagt, hat mich die Antwort sehr gefreut, erstens weil ich den Mann sehr schätze und zweitens weil es zeigt, dass gute Führung nicht nur in schlauen Büchern, sondern auch in der Realität funktioniert. Es geht!

Zum Schluss möchte ich nochmals komprimiert zusammenfassen, worauf es bei guter Führung ankommt: Gute Führung bedeutet, sich sowohl für die Unternehmens- als auch die Mitarbeiterinteressen einzusetzen. Nachhaltig erfolgreich ist Führung nur, wenn beide Interessen auf einem hohen Niveau in der Balance sind. Um dieses Ziel erreichen zu können, braucht es vor allem eins: Glaubwürdigkeit und Konsequenz. Dies erreichen Sie nur durch ständiges Vorleben und Einfordern menschlicher Werte. Vielleicht kann man es aber noch einfacher formulieren. Ein Bekannter hat mich neulich gefragt, wie man überhaupt ein ganzes Buch über Führung schreiben kann? Eigentlich ist Führung doch ganz einfach: Die Arbeit muss erledigt werden und man muss mit den Leuten nur normal umgehen. Auf die Frage, was er unter „normal" verstünde, meinte er, „einfach nur menschlich, halt so, wie wir möchten, dass man mit uns umgeht". Im Prinzip hat er ja Recht, wenn's nur so einfach wäre.

Abschließend noch eine letzte Anregung: Nehmen sich ein paar Minuten Zeit und überlegen Sie sich, was Sie künftig konkret tun werden, um aktiv und konsequent zu führen. Es geht also um Ihre ganz persönlichen Führungsgrundsätze, die Ihnen in Ihrem Führungsalltag Orientierung geben mögen. Nehmen Sie sich nicht zuviel vor. Es ist besser, sich weniger vorzunehmen und es dann auch wirklich umzusetzen, als zu viel und dann zu resignieren. Als Anregung mögen Ihnen die nachstehenden Führungsgrundsätze dienen. Sie können diese nach Ihrem Bedarf anpassen. Legen Sie diese irgendwo ab, wo Sie sie jederzeit gut einsehen können und immer wieder daran erinnert werden, was Sie sich vorgenommen haben.

Abbildung 3.8   Führungsgrundsätze

Meine Führungsgrundsätze

Ich führe aktiv und konsequent indem ich ...

1.   ... **meine Mitarbeiter kontinuierlich fördere.** Dabei achte ich nicht nur auf die fachliche, sondern und vor allem auch auf die persönliche Weiterentwicklung meiner Mitarbeiter.

2.   ... **konsequent delegiere.** Aufgaben, die meine Mitarbeiter erledigen können, übertrage ich nach und nach an meine Mitarbeiter

3.   ... **regelmäßige Teambesprechungen durchführe.** Die Anwesenheit aller Teammitglieder ist dabei Pflicht.

4.   ... **mit jedem Mitarbeiter ein Mitarbeiter-Jahresgespräch führe.** Bei Bedarf führe ich auch Halbjahresgespräche.

5.   ... **regelmäßig Feedback** zu deren Arbeits- und Sozialverhalten an meine Mitarbeiter gebe.

6.   ...**einmal jährlich** im Rahmen eines **Team-Workshops** mit meiner Mannschaft auf die Tribüne sitze. Je nach Bedarf nutzen wir den Teamworkshop, um gemeinsam Ziele zu erarbeiten, Verbesserungsmöglichkeiten zu identifizieren, Maßnahmen anzustoßen und die Beziehungen und das gegenseitige Vertrauen zu stärken.

7.   ... **Fehlverhalten konsequent angehe.** Dazu gebe ich zeitnah Rückmeldungen und bei wiederholtem Fehlverhalten führe ich Kritikgespräche.

8.   ... **mit neuen Mitarbeitern** innerhalb der ersten zwei Wochen **ein Erwartungsgespräch führe.**

9.   ... **einmal jährlich ein Feedback von meinen Mitarbeitern einhole**, um Gewissheit zu erhalten, wie mein Führungsverhalten bei meinen Mitarbeitern ankommt bzw. um konkrete Anregungen zur Verbesserung zu erhalten.

10. ... für eine **hohe Auslastung und Leistungsorientierung** sorge.

11. ... **das, was ich von meinen Mitarbeitern erwarte, auch selbst vorlebe!**

Bei alldem gehe ich wertschätzend
mit meinen Mitarbeitern um!

Die Handlungsfelder mit den verschiedenen Führungsinstrumenten haben wir in diesem Buch ausführlich beschrieben. Abschließend hier nochmals in der Übersicht:

Abbildung 3.9   Handlungsfelder und Instrumente aktiver und konsequenter Führung

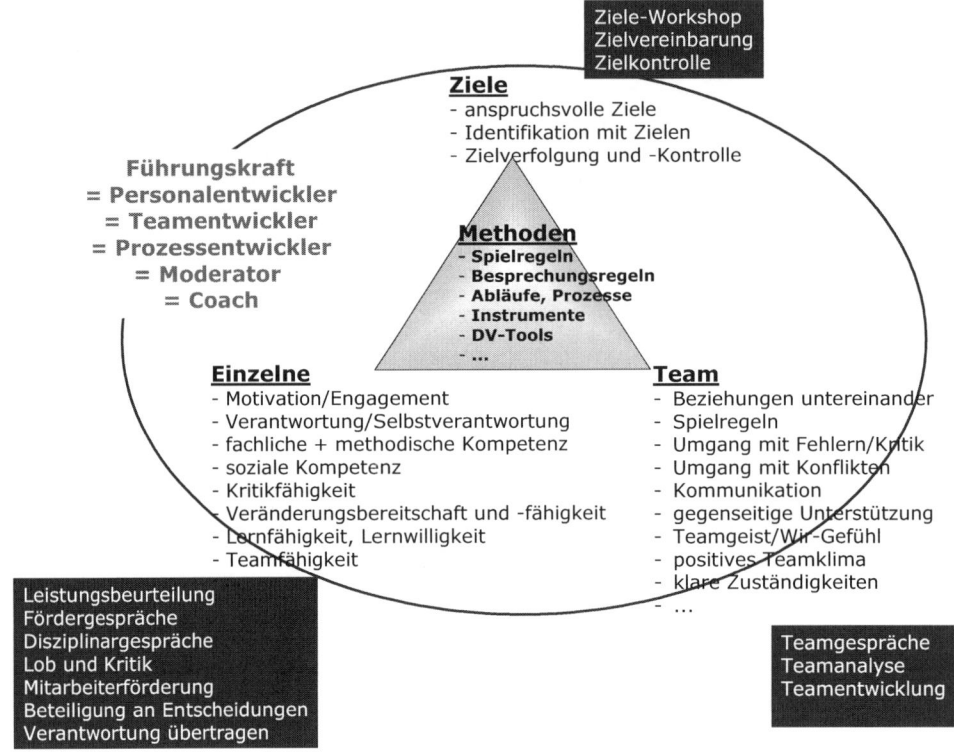

Ich wünsche Ihnen viel Erfolg in Ihrer Führungsaufgabe!

Hier noch die Lösung zur Aufgabe „Neun Punkte verbinden":

Abbildung 3.10 Lösung zur Aufgabe „Neun Punkte verbinden"

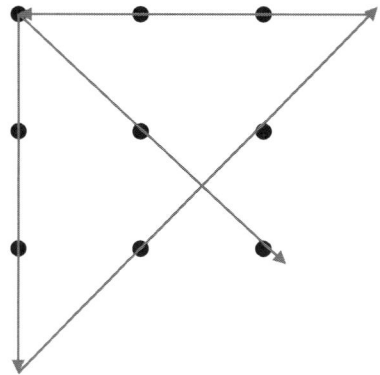

Werkzeugkasten 1: Checkliste für eine aktive Führung

4 Punkte = absolut ja 3 Punkte = eher ja 2 Punkte = eher nein 1 Punkt = absolut nein	Punkte	Nicht zutreffend
1. Habe ich die Aufgaben und Verantwortlichkeiten in meinem Team klar zugeordnet bzw. geregelt?		
2. Habe ich bei der Zuordnung der Aufgaben – soweit es möglich war – bewusst die Stärken und Fähigkeiten meiner Mitarbeiter berücksichtigt?		
3. Habe ich darauf geachtet, dass die Aufgaben gerecht bzw. gleichmäßig verteilt sind?		
4. Kennen meine Mitarbeiter die Regeln, nach denen sie arbeiten sollen?		
5. Haben sie genügend Freiheit bei der Arbeit (oder werden sie zu stark beaufsichtigt)?		
6. Sorge ich für einen ausreichenden Leistungsdruck? Sind meine Mitarbeiter ausreichend ausgelastet?		
7. Habe ich meine Mitarbeiter wissen lassen, wie ich ihre Leistungen einschätze?		
8. Habe ich ihnen klar gemacht, welche Leistungen von ihnen erwartet werden?		
9. Kennen die Mitarbeiter die Bedeutung ihrer Arbeit, ihren Stellenwert, die Auswirkungen schlechter Leistung?		
10. Spreche ich meine Mitarbeiter darauf an, wenn ich merke, dass sie mit ihrer Leistung nachlassen?		
11. Habe ich für anspruchsvolle und motivierende Ziele gesorgt, die auch schriftlich fixiert sind?		
12. Durften die Mitarbeiter bei der Zielfestlegung und über die Art und Weise, diese Ziele zu erreichen, mitbestimmen?		
13. Haben wir unsere Ziele auch unterjährig immer wieder im Blick?		
14. Kennt jeder einzelne Mitarbeiter seine individuellen Ziele?		
15. Habe ich meine Mitarbeiter gut eingearbeitet, ausgebildet und gefördert?		

4 Punkte = absolut ja 3 Punkte = eher ja 2 Punkte = eher nein 1 Punkt = absolut nein	Punkte	Nicht zutreffend
16 Habe ich mit ihnen offen die Probleme erörtert, die sie bei ihrer Arbeit haben und die ihnen den Erfolg erschweren?		
17. Ermuntere ich sie ausreichend, sich laufend weiterzuqualifizieren? Gebe ich Ihnen die Möglichkeit dazu?		
18 Übertrage ich meinen Mitarbeitern bewusst immer wieder mal neue Aufgaben, an denen sie lernen können?		
19. Unterstütze ich meine Mitarbeiter nach Kräften?		
20. Tue ich genug, um positive persönliche Beziehungen zu meinen Mitarbeitern zu pflegen?		
21. Habe ich angemessenes Interesse für sie als Mensch sowie für ihre persönlichen Belange gezeigt?		
22. Gebe ich ihnen genügend Gelegenheit, ihre Ideen und Verschläge in der Arbeit zu verwirklichen?		
23. Lobe ich sie angemessen für gute oder außerordentliche Leistungen?		
24. Achte ich darauf, sie nicht zu überfordern?		
25. Führe ich regelmäßige Teambesprechungen durch?		
26. Können sich die Mitarbeiter ausreichend in die Teambesprechungen einbringen?		
27. Werden die Mitarbeiter über die Vorgänge in der Abteilung und im Betrieb auf dem Laufenden gehalten (nicht nur darüber, was sie wissen müssen, sondern auch darüber, was sie wissen sollen?)		
28. Weise ich Mitarbeiter, wenn sie gegen betriebliche Regeln (Arbeitszeitregelungen, Betriebsordnung, Nichtraucherschutz, ...) verstoßen, unmissverständlich zurecht?		
29. Weise ich Mitarbeiter zurecht, wenn sie sich abfällig über das Unternehmen oder über Kollegen äußern?		
30. Gehe ich gegen Mitarbeiter, die ein Fehlverhalten zeigen konsequent genug vor?		
31. Bin ich bereit, mich von Mitarbeitern zu trennen, die ständig Probleme machen oder die nicht die richtige Arbeitseinstellung zeigen?		

	4 Punkte = absolut ja 3 Punkte = eher ja 2 Punkte = eher nein 1 Punkt = absolut nein	Punkte	Nicht zutreffend
32.	Habe ich mich ausreichend um das Klima im Team gekümmert?		
33.	Nehme ich mir wenigstens einmal im Jahr Zeit, um mit jedem Mitarbeiter ein ausführliches Gespräch über seine Arbeit, seine Erwartungen und Befindlichkeiten zu sprechen?		
34.	Beziehe ich meine Mitarbeiter ausreichend in die sie betreffenden Entscheidungen mit ein?		
35.	Nehme ich mir einmal im Jahr die Zeit, um mit dem gesamten Team über grundlegende Dinge wie unsere Zusammenarbeit, über Abläufe oder auch Ziele zu reden?		
36.	Wenn ich merke, dass es im Team rumort, spreche ich es offen an? Kümmere ich mich darum?		
37.	Nehme ich mir insgesamt genügend Zeit für meine Mitarbeiter?		
38.	Gehe ich wertschätzend mit meinen Mitarbeitern um?		
39.	Lebe ich das vor, was ich von meinen Mitarbeitern einfordere?		
40.	Sprechen wir regelmäßig über Fehler und wie wir sie abstellen können?		
41.	Nehmen wir uns ab und zu die Zeit, um über unsere Abläufe und Arbeitsmethoden zu sprechen und sie zu verbessern?		
42.	Hole ich mir von Zeit zu Zeit Rückmeldung ein, wie meine Mitarbeiter mich als Führungskraft wahrnehmen?		
43.	Bin ich gut organisiert? (Zeitmanagement, Ablage, DV-Einsatz, ...)		
44.	Bin ich mit mir „im Reinen"?		

Auswertung: Bitte übertragen Sie Ihre Punkte.

Frage 1:	Frage 2:
Frage 3:	Frage 5:
Frage 4:	Frage 12:
Frage 6:	Frage 15:
Frage 7:	Frage 17:
Frage 8:	Frage 19:
Frage 9:	Frage 20:
Frage 10:	Frage 21:
Frage 11:	Frage 22:
Frage 13:	Frage 23:
Frage 14:	Frage 24:
Frage 16:	Frage 26:
Frage 18:	Frage 32:
Frage 25:	Frage 33:
Frage 27:	Frage 34:
Frage 28:	Frage 35:
Frage 29:	Frage 36:
Frage 30:	Frage 37:
Frage 31:	Frage 38:
Frage 40:	Frage 39:
Frage 41:	Frage 42:
Frage 43:	Frage 44:
Summe Leistungsorientierung:	Summe MA-Orientierung:
*normierte Summe Leistungsorientierung (LO):	*Normierte Summe Mitarbeiterorientierung (MAO)

Herausrechnen der nicht zutreffenden Fragen:

Ergebnis= 22/Anzahl zutreffender Fragen * Summe LO bzw. MAO

Werkzeugkasten 2: Leitfaden zur Vorbereitung von Kritikgesprächen

1. Was ist eigentlich sachlich das Problem? Welche Zahlen, Daten und Fakten habe ich, um das Fehlverhalten zu beschreiben? (Ist-Zustand)

2. Welche negativen Auswirkungen hat das Verhalten des Mitarbeiters auf die Arbeit?

3. Welche Verbesserungen will ich konkret erreichen ? (SOLL-Zustand) Was ist das Ziel insgesamt? (Zielebene I)

4. Was kann ich realistischerweise im ersten Gespräch erreichen? (Zielebene II)

5. Was ist der Mitarbeiter für ein „Typ"?:	6. Worauf muss ich mich einstellen?
– Vielredner – Schweiger – Faktenmensch – Gefühlsmensch – Choleriker – Hochsensibler – Chaotisch – Strukturiert	

7. Wie steige ich in das Gespräch ein ? Welche Fakten/Wortwahl nutze ich am Anfang ?

8. Welche Argumente werde ich im weiteren Verlauf des Gesprächs nutzen ?	9. Welche Argumente wird wohl der Mitarbeiter anführen ?

10. Welche Vereinbarung strebe ich an ?

Werkzeugkasten 3: Das Mitarbeiter-Jahresgespräch 201_

Name, Vorname des Mitarbeiters: _____

Funktion des Mitarbeiters: _____

Vorgesetzter: _____

Datum des Gespräches: _____

1. Rückblick auf das Vorjahr

1.1.   Was waren die wesentlichen Leistungen/Erfolge/Ergebnisbeiträge des Mitarbeiters im Vorjahr?

1.2.   Womit ist bzw. war der Mitarbeiter besonders zufrieden?

1.3.   Womit ist bzw. war der Mitarbeiter nicht zufrieden?

1.4   Wie wurden die besprochenen Ziele des Vorjahres erfüllt?

Die Ziele wurden nicht erfüllt   ☐

Die Ziele wurden erfüllt   ☐

Die Ziele wurden übererfüllt   ☐

2. Rückmeldung zum Leistungsverhalten (Leistungsfeedback)

	Leistungs-kriterium	Stärken der/s Mitarbeiterin/s (konkrete Wahrnehmungen)	Wo kann sich der/die Mitarbeiter /in noch verbessern? (konkrete Wahrnehmungen)	Was wird für die Zukunft ganz konkret erwartet? Was soll der/die MA ganz konkret tun oder unterlassen?
1.	**Arbeitsqualität und -sorgfalt** *Wie sorgfältig arbeitet der/die Mitarbeiter/in? Welche Arbeitsqualität liefert er/sie ab?*			
2.	**Effizienz** *Wie zielstrebig und rationell erledigt er/sie seine/ihre Arbeitsaufgaben?*			
3.	**Engagement und Flexibilität** *Wie setzt sich der/die Mitarbeiter/in ein? Wie gelingt es ihm/ihr, sich an veränderte Arbeitsaufgaben und -bedingungen anzupassen?*			

	Leistungs-kriterium	Stärken der/s Mitarbeiterin/s (konkrete Wahrnehmungen)	Wo kann sich der/die Mitarbeiter /in noch verbessern? (konkrete Wahrnehmungen)	Was wird für die Zukunft ganz konkret erwartet? Was soll der/die MA ganz konkret tun oder unterlassen?
4.	**Wirtschaftliches/ Unternehmerisches Denken und Handeln** *Wie zielorientiert und kostenbewusst denkt und handelt der/die Mitarbeiter/in? Wie vertritt er/sie die Interessen des Unternehmens?*			
5.	**Interne und externe Kundenorientierung** *Wie verhält sich der/die Mitarbeiter/in gegenüber Kunden? Wie gestaltet er/sie die Zusammenarbeit mit vor- und nachgelagerten Bereichen?*			

	Leistungs-kriterium	Stärken der/s Mitarbeiterin/s (konkrete Wahrnehmungen)	Wo kann sich der/die Mitarbeiter /in noch verbessern? (konkrete Wahrnehmungen)	Was wird für die Zukunft ganz konkret erwartet? Was soll der/die MA ganz konkret tun oder unterlassen?
6.	**Kooperation und Sozialver-halten** *Wie verhält er/sie sich gegenüber Kollegen, Vor-gesetzten und Mitarbeitern aus anderen Berei-chen?*			
7.	**Führungsver-halten** *Wie gelingt es ihm/ihr, sei-ne/ihre Mitar-beiter zu moti-vieren, um die Unternehmens-ziele zu errei-chen?*			

3. Ausblick Folgejahr

3.1   **Welche Aufgaben/Veränderungen/Herausforderungen werden im nächsten Jahr auf uns zukommen?**

3.2   **Worauf wollen wir uns konzentrieren? Wo müssen wir Arbeits- schwerpunkte setzen?**

3.3   **Welche Ziele werden besprochen? Was soll der Mitarbeiter im nächs- ten Jahr konkret erreichen?**

3.4   **Welche Maßnahmen dienen der Zielerreichung?**

4. Der Förder- und Entwicklungsplan

4.1. Zufriedenheit mit dem jetzigen Aufgabengebiet

☐ **Mit dem jetzigen Aufgabengebiet ist der Mitarbeiter uneingeschränkt zufrieden!**

☐ **Folgende Änderungen in seinem jetzigen Aufgabengebiet könnte sich der Mitarbeiter vorstellen:**

_____

_____

☐ **In den nächsten 12 Monaten möchte der Mitarbeiter etwas anderes machen, und zwar:**

_____

_____

Was sind die Gründe für den Veränderungswunsch?

_____

_____

4.2. Welche Fördermaßnahmen sollen konkret veranlasst werden?

Denken Sie dabei nicht nur an fachliche Weiterentwicklung, sondern auch die Bereiche Sozial- und Methodenkompetenz. Hinweise für Fördermöglichkeiten können aus Leistungsbeurteilung, Zielvereinbarung, geänderten Arbeitsaufgaben oder mit der Personalabteilung abgestimmten Entwicklungsprogrammen stammen. Beschreiben Sie die Maßnahmen so konkret wie möglich. Bei gängigen Seminaren oder Kursen geben Sie bitte auch den Anbieter an. Bei ungeplanten Maßnahmen ist im Vorfeld die Personalabteilung einzubeziehen.

Maßnahme:	Veranlasst durch:	Endtermin:

4.3. Kommentare und Ergänzungen des Mitarbeiters

_____

_____

_____

_____

Datum: Vorgesetzter   Mitarbeiter

5. Rückmeldungen zum Führungsverhalten

	Bitte ankreuzen		
Zufriedenheit mit dem Führungsverhalten insgesamt:	☺	😐	☹
Ich fühle mich durch meine Führungskraft gut informiert.	☺	😐	☹
Ich fühle mich ausreichend in Entscheidungen, die mich betreffen, einbezogen.	☺	😐	☹
Meine Führungskraft lobt und anerkennt meine Leistungen und Verbesserungen.	☺	😐	☹
Meine Führungskraft vereinbart mit mir motivierende Ziele.	☺	😐	☹
Die Zusammenarbeit mit meiner Führungskraft ist durch Offenheit, Fairness und Hilfsbereitschaft geprägt.	☺	😐	☹
Meine Führungskraft lebt das vor, was sie von mir verlangt.	☺	😐	☹
Meine Führungskraft geht Probleme zielgerichtet und konstruktiv an.	☺	😐	☹
Meine Führungskraft fördert meine berufliche und fachliche Entwicklung.	☺	😐	☹
Meine Führungskraft fördert die Zusammenarbeit im Team.	☺	😐	☹
Meine Führungskraft fördert Eigeninitiative sowie selbständiges unternehmerisches Denken.	☺	😐	☹

Was mir sonst noch wichtig ist:

Werkzeugkasten 4: Feedbackbogen zum Mitarbeiter-Feedback im Team

Name der Führungskraft:														
Bitte bewerten Sie, in welchem Maße die folgenden Aussagen auf das Führungsverhalten Ihrer Führungskraft zutreffen														
	in geringem Maße			in hohem Maße				in geringem Maße			in hohem Maße			
	1	2	3	4	5	6	7	1	2	3	4	5	6	7
Meine Führungskraft weiß, welche Aufgaben ich im Einzelnen wahrnehme.								Meine Führungskraft fördert einen offenen und konstruktiven Umgang mit Fehlern.						
Meine Führungskraft trägt zu einer gerechten Verteilung der Arbeitsaufgaben bei.								Meine Führungskraft ist offen für Kritik und Anregungen.						
Meine Führungskraft schafft die erforderlichen Rahmenbedingungen, um effektiv arbeiten zu können.								Meine Führungskraft übt Kritik sachlich und konstruktiv.						
Meine Führungskraft erkennt die Fähigkeiten ihrer Mitarbeiter/-innen und fördert sie individuell und gezielt.								Meine Führungskraft nimmt Anregungen der Mitarbeiter/-innen positiv auf.						

Name der Führungskraft:														
Bitte bewerten Sie, in welchem Maße die folgenden Aussagen auf das Führungsverhalten Ihrer Führungskraft zutreffen														
	in geringem Maße			in hohem Maße				in geringem Maße			in hohem Maße		
	1	2	3	4	5	6	7		1	2	3	4	5	6	7
Meine Führungskraft informiert ihre Mitarbeiter/-innen offen und rechtzeitig.								Meine Führungskraft bezieht ihre Mitarbeiter/-innen in die Vorbereitung von Entscheidungen mit ein.							
Meine Führungskraft gibt Informationen verständlich und zielgerichtet weiter.								Meine Führungskraft räumt den Mitarbeiter/-innen ausreichende Entscheidungsspielräume ein.							
Meine Führungskraft hält regelmäßig Teambesprechungen ab.								Die Probleme der Mitarbeiter/-innen werden von meiner Führungskraft ernst genommen.							
Meine Führungskraft erkennt die Ursachen von Konflikten in der Arbeitsgruppe und spricht sie offen an.								Meine Führungskraft hat ein vertrauensvolles und faires Verhältnis zu ihren Mitarbeitern/-innen.							
Meine Führungskraft formuliert klare Anweisungen und Aufträge.								Wenn ich etwas gut gemacht habe, werde ich von meiner Führungskraft auch gelobt.							

Name der Führungskraft:														
Bitte bewerten Sie, in welchem Maße die folgenden Aussagen auf das Führungsverhalten Ihrer Führungskraft zutreffen														
	in geringem Maße			in hohem Maße				in geringem Maße			in hohem Maße		
	1	2	3	4	5	6	7		1	2	3	4	5	6	7
Meine Führungskraft verfügt über die erforderlichen fachlichen Qualifikationen für das Aufgabengebiet.								Meine Führungskraft motiviert durch eigenes Vorbild.							
Meine Führungskraft zeigt Interesse für meine Arbeit.								Meine Führungskraft hält sich an getroffene Vereinbarungen.							
Meine Führungskraft steht uns bei der Lösung von schwierigen Problemen zur Seite.								Meine Führungskraft ist flexibel und belastbar.							
Die Beurteilung meiner Leistung durch meine Führungskraft ist objektiv und nachvollziehbar.								Meine Führungskraft schafft klare Regelungen und Verantwortlichkeiten in ihrem Verantwortungsbereich.							
Das Leistungsbeurteilungsgespräch mit meiner Führungskraft empfinde ich als motivierend.								Meine Führungskraft denkt und handelt abteilungsübergreifend im Interesse des ganzen Unternehmens.							

Name der Führungskraft:														
Bitte bewerten Sie, in welchem Maße die folgenden Aussagen auf das Führungsverhalten Ihrer Führungskraft zutreffen														
	in geringem Maße			in hohem Maße				in geringem Maße			in hohem Maße		
	1	2	3	4	5	6	7		1	2	3	4	5	6	7
Meine Führungskraft nimmt sich ausreichend Zeit für das Beurteilungsgespräch.								Meine Führungskraft setzt sich für eine gute, abteilungsübergreifende Zusammenarbeit ein.							
Meine Führungskraft gibt mir auch unterjährig immer wieder Rückmeldungen zu meinem Leistungs- und Arbeitsverhalten.								Meine Führungskraft erkennt in ihrem Verantwortungsbereich unangemessen hohe Kostenquellen und gibt Anregungen zur Kostenreduzierung.							
Meine Führungskraft hat Vertrauen in die Fähigkeiten ihrer Mitarbeiter/-innen.								Meine Führungskraft denkt und handelt kostenbewusst.							
Meine Führungskraft geht notwendigen Konflikten nicht aus dem Weg.								Meine Führungskraft versteht es, eine motivierende und leistungsfördernde Atmosphäre zu schaffen.							

Was sollte Ihre Führungskraft Ihrer Meinung nach an ihrem Verhalten ändern?

a)...

....

....

....

....

b)...

....

....

....

....

Wie zufrieden sind Sie alles in allem mit dem Führungsverhalten Ihrer Führungskraft?

wenig zufrieden						sehr zufrieden
1	2	3	4	5	6	7

Wie hat sich die Zusammenarbeit mit Ihrer Führungskraft in den letzten 2 Jahren entwickelt?

stark verschlechtert						stark verbessert
1	2	3	4	5	6	7

Bitte bewerten Sie die Zusammenarbeit in Ihrem Team.

Bitte beantworten Sie die folgenden Fragen zur Zusammenarbeit mit Ihren Kollegen	in geringem Maße					in hohem Maße	
Bitte bewerten Sie, in welchem Maße die folgenden Aussagen zutreffen	1	2	3	4	5	6	7
Die Kollegen unterstützen sich gegenseitig.							
Wir nehmen uns ausreichend Zeit, einander zu informieren.							
Jeder im Team bemüht sich um das Betriebsklima.							
In unserem Team gibt es keine Außenseiter.							
Probleme werden gemeinsam bearbeitet.							
Es herrscht ein gegenseitiges Vertrauen unter den Kollegen.							
Unter meinen Kollegen sind viele fähige Leute.							
Neue Mitarbeiter werden schnell in das Team integriert.							
Die Kommunikation zwischen mir und den Kollegen funktioniert reibungslos.							
Man fühlt sich als Mitglied eines Teams.							
In unserer Abteilung sind die richtigen Leute am richtigen Platz.							
Konflikte im Team werden umgehend bereinigt.							
Durch regelmäßige Kommunikation beugen wir Fehlern vor.							
Wir ziehen alle an einem Strang (und in die gleiche Richtung).							
Es herrscht ein kollegiales Verhältnis in unserem Team.							

Wie zufrieden sind Sie alles in allem mit dem Arbeitsverhalten Ihrer Kollegen?

gar nicht						sehr zufrieden
1	2	3	4	5	6	7

Wie zufrieden sind Sie mit der Zusammenarbeit mit Ihren Kollegen?

gar nicht						sehr zufrieden
1	2	3	4	5	6	7

Wie hat sich die Zusammenarbeit mit Ihren Kollegen in den letzten 2 Jahren entwickelt?

stark verschlechtert			unverändert			stark verbessert
-3	-2	-1	0	+1	+2	+3

Was sollte sich Ihrer Meinung nach ändern, um die Zusammenarbeit innerhalb des Teams zu verbessern?

a)..

....

....

b)..

....

....

c)..

....

....

Der Autor

Marijan Kosel, Jahrgang 1961, Studium der technisch orientierten Betriebswirtschaftslehre in Stuttgart. Berufliche Stationen: Daimler-Benz AG in Untertürkheim, Manage.ing Unternehmensberatung GmbH in Ingolstadt. Seit 2003 geschäftsführender Gesellschafter der WEKOS Personalmanagement GmbH in Tettnang und seit 2010 geschäftsführender Gesellschafter der INPM – Institut für Nachhaltiges Personalmanagement GmbH.